Bodenarbeit

Pferde verstehen, Umgang und Bodenarbeitsabzeichen

Bibliografische Information der Deutschen Nationalbibliothek
Die Deutsche Nationalbibliothek verzeichnet diese Publikation in der Deutschen Nationalbibliografie; detaillierte bibliografische Daten sind im Internet über http://dnb.dnb.de abrufbar.

Herausgeber
Deutsche Reiterliche Vereinigung e.V. (FN),
Abteilung Ausbildung

Gesamtredaktion
Dr. Britta Schöffmann, Friederike Plagmann

Texte
Waltraud Böhmke, Sabine Hänel, Richard Hinrichs, Prof. Dr. Konstanze Krüger, Prof. Dr. Uta König von Borstel, Dr. Claudia Münch, Dr. Britta Schöffmann

Korrektorat
FN*verlag*, Warendorf

Titelfoto und Fotos Umschlag
Archiv der Deutschen Reiterlichen Vereinigung e.V. (FN) © Thoms Lehmann

Foto Umschlagklappe
Christiane Slawik, Würzburg

Nachweis Fotos und Illustrationen
siehe Umschlagklappe vorne

Gesamtgestaltung
Ute Schmoll, Captain Pixel, Bad Schwalbach

Druck und Verarbeitung
Westermann Druck Zwickau GmbH

ISBN 978-3-88542-684-4

Hinweis
Wenn die männliche Form verwendet wird, meint sie die Funktion und nicht die konkrete Person und spricht gleichberechtigt Angehörige jeden Geschlechts an. Alle erwähnten Bestimmungen gelten für Pferde und Ponys, sofern für Ponys nicht ausdrücklich eine andere Regelung aufgeführt ist.

Vertrauen beginnt am Boden

Über die Jahrhunderte wurden unzählige Lehrbücher über die Ausbildung von Menschen und Pferden im Reiten und Fahren geschrieben, jedoch befassten sich die wenigsten dieser Werke tiefergehend mit der Frage, wie Pferde eigentlich „ticken“ und wie der Mensch lernen kann, sie zu verstehen. Vieles wurde als bekannt vorausgesetzt, da sich Reiter und Pferdeleute hauptsächlich aus der Landwirtschaft und dem Militär rekrutierten. Das Wissen um die Natur und das Wesen des Pferdes sowie damit eng verbunden die Bodenarbeit, war, wenn auch vermutlich nicht so ins Detail gehend und wissenschaftlich erforscht wie heute, „von Haus aus“ vorhanden. Es wurde nicht explizit in den Lehrbüchern der Reitmeister erwähnt, sondern eher beiläufig nebenher vermittelt. Man schenkte der sogenannten Bodenarbeit nicht so große Aufmerksamkeit, das Reitenlernen stand im Vordergrund.

Bis vor einigen Jahren hatte sich in den meisten Reitschulen daran nicht viel verändert. Die Menschen kamen, um Reiten zu lernen. Doch der Anteil derjenigen, die aus „pferdefremden" Familien und Berufsfeldern stammten und bei denen Pferde nicht zum Lebensumfeld und Alltag gehörten, wurde und wird immer größer; das Wissen um das Wesen des Pferdes, seine Bedürfnisse und angeborenen Verhaltensweisen und der Umgang mit unserem Partner Pferd kann heutzutage nicht mehr vorausgesetzt werden.

Was aber ist Bodenarbeit eigentlich genau? Ein spezielles Ausbildungssystem? Eine festgeschriebene Methode? Ein Selbstzweck? Die Antwort ist recht simpel und unspektakulär:
Bodenarbeit ist der Umgang, die Erziehung und die Beschäftigung mit dem Pferd vom Boden aus, also die Grundlage für eine harmonische Verständigung sowie Vertrauen und Respekt zwischen Menschen und Pferd - nicht mehr, aber auch nicht weniger. Bodenarbeit findet eigentlich ständig im täglichen Umgang mit dem Pferd statt, beim Berühren, Streicheln, Aufhalftern, Führen, Pflegen usw. Aus diesem Grund geht Bodenarbeit jeden etwas an, der mit Pferden zu tun hat.

Doch Bodenarbeit, als Ausbildungs- und Trainingsmethode systematisch erarbeitet und unter Umständen sogar noch erweitert um die Freiarbeit, also die Bodenarbeit ganz ohne Führstrick oder Longe, ist nicht nur eine wichtige Grundlage für die Mensch-Pferd-Beziehung. Richtig ausgeführt fördert Bodenarbeit das Vertrauen und den Respekt zwischen Pferd und Mensch und damit auch die Sicherheit im Umgang mit dem Pferd.

Bodenarbeit findet ihre Anwendungsmöglichkeiten:

- im täglichen sicheren Umgang, beim Führen auf der heimischen Anlage oder im öffentlichen Raum, am Anbindeplatz, beim Putzen usw.
- bei der Gewöhnung junger Pferde, generell aber auch bei der Erziehung von Pferden jeden Alters
- bei der Unterstützung von Reitanfängern durch den Trainer vom Boden aus
- zur Vorbereitung neu zu erlernender Lektionen, z.B. Rückwärtsrichten oder Schenkelweichen
- beim Aufwärmen von Reiter und Pferd vor dem Reiten und beim Trockenführen nach der Arbeit
- als anspruchsvolle Beschäftigungsalternative zum Reiten, z.B. bei Krankheit des Pferdes
- als Vorbereitung für Verladen, Longieren, Fahren und Handpferdereiten
- Und vor allem: Bodenarbeit bringt Mensch und Pferd Abwechslung und macht Spaß!

Völlig unabhängig von Pferdesportdisziplin, Pferderasse oder Reitweise ist die Bodenarbeit letztlich die große Klammer, die alle und alles rund ums Pferd verbindet, wenn sie pferdegerecht und zielführend ausgeführt wird.

Durch das Training der Bodenarbeitsübungen werden Kommunikationsstrukturen aufgebaut, die sich auf den gesamten Umgang mit dem Pferd auswirken und ein enges Vertrauensverhältnis entstehen lassen. Die feine Verständigung durch optimierte Körpersprache führt dazu, dass das Pferd mehr auf den Menschen achtet. Der

Mensch setzt seine Körpersprache sowie verbale und taktile Kommandos gezielter ein und verbessert somit auch die eigene Selbstwahrnehmung. In der Arbeit vom Boden aus wird das Gespür für den richtigen Moment trainiert sowie das richtige Timing von Einwirkung, Lob und Korrektur geschult.

Darüber hinaus schult die Arbeit vom Boden auch Selbstreflexion und Selbstbeherrschung des Menschen. Mit zu viel Druck und gar Strafe erreicht man sehr wenig oder gar nichts, denn ein Pferd ist eindeutig stärker als der Mensch und bei grober Einwirkung deutlich schlechter zu dominieren. Wenn sich diese Erkenntnis auch auf das Reiten überträgt, wird der harmonische und respektvolle Umgang mit den Pferden insgesamt unterstützt.

Das Erlernen einer klaren Kommunikation mit dem Pferd am Boden durch bewusstere Körperhaltung, Körperkoordination und Körpersprache verbessert darüber hinaus die Selbstsicherheit und das Selbstvertrauen im Umgang mit Pferden. Gerade Kinder und Jugendliche werden durch die Bodenarbeit entscheidungsfähiger und führungssicherer und haben Vorteile in ihrer allgemeinen und sportlichen Entwicklung. Auch ängstliche Reiter können meist durch die Arbeit am Boden schneller eine Beziehung zum Pferd aufbauen und dadurch auch auf dem Pferderücken sicherer und souveräner werden.

Bodenarbeit verändert das Verhältnis von Pferd und Mensch nachhaltig positiv. Der Mensch kann sich dabei die natürlichen Verhaltensweisen des Pferdes wie das Lernen durch Nachahmung, den Herdentrieb und den Spieltrieb zunutze machen, um bei allem notwendigen Respekt und Gehorsam zu einem stressfreien und partnerschaftlichen Verhältnis zu kommen.

Inzwischen ist die Bodenarbeit in der Ausbildungs- und Prüfungs-Ordnung (APO) bereits seit mehreren Jahren Lehr- und Prüfungsinhalt in den verschiedenen Abzeichen rund ums Pferd. Hierzu gehören beispielsweise die Pferdeführerscheine, Reit-, Fahr- und Voltigierabzeichen sowie die Bodenarbeitsabzeichen Stufe 1 und 2. Die Ergänzungsqualifikation Bodenarbeit für Trainer ist eine zusätzliche Weiterbildungsmöglichkeit in diesem Bereich. „Bodenarbeit - Pferde verstehen, Umgang und Bodenarbeitsabzeichen" bereitet nicht nur Teilnehmer aller Abzeichenprüfungen auf die Prüfungsstationen zur Bodenarbeit vor, sondern widmet sich intensiv dem Pferd, seinen ursprünglichsten Eigenschaften und Bedürfnissen und gibt dem Menschen Wissen und praxisnahe Handlungsmöglichkeiten für die Arbeit am Boden an die Hand, die ein harmonisches, sicheres, respektvolles und von gegenseitigem Vertrauen geprägtes Zusammensein von Mensch und Pferd ermöglichen.

In „Grundausbildung für Reiter und Pferd, Richtlinien für Reiten und Fahren, Band 1" und „Weiterführende Ausbildung für Reiter und Pferd, Richtlinien für Reiten und Fahren, Band 2" bereits aufgegriffene Informationen rund um die Natur, das Lernverhalten und die Sinneswahrnehmung des Pferdes werden hier auf der Basis neuester wissenschaftlicher Erkenntnisse aus Verhaltensforschung, Tierpsychologie und Biologie vertieft. Darüber hinaus werden der bedeutende Bezug zwischen Bodenarbeit und Reiten, Fahren und Voltigieren dargestellt. Dabei besteht das vorliegende Buch aus zwei getrennten, aber nicht minder eng verbundenen Teilen: zum einen aus einem theoretischen Teil rund um Geschichte, Ethologie, Sinneswahrnehmung und Lernverhalten von Pferden, zum anderen aus dem praxisorientierten Teil der Bodenarbeit mit den Themengebieten geführte und seillose Bodenarbeit, Freiarbeit, Longieren, Langzügelarbeit und Handarbeit. Dazu gibt es am Ende jeden Kapitels kurze Zusammenfassungen mit den wichtigsten Prüfungsinhalten.

Der Leser, ganz egal ob Reiter, Fahrer oder Voltigierer, Ausbilder, Trainer, Freizeit- oder Turniersportler oder gar Nicht-Reiter, findet in dieser offiziellen Umgangs- und Bodenarbeitslehre methoden- und disziplinübergreifend wichtiges Handwerkszeug.

Deutsche Reiterliche Vereinigung e.V. (FN), Abteilung Ausbildung

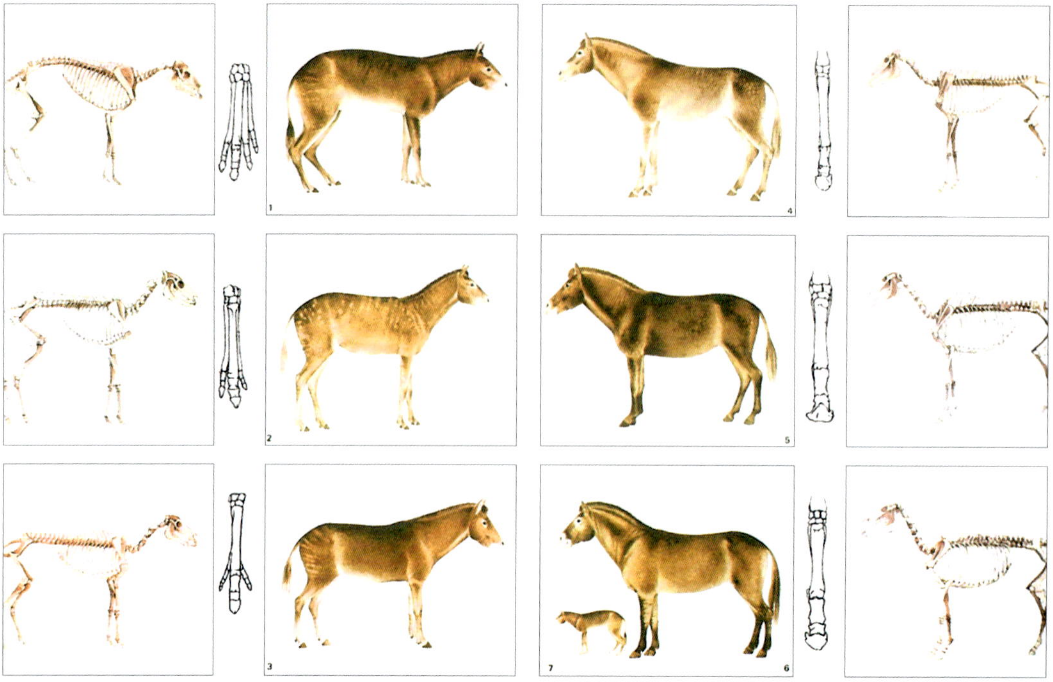

Die Entwicklung des Pferdes vom fuchsgroßen, mehrzehigen Waldbewohner zum einhufigen Equus Caballus.

1 Entwicklungsgeschichte des Pferdes

Die Entwicklungsgeschichte des Pferdes lässt sich anhand zahlreicher, gut erhaltener Knochenfunde über etwa 55 Millionen Jahre zurückverfolgen. Aufgrund der einzigartig guten Erhaltung und Verteilung über die Erdzeitalter dieser Knochenfunde dient das Pferd häufig sogar als Lehrbuchbeispiel für die Evolution von Säugetieren. Aus dem etwa fuchsgroßen, wildlebenden Vorfahren unserer Pferde, dem Eohippus, entwickelte sich vor rund zwei Millionen Jahren das Equus Caballus. Es lebt(e) in der Steppe, ernährt(e) sich von Gräsern, Kräutern, Wurzeln und manchmal auch von Rinde und Blättern.

1.1 Domestikation – vom Wildtier zum Haustier

Vergleichsweise wenig ist dagegen über die Domestikation des Pferdes bekannt. Verschiedene Hinweise wie Grabstätten mit Pferden sowie Funde von Steigbügeln und Reiterfiguren lassen aber zumindest eine ungefähre Datierung der beginnenden Nutzung von Pferden als Reit- oder Zugtiere zu. Allerdings lässt sich mit diesen Funden nicht letztendlich belegen, ob sie den Beginn der Domestikation kennzeichnen oder ob es sich bei diesen genutzten Tieren um eingefangene und dann gezähmte Wildpferde handelte.

Zwischen Zähmung und Domestikation gibt es einen Unterschied. Unter „Zähmung" versteht man die Gewöhnung von Wildtieren an den Menschen. „Domestikation" hingegen bezeichnet einen vom Menschen über Generationen hinweg kontrollierten genetischen Veränderungsprozess von Wildtieren hin zu Haus- und Nutztieren. Mit dem Zähmen müsste bei jedem neugeborenen Tier erneut begonnen werden,

Mit der Domestikation entstanden auch unterschiedliche Fellfarben.

während mit der Domestikation durch die Auswahl von besonders umgänglichen Tieren für die Zucht die genetische Veranlagung der neugeborenen Tiere verändert wird, sodass die Tiere nachhaltig umgänglicher sind. Daher sind Aussagen zur Domestikation, die aufgrund von genetischen Untersuchungen getroffen werden, vermutlich zuverlässiger. Sie lassen darauf schließen, dass die Domestikation beim Pferd 5000 bis 6000 Jahre vor unserer Zeit begonnen und auch parallel oder zeitversetzt an verschiedenen Orten eingesetzt hat. So vermutet man, dass sowohl in Mittel- als auch in Westeuropa sowie um das Schwarze Meer jeweils ein Domestikationszentrum lag.

Mit der Selektion auf Zahmheit gehen neben der verringerten Flucht- und Aggressionsbereitschaft auch typische körperliche Veränderungen einher. So sind bei domestizierten Tieren im Vergleich zu den entsprechenden Wildtieren ein verringertes Gehirnvolumen, eine Reduzierung des Verdauungstraktes und eine gesteigerte Fortpflanzungsrate zu erkennen – Begleiterscheinungen der durch den Menschen vereinfachten Lebensbedingungen, vor allem durch die Bereitstellung von Futter. Typische Effekte sind unter anderem auch das Auftreten von unterschiedlichen Fellfarbvarianten, wozu insbesondere weiße Abzeichen oder Scheckungen gehören sowie Fellvarianten wie beispielsweise die Locken des Curly Horse.

Auch wenn das Pferd vor und zu Beginn der Domestikation ähnlich wie andere Nutztiere dem Menschen zunächst als Fell-, Milch- und Fleischlieferant diente, erkannten die Menschen schnell seinen überragenden Nutzen als Last-, Zug- und Reittier. Über mindestens 4000 Jahre lang war das Pferd für den Menschen das

Über Jahrhunderte diente das Pferd vor allem als Lasten- und Transporttier.

effektivste und schnellste Transportmittel, das ihm einen ganz anderen Lebensstil und eine andere Dimension der Kriegsführung und damit der Machtverteilung ermöglichte.

Urprünglichkeit

Da das Pferd entsprechend der Hauptnutzung als Reit- und Lasttier weder intensiv auf typische Nutztiereigenschaften (Milch- oder Fleischproduktion) noch auf typische Haustiereigenschaften (Niedlichkeit, Affinität zum Menschen) hin gezüchtet wurde, ist es seinem ursprünglichen Wildtyp sowohl von der äußeren Erscheinung als auch vom Verhalten her noch vergleichsweise ähnlich und ursprünglich.

Wichtig ist dabei auch zu beachten, dass Verhaltensweisen grundsätzlich nicht komplett durch die Domestikation aus dem Verhaltensrepertoire verloren gehen oder neu dazukommen, sondern dass es nur zu sogenannten Schwellenwertveränderungen kommt. Das heißt: Nur die Wahrscheinlichkeit, dass ein Verhalten gezeigt wird, und die Intensität, in der es ausgeübt wird, kann durch Domestikation geändert sein. Daher besitzen auch unsere heutigen, seit etwa 5000 Jahren domestizierten Pferde noch die gleichen, wenn auch leicht schwächer ausgeprägten, für das Überleben der Wildpferde wichtigen Instinkte, wie beispielsweise eine hohe Fluchtbereitschaft und Angst vor plötzlichen oder neuartigen Reizen.

Aufgrund der vergleichsweise geringen Änderungen im Verhalten des Hauspferdes gegenüber dem ursprünglichen Wildpferd können Hauspferde auch ohne die Betreuung durch den Menschen in entsprechenden Lebensräumen überleben. Tatsächlich handelt es sich mit Ausnahme der wieder ausgewilderten Przewalski-Pferde in Russland und der Mongolei bei allen wild lebenden Pferden wie zum Beispiel den amerikanischen Mustangs oder den australischen Brumbies um verwilderte Hauspferde und nicht um echte Wildpferde. Da diese Pferde das

Die Dülmener „Wildpferde" sind keine „echten" Wildpferde, sondern wurden in ihrem Erscheinungsbild auf den Tarpan zurückgezüchtet.

genetische Potenzial der Hauspferde in sich tragen, sind sie aber entsprechend leichter zu zähmen. Das gilt auch für die „Dülmener Wildpferde", die in ihrem Erscheinungsbild auf den Tarpan, eine ausgestorbene westliche Form des eurasischen Wildpferdes, zurückgezüchtet wurden.

Entstehung von Pferderassen

Aufgrund unterschiedlicher natürlicher Bedingungen in den Verbreitungsgebieten der Wildpferde (z.B. kalte versus warme Klimaregionen) gab es bereits beim Wildpferd voneinander abweichende Typen. Bedingt durch unterschiedliche Nutzungsschwerpunkte wie zum Beispiel den Bedarf nach eher kräftigen, ruhigen Zugpferden in der Landwirtschaft und wendigeren, schnelleren Pferden als Reitpferd bei der Kriegsführung kam es daher im Laufe der Domestikation zur Ausprägung von vermehrt unterschiedlichen Pferdetypen, was die Rassenbildung einleitete. Später kam dann die gesteuerte Auslese (Selektion) durch den Menschen dazu, der gezielt bestimmte Eigenschaften herauszüchtete und so die ersten Rassen entstehen ließ. Das erste, bis heute noch gültige und für die planmäßige Zucht unabdingbare Stutbuch, welches die genaue Abstammung aller Pferde einer Rasse dokumentiert, wurde 1793 für das Englische Vollblut herausgegeben. Einige Pferderassen wie das Arabische Vollblut, das Kaspische Kleinpferd, die Achal-Tekkiner oder auch die Isländer sind jedoch bereits tausend bis mehrere tausend Jahre alt.

Przewalski-Pferde

Klein, mittel, groß – Pferde werden heute für jeden Geschmack gezüchtet.

Diese über Jahrhunderte gesteuerte Selektion hat die heutigen Rassen entstehen lassen, die sowohl in ihrer äußeren Erscheinung als auch in ihrem Interieur große, genetisch bedingte Unterschiede aufweisen. Durch Zuchtprogramme mit gezielten Stuten- und Hengstleistungsprüfungen mit Bewertungen sowie ausgefeilten Strategien zur Auswahl der Elterntiere läuft dieser Anpassungsprozess heutzutage sogar noch schneller ab. So gelang die Veränderung des Pferdetyps vom schweren Warmblüter nach dem Zweiten Weltkrieg zum leichtrittigen Warmblüter mit höherem Blutanteil durch Einzüchtung von Vollblütern und auch Arabern in wenigen Jahrzehnten.

Sucht man also für eine bestimmte Aufgabe ein geeignetes Pferd, so kann man sich das Training in der Regel deutlich vereinfachen, wenn man ein Pferd einer Rasse wählt, die ohnehin seit Jahrzehnten oder gar Jahrhunderten für diese Aufgabe gezüchtet wurde und somit genetisch dafür besonders bestimmt ist. Das heißt andererseits aber natürlich nicht, dass nicht grundsätzlich jedes Pferd für jede Aufgabe genutzt und trainiert werden könnte, der es körperlich gewachsen ist. Der Weg kann aber erheblich länger und für Mensch und auch Pferd erheblich beschwerlicher sein, wenn das Pferd aufgrund seiner Veranlagung nicht die optimalen körperlichen und mentalen Voraussetzungen mitbringt.

Über die Zuchtauslese kann die Veranlagung eines Pferdes für seinen späteren Verwendungszweck beeinflusst werden.

Kurz & knapp zusammengefasst

- Der früheste Vorfahr des modernen Pferdes, das Eohippus, lebte vor rund 55 Millionen Jahren als fuchsgroßer Waldbewohner. Die heutige Gattung des Pferdes, das Equus Caballus, entwickelte sich vor etwa zwei Millionen Jahren.
- Unter „Zähmung" versteht man die Gewöhnung von Wildtieren an den Menschen. Unter „Domestikation" versteht man einen vom Menschen über Generationen hinweg kontrollierten genetischen Veränderungsprozess von Wildtieren hin zu Haus- und Nutztieren. Die Wissenschaft geht davon aus, dass die Domestikation des Pferdes durch den Menschen vor ca. 5000 Jahren begann.
- Domestikation führt aber nicht zum kompletten Verlust oder zur Neuentstehung von Verhaltensweisen, sondern nur zu Veränderungen in ihrer Intensität. Hauspferde ähneln daher noch heute stark ihren wilden Vorfahren in ihren Instinkten und im Verhalten.
- Die einzigen überlebenden Wildpferde sind die Przewalski-Pferde in der Mongolei. Mustangs und andere wild lebende Pferde sind ausgewilderte Hauspferde und keine Wildpferde.
- Unterschiedliche Nutzungsschwerpunkte (Lastpferde, Arbeitspferde, Rennpferde, Reitpferde) gelten als Beginn der Rassenbildung.
- Durch die vom Menschen in der Zucht vorgenommene Auswahl bestimmter Eigenschaften (Selektion) entstanden die ersten Pferderassen.
- Durch moderne Selektionsstrategien in der Pferdezucht ist auch die Eignung für bestimmte (sportliche) Verwendungszwecke beeinflussbar.

Pferde fühlen sich in Gruppen beziehungsweise im Herdenverband am wohlsten.

2 Ethologie des Pferdes

Für viele große Raubtiere war das Pferd von jeher ein Beutetier. Deshalb hat es sich im Laufe der Evolution in ein schnelles, wendiges und empfindsames Fluchttier entwickelt, das im Herdenverband lebt. Sein gesamtes Verhalten hat sich an das Leben eines Fluchttieres auf einer weiten Steppe angepasst und sich im Grunde bis heute nicht sehr verändert. Um im Zusammenleben von Mensch und Pferd Missverständnisse zu vermeiden, sollte sich der Mensch intensiv mit den natürlichen Verhaltensweisen der Pferde, also ihrer Ethologie, auseinandersetzen. Nur dann wird er verstehen, warum sein Pferd sich in manchen Situationen so und nicht anders verhält, und kann daraus Rückschlüsse und Konsequenzen für sein eigenes Handeln ableiten.

2.1 Pferdeverhalten

2.1.1 Herdentier

So wie alle Wirbeltiere haben auch Pferde im Laufe der Evolution Verhaltensbedürfnisse entwickelt, um ihr Überleben zu sichern. Diese Verhaltensbedürfnisse sind jedoch auf die Lebensbedingungen in freier Wildbahn angepasst. So ist es für den Pflanzenfresser Pferd, dem Krallen und Reißzähne fehlen, in freier Wildbahn überlebenswichtig, den Anschluss zur Herde zu suchen, da das Leben in der Herde mit vielen aufmerksamen Mitgliedern deutlich besseren Schutz vor Fressfeinden bietet als ein Leben alleine. Eine Herde kann bis zu 400 Tiere groß sein. Sie gliedert sich in Harem- und Junggesellengruppen. In menschlicher Obhut werden Pferde in der Regel in Gruppen gehalten, nicht in Herden. Gruppen können aus etwa 20 bis 30 Pferden bestehen, wobei es ab etwa 20 Pferden meist zu einer Aufspaltung in Untergruppen kommt. Auch domestizierte Pferde reagieren im Sozialverband nach wie vor sehr sensibel auf kleinste Verhaltensänderungen ihrer Herden- und Gruppengenossen. Dies kann auch bei täglichen Umgangssituationen dazu führen, dass mehrere Pferde bei einem Schreckreiz auf einmal wegspringen oder gar davonstürmen.

Sozial- und Sexualverhalten

In der Gruppe selbst existieren bestimmte Sozialstrukturen, die den Pferden das Zusammenleben ohne große Konflikte ermöglichen. Jedes Mitglied hat, abhängig von seinem individuellen Charakter, seinem Alter, seinem Selbstbewusstsein, seiner Intelligenz, seiner Erfahrung und nicht zuletzt seinem Geschlecht, seinen ganz individuellen Rang im Sozialverband, angefangen vom sozial starken Leittier über den entspannten Mitläufer im mittleren Rang bis zum unsicheren, rangniederen „Schlusslicht".

Im Allgemeinen gibt es eine Art „verteilte Führung", bei dem die ranghohen Stuten am häufigsten leiten, also zum Beispiel die Herde zu Wasser- oder neuen Futterstellen führen. Allerdings können auch rangniedere Tiere führen, indem sie zum Beispiel zu einem Schattenplatz oder einer Wasserstelle aufbrechen. Führung ist daher nicht zwangsläufig mit einem hohen Dominanzstatus und keinesfalls mit einer hohen Aggressivität gleichzusetzen. In kleinen Gruppen (bis etwa neun erwachsene Tiere) ist der Hengst oft das ranghöchste Tier und zuständig für den Zusammenhalt seines Harems, den Schutz vor anderen Hengsten und die Fortpflanzung. In größeren Gruppen nimmt er meist

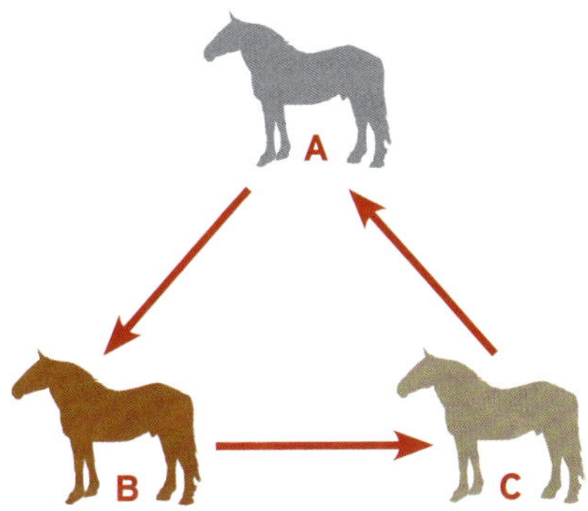

Ranghierarchien müssen nicht streng linear sein. In diesem Beispiel dominiert Pferd A über Pferd B und Pferd B über Pferd C. Pferd C aber dominiert über Pferd A.

eine etwas niedrigere Rangposition ein (oft im oberen Drittel der Hierarchie der Gruppe).

Der Rang selbst kann sich im Laufe der Zeit und auch situationsabhängig durchaus ändern. Zudem ist es unwahrscheinlich, dass Pferde ein genaues Konzept der gesamten Herdenhierarchie im Kopf haben, da dies komplexer kognitiver Fähigkeiten bedarf. Stattdessen werden Rangpositionen in der Regel zwischen zwei Pferden ausgemacht. Daher ist die Hierarchie nicht zwangsläufig streng geradlinig, sondern ein Tier, welches einem zweiten unterlegen ist, kann durchaus auch über ein drittes Tier dominieren, welches seinerseits aber das zweite dominiert.

Die Rangfolge in Pferdegruppen entspricht im Allgemeinen aber dem Alter und der Zugehörigkeit der jeweiligen Pferde in der Gruppe. Junge Pferde stehen in der Regel niedrig im Rang und steigen mit der Zeit auf. Der Großteil der Jungtiere wechselt seine soziale Gruppe mit der Pubertät. In der Regel fangen sie zunächst in unterster Rangposition in der neuen Gruppe an und arbeiten sich mit jedem weiteren Neuzugang langsam hoch. Fohlen stehen zunächst unter dem Schutz ihrer Mutter und genießen so deren Rang, zunehmend und insbesondere nach dem Absetzen müssen sie aber aber ihren Rang selbst verteidigen.

Die Gruppe bietet Pferden Sicherheit und Schutz.

Da das natürliche Verhalten von Hengsten darauf ausgerichtet ist, ihre Gene weiterzugeben und im Allgemeinen immer nur der Leithengst in einem Harem die Stuten decken darf, ist er immer bestrebt, diese Leitposition, also seinen hohen Rang, gegenüber Konkurrenten zu behaupten. Heranwachsende Junghengste werden deshalb bei Eintritt der Geschlechtsreife verjagt und im Zweifelsfall als Konkurrenten bekämpft. Solche Hengstkämpfe laufen meist ohne nennenswerte Verletzungen ab, können in Einzelfällen aber auch extrem aggressiv geführt werden und zu schweren Verletzungen oder, das aber höchst selten, sogar zum Tod des Unterlegenen führen.

Über die Rangkämpfe fechten Hengste ihre Rangposition aus. Sie enden meist mit der Flucht des Unterlegenen.

Auswirkungen auf den Umgang

Die Veränderbarkeit der Rangordnung zwischen Pferden muss sich der Mensch im Umgang mit ihnen immer wieder vor Augen führen. Auch wenn er selbst nicht wirklich Herdenmitglied ist, so wird er vom Pferd doch als ein Teil der Herde beziehungsweise Gruppe gesehen und sollte immer als ranghöher akzeptiert werden. So sollten beispielsweise auch Kinder nie allein auf eine Weide mit mehreren Pferden gehen oder allein ein Pferd in Offenstallhaltung aus der Gruppe herausholen, sondern dies immer in Begleitung eines erfahrenen, ranghohen Erwachsenen tun. Ähnlich der Mutter-Fohlen-Kombination befindet sich das Kind beziehungsweise ein unerfahrener Erwachsener dann unter dem Schutz seiner Begleitung. Hat man diesen Schutz in der Gruppe nicht, sind gefährliche Zwischenfälle möglich.
Unsicherheiten im Umgang mit dem Pferd können jederzeit zu einer Verschiebung der Führungsansprüche

führen. Dies gilt insbesondere für dominante Pferde, zu denen meist auch Hengste gehören. Der Umgang mit solchen Pferden erfordert deshalb Menschen, die aus Sicht der Pferde weder verjagt (wie rangniedere Junghengste) noch bekämpft (wie ranggleiche Konkurrenten) werden müssen. Dominanzverhalten ist immer zeit- und situationsabhängig. So kann sich zum Beispiel ein Hengst in einem Moment gut an der Hand führen lassen und im nächsten Moment – vielleicht ausgelöst durch das Passieren anderer Pferde – extrem dominant reagieren.
Um sicher mit dem Pferd umgehen zu können und frühzeitig auf gegebenenfalls problematisches Verhalten des Pferdes reagieren zu können, muss der Mensch die Körpersprache des Pferdes kennen und ihm klare Signale zum Anhalten und Weichen beibringen. Dabei kann der Mensch auch seine eigene Körpersprache vor allem im Umgang vom Boden aus nutzen. Hierzu muss er aber seine Körpersprache optimieren und weiterbilden (siehe Kapitel 5.2.2, Seite 85), denn das Pferd kommuniziert auch mit seinen Artgenossen in der Hauptsache lautlos und mit kleinsten Körpersignalen. Pferde sind Meister „non-verbaler" Kommunikation, die der Mensch erst erlernen muss. Bei dieser Herangehensweise sollte jedoch bedacht werden, dass zum Beispiel im Notfall auch andere – gegebenenfalls sogar pferdeunerfahrene – Personen oder man selbst auch dann sicher mit dem Pferd umgehen können sollten, wenn man krankheitsbedingt nicht in der Lage ist die Körpersprache präzise auszuüben oder nicht die nötige Körperspannung aufbringen kann. Daher ist es wichtig, dass dem Pferd Umgangsregeln mit dem Menschen beigebracht werden, die es unabhängig von der menschlichen Körpersprache einhält und es auch einfache, allgemein verbreitete Signale zum Abstand halten, Anhalten, Zurückweichen usw. kennt.

Eine Rangdiskussion zwischen Pferd und Mensch kann zu riskanten Situationen führen.

Mimik und Körpersprache des Pferdes

Die „non-verbale" Kommunikation geschieht über die Mimik und die Körpersprache der Pferde. Für Laien mag ein Pferd über eine sehr eingeschränkte Mimik verfügen, Pferde selbst und erfahrene Pferdekenner dagegen können meist schon auf den ersten Blick die Stimmungslage eines Pferdes erkennen.
Für Tiere, die in Sozialverbänden leben, ist die Deutung von Mimik, Laut- und Körpersprache von größter Wichtigkeit. Zum einen ermöglicht sie ihnen überhaupt erst, mit den anderen Gruppenmitgliedern möglichst stressfrei leben zu können. Zum anderen kann sie lebenswichtig sein, zum Beispiel wenn das Leittier Alarmbereitschaft über seine Körperhaltung ausdrückt (siehe Foto Seite 22). Aufgrund dieser Fähigkeiten wie auch seines Lernvermögens, kann das Pferd zudem auch die menschliche Mimik lesen.
Zur Mimik eines Pferdes gehören insbesondere die Stellung der Ohren sowie die Haltung/Spannung der Augenlider und der Nüstern/Lippen.

Ohren		
	**eher seitlich hängend**	Zeichen von Entspannung; in Verbindung mit verspannter Mimik auch bei Schmerzen möglich („Schmerzgesicht“, siehe Seite 24)
	**starr nach vorn gerichtet**	Zeichen von Aufmerksamkeit, Neugier, aber eventuell auch Anspannung
	**ein Ohr vorn, eins hinten**	Zeichen von Aufmerksamkeit (auf den Menschen)
	**flach nach hinten angelegt**	Zeichen von Unzufriedenheit, Stress, Aggressivität

Nüstern/Lippen		
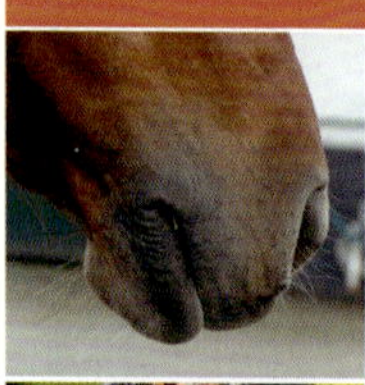	**unverändert**	Zeichen von Zufriedenheit
	**Nüstern kräuselnd gerümpft**	Zeichen für leichte Verärgerung, aber auch für Schmerz oder Unwohlsein
	**Unterlippe hängend**	Zeichen für totale Entspannung

	**Oberlippe vorgewölbt**	Zeichen von Erregung - kann positive (Übermut, Genuss z.B. beim Kraulen) aber auch negative (Angst) Bedeutung haben
	**Oberlippe hochgestülpt (Flehmen)**	Zeichen für Aufnahme eines interessanten Geruchs (oft bei Hengsten), manchmal auch Schmerzäußerung
	**Lippen zusammengepresst**	oft in Verbindung mit angespanntem Augenausdruck und verkrampftem seitlichem Maul; Zeichen für Schmerz („Schmerzgesicht“, siehe Seite 24)
	**Oberlippe entlang der Maulspalte nach vorn/zu den Nüstern hin gezogen (Zunge wird im Maul sichtbar, Oberlippe liegt in Falten)**	Zeichen von Angst
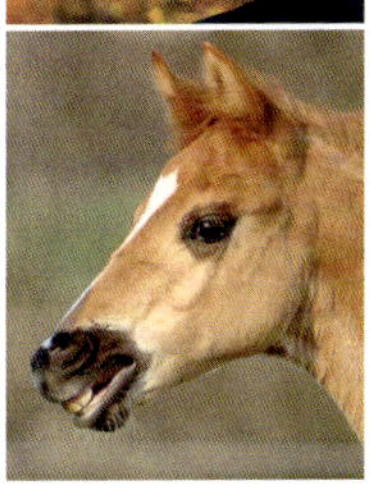	**Kaubewegung mit vorgestrecktem Hals**	Zeichen von Unsicherheit, Unterwerfung; Beschwichtigungsversuch und weit geöffnete Maulspalte (nur bei Jungpferden; nicht zu verwechseln mit regulärem Kauen oder Abkauen)

Augen

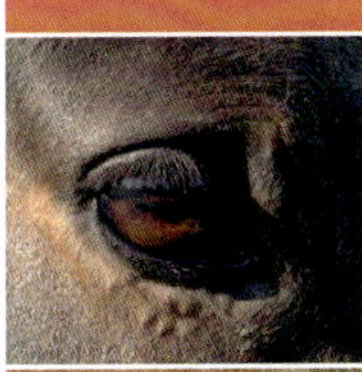	**„normal“ geöffnet**	Zeichen von allgemeinem Wohlbefinden
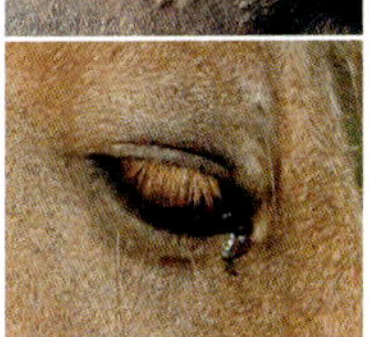	**halb geschlossen**	meist Zeichen von Entspannung, Müdigkeit, Dösen; Achtung: auch bei Schmerz möglich

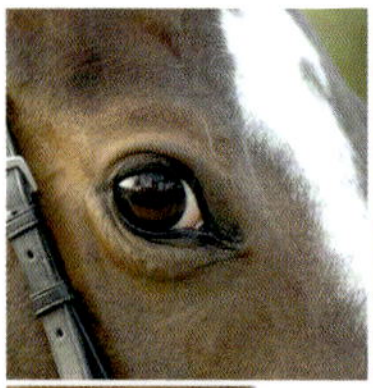	**weit aufgerissen**	Zeichen von Angst und Aufregung
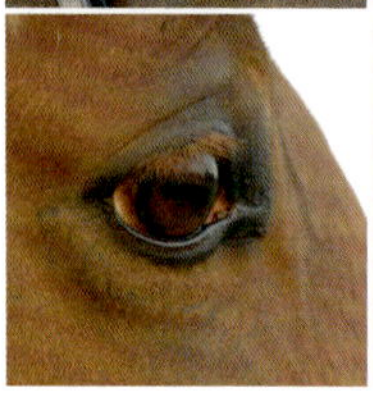	**leicht angespannt**	Zeichen von Unsicherheit, Unwohlsein, Schmerz (ähnlich, wenn Menschen die Augenbrauen über der Nase zusammenziehen)

In Sachen Körpersprache sind Pferde wahre Meister der Nuancen. Diese hier alle zu beschreiben ist beinahe unmöglich, die wichtigsten und auffälligsten sollen hier aber dargestellt werden.

Körpersprache		
	**Hals hoch aufgerichtet**	Zeichen von vermehrter Aufmerksamkeit (evtl. gefolgt von plötzlicher Flucht), „Alarmhaltung"
	**Hals hängend abgesenkt**	Zeichen von Entspannung
	**Hals vorgestreckt**	Zeichen von Neugier (in Verbindung mit wechselndem Ohrenspiel)
	**plötzliches Vorschnellen von Hals/Kopf**	Zeichen von Aggression
	**Wegbeißen**	Aufforderung: „Geh weg!"

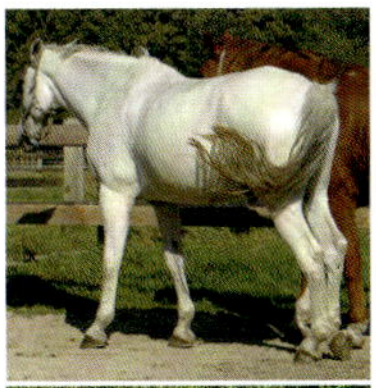	**nachlässig angehobenes Hinterbein beim Halten (Hufspitze ruht auf dem Boden)**	Zeichen von Entspannung (das Pferd „ruht“)
	**aktives Anheben eines Hinterbeins im Halten**	Drohgebärde: „Bleib weg!“
	**Auskeilen**	Aggressivität, deutliches Zeichen für „Lass mich in Ruhe!“
	**Körpersperre**	Aktion des ranghöheren Pferdes, um einem rangniederen den Weg zu versperren oder es in eine Richtung zu dirigieren
	**Schulterdrängeln**	Dominanzgebärde
	**Schweifschlagen**	ruhiges Pendeln = Entspannung, hektisches Schlagen = Anspannung, Stress, Verärgerung (im Gegensatz dazu Schweifschlagen zur Abwehr von Fliegen) Warnung vor Ausschlagen: kurzes, rasches, einseitiges Schweifschlagen
	**Schweif hoch aufgerichtet**	starke Spannung, Aufregung, Imponiergehabe
	**Beschnuppern**	Zeichen für Kontaktaufnahme. Bei fremden Pferden kann auf das Beschnuppern eine aggressive Reaktion folgen, da die Rangordnung geklärt wird. Es folgt häufig ein Quieken und Ausschlagen mit dem Vorderbein.

	**Ansteigen**	Dominanz austesten
	**Fellkraulen**	Im Allgemeinen ist dies ein Zeichen von Wohlbefinden und Freundschaft; es kann aber auch Zeichen für soziale Spannungen sein, da es zum Stressabbau eingesetzt wird (an Widerrist und Kruppe des anderen).

Das „Schmerzgesicht" des Pferdes

Schmerzgesicht:

- unnatürlich gestellte Nüstern (weit geöffnet oder zu engen Schlitzen gekräuselt)
- verkürzt wirkende Maulspalte
- zur Seite oder nach hinten verspannte Ohrhaltung
- zugekniffene Augen
- hervortretendes Schläfenbein
- angespannte Kau- und Gesichtsmuskeln

Lautsprache des Pferdes

Neben der non-verbalen verfügen Pferde allerdings auch über verbale Kommunikationsmöglichkeiten, die unterschiedliche Bedeutungen haben. Bei der Lautsprache der Pferde unterscheidet man zwischen:

Lautsprache	
Wiehern	unterschiedlicher „Inhalt" wie Begrüßung, „Hallo, ich bin einsam", „Gleich gibt's Futter", Erkennungsruf zwischen Mutterstute und Fohlen, „Hier-komm-ich"-Ruf des Hengstes u.Ä.
„Brummeln"	verhaltenes, leises Wiehern steht für: freundliche Annäherung, Wiedererkennungsfreude etc.
Quieken	• Zeichen von Aggression, z.B. wenn sich zwei fremde Pferde erstmals beschnuppern • Reaktion bei Rosseverhalten
abgehacktes Wiehern	beinahe Röcheln – meist bei Hengsten, Zeichen von aufsteigender Spannung im Kontakt beziehungsweise in der Nähe zu anderen Pferden, oft gefolgt von plötzlichem „Hengstverhalten" wie Ansteigen, Angreifen, Beißen

Bei Gefahr reagieren Pferde mit Flucht.

2.1.2 Fluchttier

Die größte Waffe der Pferde gegen Fressfeinde war durch die Jahrtausende hindurch ihre Schnelligkeit. Fluchtbereitschaft und Fluchtverhalten, im harten Leben in der Steppe die beste Überlebensstrategie, ist ein Urinstinkt auch des modernen Pferdes und greift in vermeintlich riskanten oder irritierenden Situationen im Freilauf, an der Hand oder unter dem Reiter auch heute noch. Als Herdentiere achten Pferde auf andere Pferde ihrer Gruppe beziehungsweise ihres Umfeldes. Je nach Pferdetyp und Temperament ist der Fluchtinstinkt mehr oder weniger ausgeprägt. Zeigt ein Pferd extremes Fluchtverhalten, werden auch die anderen folgen wollen, eine Tatsache, die der Mensch im Umgang mit Pferden beachten muss.

Läuft zum Beispiel ein Pferd auf der Weide plötzlich los, weil es sich vor irgendetwas erschreckt hat, wird der Rest der Gruppe im Allgemeinen folgen, denn es könnte ja tatsächlich eine Gefahr drohen, die die anderen übersehen oder überhört haben. Ähnliches kann an der Hand, beim Reiten oder vor der Kutsche passieren: Ein Pferd scheut und stürmt davon, die anderen versuchen instinktiv zu folgen. Verstärkt wird dieses Verhalten, wenn es sich bei dem fliehenden Pferd um ein ranghohes Pferd handelt, das mit seinem Verhalten den anderen ein Vorbild ist.

Was ein Pferd dabei als Bedrohung empfindet, entzieht sich manchmal dem Verständnis oder auch der Sinneswahrnehmung des Menschen. Dabei darf nie vergessen werden, dass Flucht ein natürliches Verhalten des Pferdes und aus dessen Sicht überlebenswichtig ist. Selbst eine Verunsicherung bei fehlerhafter Hilfengebung des Menschen oder Überforderung bei jeglicher Arbeit mit dem Pferd kann einen kurzfristigen Fluchtreflex auslösen. Dieses Verhalten dann zu bestra-

Bei allem Bewegungsbedürfnis benötigen Pferde jedoch auch regelmäßige Ruhepausen über den Tag verteilt.

fen wäre absolut unangemessen und würde die Anspannung und damit die Fluchtbereitschaft des Pferdes sogar noch erhöhen. Stattdessen sollte sich der Mensch bemühen, souverän mit der Situation umzugehen und zum Beispiel eine aus der Fluchtreaktion des Pferdes entstehende unerwünschte Reaktion oder eine fehlerhafte Lektion möglichst ignorieren und stattdessen das Pferd die Aufgabe wiederholen lassen, es mit bekannten Aufgaben ablenken oder die Anforderung gegebenenfalls etwas herunterschrauben.
So kann man das Pferd zum Beispiel anhalten oder vor- und zurücktreten lassen, ihm so wieder Sicherheit vermitteln und ihm damit durch Souveränität die eigene Führungsqualität signalisieren. Dies führt dazu, weiteres Fluchtverhalten zu minimieren.

2.1.3 Steppentier/Lauftier

Ebenso wie Herdenbildung und Fluchtbereitschaft war es für Pferde in der Evolutionsgeschichte sehr wichtig, beständig über bis zu 16 Stunden pro Tag mit Nahrungsaufnahme zu verbringen, um so notfalls auch bei dem kargem Futterangebot der Steppe Reserven für den Winter anzulegen. Auf diese kontinuierliche Nahrungsaufnahme ist der Verdauungsapparat des Pferdes eingerichtet. Daher kann es bei falschem Fütterungsmanagement zu gesundheitlichen Schäden kommen. Fresspausen von mehr als vier Stunden ohne jeglichen Zugang zur Weide oder zu Raufutter wie Heu oder Stroh können bereits zu Problemen führen. Vor allem bei leichtfuttrigen Pferden und Ponys, die aus gesundheitlichen Gründen Weide und Heu nicht frei zur Verfügung gestellt bekommen können, empfehlen sich Maßnahmen, die die Futteraufnahme verlangsamen (z.B. engmaschige Heuraufen oder gutes Durchmischen von Heu und Stroh).
Aufgrund ihres Nahrungsaufnahme-Verhaltens, das in Freiheit mit täglich bis zu 16 Stunden Bewegung, hauptsächlich im Schritt über bis zu 40 Kilometer verbunden ist, haben Pferde bis heute auch ein großes Bewegungsbedürfnis. Unter modernen Haltungsbedingungen können sie dieses Bedürfnis jedoch meist nicht ausleben. Neben der täglichen freien Bewegung auf Weide und Paddock ist daher die tägliche Beschäftigung mit dem Pferd, verbunden mit einem umfangreichen Bewegungsangebot – Arbeit an der Hand, Arbeit unter dem Reiter beziehungsweise vor der Kutsche – unter dem Gesichtspunkt einer möglichst artgerechten Haltung, insbesondere bei Boxenhaltung, in den „Leitlinien zur Beurteilung von Pferdehaltungen unter Tierschutzgesichtspunkten" des Bundesministeriums für Ernährung und Landwirtschaft festgeschrieben.
Bei allem Bewegungsbedürfnis benötigen Pferde jedoch auch regelmäßige Ruhephasen über den Tag verteilt. Im Allgemeinen ruhen sie dabei dösend im Stehen, nur zum Schlafen legen

sie sich hin. Erwachsene Pferde ruhen innerhalb eines 24-Stunden-Zyklus gesamt rund sieben Stunden, die meiste Zeit (etwa 80 Prozent) davon dösend. Wirklich schlafen tun die meisten Pferde nur die restliche Zeit (20 Prozent, d.h. 1 bis 3 Stunden/Tag in mehreren, getrennten Phasen). Hierzu müssen sie sich hinlegen. Auch wenn Pferde gut im Stehen ruhen und leicht schlafen können, erreichen sie in dieser Haltung nicht den für die Erholung besonders wichtigen REM-Schlaf (Traumschlaf) mit vollständiger Erschlaffung der Muskulatur. Pferde, die sich nicht oder nicht mehr genügend hinlegen sind daher stark in ihrem Wohlbefinden beeinträchtigt

Als Steppentiere sind Pferde auf große Schwankungen zwischen Hitze und Kälte gut eingerichtet, sowohl innerhalb eines Tages- und Nachtrhythmus als auch zwischen Sommer und Winter. Ihre Wohlfühltemperatur liegt dabei etwa zwischen −15 und +25 Grad Celsius. Wird es kälter, versucht das Pferd, seinen höheren Energiebedarf durch ein Mehr an Nahrungsaufnahme zu decken. Bei extremer Kälte schieben Pferde außerdem ein langes und dichtes Winterfell, das sie bei ihrer Thermoregulation perfekt unterstützt.

Klimareize wie Temperaturunterschiede, Regen, Schnee oder Sonnenlicht sind der Gesundheit des Pferdes eher förderlich als schädlich. Pferde frieren auch deutlich weniger, als es sich der Mensch vorstellen kann. Ein übertriebenes Eindecken ist deshalb ebenso überflüssig (außer bei geschorenen Pferden) wie ein überstürztes Aufstallen bei Regen oder Schließen aller Stallfenster bei Kälte. Am gesündesten für ein Pferd ist ein Stallklima (Licht, Luft, Temperatur), das dem Außenklima möglichst ähnlich ist und ähnliche Klimareize setzt.

Bei niedrigen Temperaturen beginnt Pferden ein dichter Winterpelz zu wachsen. Je nach Rasse fällt er mehr oder weniger lang aus.

Pferd in Freiheit	
Fressen	beinahe ständig (bis zu 16 Std./Tag) in kleinen Mengen
Trinken	rund 25 bis 60 l/Tag
Bewegung	bis zu 16 Stunden tgl. (auf Futtersuche)
Ruhen/ Schlafen	7 bis 8 Std., 80 % davon dösend, nur 20 % wirklich schlafend
Licht	hoher Bedarf an natürlichem Tageslicht
Luft	8 bis 16 Atemzüge/ min; ein Großpferd atmet in Ruhe 30 bis 70 l Luft pro Minute, im Galopp bis zu 220 l/min
Temperatur	gute Hitze- und Kältetoleranz

Die Kontaktaufnahme zu Artgenossen ist eines der Grundbedürfnisse der Pferde.

2.2 Verhaltensbedürfnisse

Als Herden-, Flucht- und Steppentier hat das Pferd bis heute Bedürfnisse, die aus seiner genetischen Geschichte und seinen Lebensbedingungen in Freiheit resultieren. Während die Anpassung an diese Lebensbedingungen in der kargen Steppe über Millionen von Jahren über die natürliche Auslese stattgefunden hat, sind Pferde erst seit wenigen Hundert Jahren den modernen Pferdehaltungsbedingungen ausgesetzt, sodass auf genetischer Ebene bisher vergleichsweise wenig Anpassungen an diese Haltungsbedingungen stattgefunden haben. Auch heute braucht die auf Langstreckenbelastung ausgerichtete große Pferdelunge viel Frischluft beziehungsweise Sauerstoff, auch heute noch fühlt sich das Pferd bei genügend Tageslicht am wohlsten. Auch heute noch können sich Pferde hervorragend an ihre Umgebungstemperatur anpassen und auch hohe und niedrige Temperaturen gut vertragen. Und noch immer gehören Fress- und Sozialverhalten neben dem Sexualverhalten zu den wichtigsten Bedürfnissen des Pferdes.

2.2.1 Missverhältnis Haltungsumwelt/natürliches Pferdeverhalten

Da sich moderne Pferde in menschlicher Obhut ihre Nahrung aber nicht mehr entsprechend ihres natürlichen Verhaltens über viele Kilometer suchen müssen, existiert heute bereits über eine Alltäglichkeit wie die Trogfütterung und oft selbst die Heu- oder Weidefütterung ein überreichliches Angebot an Menge und Energiedichte in ihrer Nahrung und damit verbunden im Allgemeinen auch ein Defizit an Bewegung. Evolutionsgeschichtlich jedoch sind Pferde nicht auf diese Mengen an energiereichem und schnell verfügbarem Futter bei geringen Bewegungsmöglichkeiten eingestellt – gesundheitliche Probleme können die Folge sein. Außerdem haben sie ein starkes Bedürfnis, Sozialkontakt zu anderen Pferden zu haben, das nur teilweise durch den Kontakt zu Menschen oder andere Tierarten abgedeckt werden kann. Ein Pferd zeigt daher einen starken Drang, Kontakt zu anderen Pferden aufzunehmen. Wird dies längerfristig unterbunden, kommt es zu starker Frustration, aus der sich schnell Verhaltensauffälligkeiten und auch Verhaltensstörungen entwickeln können. Solche Veränderungen im Verhalten sind ein ernstes Warnzeichen in Bezug auf das Wohlbefinden des Pferdes.

Verhaltensauffälligkeiten

Energiereiches Futter, wenig Bewegung und möglicherweise nie oder selten Freilauf und Weidegang in der Gruppe können zu Auffälligkeiten im Verhalten führen, die vom Menschen häufig fälschlicherweise als unbegründete Widersetzlichkeit oder Böswilligkeit eingeordnet und womöglich auch noch bestraft werden. Unerwünschtes Verhalten wie Steigen, Bocken,

Durchgehen, aber auch Ausschlagen oder Beißen können sowohl die Folge von Unterforderung, grobem Umgang durch den Menschen oder auch von dauerhafter Unterdrückung natürlicher Bedürfnisse des Pferdes sein. Wird die Haltung optimiert (täglicher Weidegang in der Gruppe, gegebenenfalls Offenstallhaltung, ausreichend Bewegung und verbessertes Fütterungsmanagement), verschwinden derartige aus Frustration entstandene Untugenden häufig wie von selbst.

Eine zusätzliche Intensivierung der Beschäftigung mit dem Pferd in Form von Bodenarbeit kann ebenfalls Abhilfe schaffen, da sie dessen angeborene Neugier befriedigt, seine Konzentrationsfähigkeit steigert (siehe Kapitel 4.4, Seite 61 ff.) sowie die Kommunikation zwischen Mensch und Pferd verbessert. Auch Unsicherheiten in der Führungsrolle, die sich bei häufig aufgetretenen Verhaltensauffälligkeiten zwischen Mensch und Pferd eingestellt haben mögen, können durch Konsequenz in der Bodenarbeit ohne Einsatz von Gewalt meist wieder korrigiert werden.

Verhaltensstörungen

Problematischer wird es, wenn Pferde aufgrund nicht artgerechter Haltung und zusätzlicher Stressfaktoren wie beispielsweise Absetzen des Fohlens von der Mutterstute, häufige Stallwechsel, fehlender Sozialkontakt, übertrieben häufige Turnierteilnahme u.Ä. beginnen, monotone, sinnlos erscheinende Verhaltensweisen, sogenannte Stereotypien, zu zeigen. Das kann beispielsweise damit anfangen, dass Pferde, die nicht auf Stroh gehalten werden, nachts beginnen, Kot in Ermangelung anderer fressbarer Materialien zu fressen, und endet nicht selten in echten Verhaltensstörungen wie Koppen (Luftschlucken) oder Weben, bei dem Pferde von einem Vorderbein auf das andere pendeln. Pferdebesitzer tun solches Verhalten gern schnell damit ab, dass sich das Pferd langweilt. Dabei ist das Problem vielmehr die mangelnde Erfüllung konkreter Verhaltensbedürfnisse, sprich Futteraufnahme, Sozialkontakt und teils auch Bewegung. Mit Spielzeugen, wie sie heute in vielfacher Ausführung angeboten werden, kann einem Pferd deshalb kaum geholfen werden. Spielzeuge helfen nur insofern, dass sie kurzfristig auf Fressbarkeit erkundet werden können. Langfristig bleiben sie für das Pferd nur dann interessant, wenn es immer wieder einmal tatsächlich Futter aus dem Spielzeug aufnehmen kann, wie zum Beispiel bei Gegenständen, die mit Futter gefüllt werden können, das nach und nach herausfällt. Dem Pferd, das koppt, ist also nicht einfach langweilig, sondern ihm fehlt(e) die Möglichkeit, stundenlanges Fressverhalten wie in der Natur vorgesehen, auszuüben. Eine richtige, sprich über den gesamten Tag verfügbare Erreichbarkeit von Futter muss bereits vor der Entstehung eines solchen Verhaltens gewährleis-

Bodenarbeit kann als sinnvolle Beschäftigung das Wohlbefinden von Pferden verbessern.

Dieses Pferd nutzt den Weidezaun als Aufsatzhilfe beim Koppen.

tet sein. Denn: Treten erst stereotype Verhaltensweisen auf, sind sie selbst bei stark verbesserten Haltungsbedingungen in der Regel nicht mehr rückgängig zu machen! So suchen sich Pferde, die einmal angefangen haben zu koppen, selbst bei anschließender ganztägiger Weidehaltung Möglichkeiten wie zum Beispiel Zaunpfähle, um das Verhalten auszuüben. Es gibt sogar Beispiele, bei denen Kopper in Offenstallhaltung einen weiten Weg von der Weide zurücklegen, nur um im Stall eine Gelegenheit zum Koppen zu suchen. Nach einigem Koppen kehren sie anschließend zu ihren Herdengenossen auf der Weide zurück.

Da solche Verhaltensstörungen also nicht umkehrbar sind und neben den starken psychischen Belastungen während ihrer Entstehung auch zu schwerwiegenden, gesundheitlichen Problemen führen können, sollte bereits ihre Entstehung unbedingt, falls noch rechtzeitig eingegriffen werden kann, durch angepasste Haltungsbedingungen unterbunden werden. So führt Koppen beispielsweise zu einer übermäßigen Abnutzung der Zähne und Weben, also das Pendeln von einem Vorderbein aufs andere, oder Pacing, bei dem das Pferd gleichförmig auf Paddock oder Weide auf- und abläuft, zu einer Überlastung der Vordergliedmaßen. Einzelhaltung, wie man es immer mal wieder gerade bei kleinen Ponys „am Haus" beobachten kann, ist deshalb auf jeden Fall unzulässig, selbst wenn dem Pony eine Weide samt Offenstall zur Verfügung steht.

Kurz & knapp zusammengefasst

- Als Ethologie bezeichnet man die Lehre von den natürlichen Verhaltensweisen der Tiere.
- Im Laufe der Evolution entwickelten Pferde, so wie alle Wirbeltiere, Verhaltensbedürfnisse, die ihr Überleben sichern.
- Pferde sind Herden-, Flucht- und Steppen-/Lauftiere.

Herdentier

- In freier Wildbahn leben Pferde in Herden von bis zu 400 Tieren, die oft noch in kleinere Untergruppen aufteilt sind.
- Pferde reagieren auf kleinste Verhaltensveränderungen ihrer Gruppenmitglieder.
- Jedes Tier hat innerhalb der Gruppe einen individuellen Rang inne. Die Rangordnung einer Herde ist nicht unumstößlich festgeschrieben, sondern kann sich abhängig vom Alter der einzelnen Tiere und der Dauer der Gruppenzughörigkeit ändern.
- Um sicher mit dem Pferd umgehen zu können, muss der Mensch die Körpersprache des Pferdes verstehen und seine eigene optimieren. Da manchmal auch Kinder, unerfahrene oder erkrankte Personen mit dem Pferd umgehen, sollten Pferde aus Sicherheitsgründen klare Grundregeln und eine deutliche Körpersprache im Umgang mit dem Menschen kennen.
- Die Stimmung eines Pferdes lässt sich an seiner Mimik und Körpersprache ablesen.
- Neben der non-verbalen (ohne Stimme) Kommunikation verständigen Pferde sich auch über Laute wie Wiehern, „Brummeln" oder Quieken. Diese Signale werden jedoch seltener eingesetzt als die Körpersprache.

Fluchttier

- Fluchtbereitschaft und Fluchtverhalten waren über Millionen von Jahren für Pferde die beste Überlebensstrategie gegenüber Fressfeinden.
- Dieser Urinstinkt ist bis heute im Pferd tief verankert und kann auch in Alltagssituationen, die dem Pferd brenzlig erscheinen, zu plötzlichem Fluchtverhalten führen.
- Der Herdentrieb des Pferdes, verbunden mit dem Fluchtinstinkt, kann dazu führen, dass, wenn ein Pferd mit scheut oder davonstürmt, die anderen sofort ebenfalls so reagieren.
- Die Fluchtreaktion eines Pferdes darf nie bestraft werden, weder an der Hand noch unter dem Reiter, da dies die Bereitschaft zur Flucht nur verstärken würde. Sinnvoller ist es, entspannt mit der Situation umzugehen.

Steppentier/Lauftier

- In freier Wildbahn verbringen Pferde mit der Suche nach Futter täglich bis zu 16 Stunden. Dabei legen sie bis zu 40 Kilometer, hauptsächlich im Schritt, zurück.
- Aus dem natürlichen Futteraufnahmeverhalten des Pferdes resultiert sein großes Bewegungsbedürfnis. Neben täglicher Arbeit beziehungsweise Beschäftigung mit dem Pferd gehören regelmäßiger Freilauf und Weidegang zur artgerechten Haltung.
- Die natürlichen Verhaltensbedürfnisse des Pferdes haben sich im Laufe seiner Evolution kaum geändert. Das heißt: Auch heute noch brauchen Pferde Sozialkontakte, Freilauf, den Aufenthalt im Freien (Licht, Luft, Klimareize) sowie die Erfüllung ihres Futteraufnahmeverhaltens (Raufutter möglichst ad libitum).
- Grobe Missachtung der natürlichen Bedürfnisse des Pferdes (Fehler in den Haltungsbedingungen) können zu gesundheitlichen Schädigungen sowie zu Verhaltensauffälligkeiten oder Verhaltensstörungen führen.

Die Sehfähigkeit des Pferdes unterscheidet sich von der des Menschen.

3 Allgemeine Grundlagen der Sinneswahrnehmung von Pferden

Die feine Sinneswahrnehmung des Steppen- und Fluchttieres Pferd ist dem Menschen seit Jahrhunderten von großem Nutzen. Naturvölker beobachteten in der Vergangenheit und bis heute das Verhalten der Pferde in ihren eingezäunten Bereichen und benutzten es als Frühwarnsystem. Wurden die Pferde unruhig, so nahten Feinde oder Raubtiere. Weiterhin sind besonders die Fähigkeiten des Pferdes zur feinsten non-verbalen Kommunikation für die Nutzung als Zug-, Last- und Reittier von großem Vorteil. Pferde lernen optische, taktile oder akustische Signale des Menschen sehr schnell, richten sich nach dem Fokus der menschlichen Aufmerksamkeit und reagieren sensibel auf kaum merkliche, konsequente Hilfengebungen. Vermag der Mensch die Körpersprache des Pferdes zudem richtig zu deuten, so baut sich zwischen ihm und dem Pferd eine Einheit auf, die scheinbar nur durch Gedankenaustausch, in Wirklichkeit aber durch kaum wahrnehmbare Veränderungen kleinster Signale miteinander harmoniert (siehe Kapitel 5.2, Seite 83 ff.).

3.1 Visuelle Sinneswahrnehmungen/Sehen

Im Stall, auf der Weide, im Umgang, auf dem Reitplatz oder im Parcours wird das Pferd mit den verschiedensten Farben konfrontiert. Bunte Decken oder farblich gut abgestimmtes Sattelzubehör, weiß gestrichene Zäune und Stallwände in unterschiedlichstem Dekor – Objekte aller Größen und Formen umgeben das Pferd von heute. Doch was sehen Pferde überhaupt? Erleben sie ihr Umfeld genauso scharf, bunt, klein, groß und dreidimensional wie der Mensch? Und: Welche Auswirkungen hat die seitliche Position der Augen am Kopf des Pferdes?

3.1.1 Anatomische Grundlagen des Sehens

Die Pferdeaugen liegen seitlich links und rechts des Schädels und ermöglichen durch diese Lage ein monokulares Sehfeld, das heißt, die meisten Dinge können zunächst einmal nur mit einem Auge betrachtet werden. Lediglich im Gesichtsfeld vor dem Pferdekopf ist binokulares Sehen (mit beiden Augen) möglich. Optische Sinneseindrücke werden vom Auge aufgenommen. Sie durchdringen die Hornhaut des Auges, die vordere Augenkammer und werden dann von der Linse durch den Glaskörper hindurch auf die Netzhaut (Retina) projiziert. In der Netzhaut liegen die Enden der optischen Sinneszellen, welche im Sehnerv (*Nervus opticus*) gebündelt direkt mit dem Gehirn verbunden sind. Besonders viele Sinneszellen finden sich im Bereich des sogenannten Sehbalkens. Dieser befindet sich beim Pferd im oberen Drittel der Netzhaut und weist eine besonders große Ballung an Nervenzellen im seitlichen Augenwinkel auf. Somit verarbeitet ein Großteil der Sinneszellen besonders die vom Boden und von der Seite einfallenden optischen Eindrücke. Die Enden der optischen Sinneszellen wiederum weisen Stäbchen und Zapfen auf. Stäbchen sind wichtig für die Helligkeitswahrnehmung und Zapfen dienen der Wahrnehmung verschiedener Farbspektren.

3.1.2 Farbensehen

Die am häufigsten gestellte Frage zur Sehfähigkeit ist wohl, ob Pferde Farben sehen können. Die Antwort lautet: Ja! Allerdings sehen Pferde nicht das

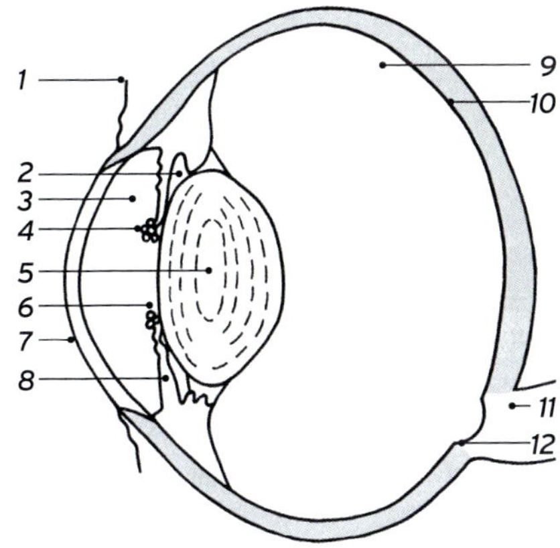

1. *Bindehaut*
2. *hintere Augenkammer*
3. *vordere Augenkammer*
4. *Traubenkörner*
5. *Linse*
6. *Sehloch, Pupille*
7. *Hornhaut*
8. *Regenbogenhaut, Iris*
9. *Glaskörper*
10. *Netzhaut*
11. *Sehnerv*
12. *blinder Fleck*

ganze Farbspektrum der Menschen, die Sinneszellen (Zapfen) zur Erkennung drei verschiedener Farbspektren besitzen und die restlichen Farben aus diesen Grundfarben mischen. Somit sind Menschen und einige Primaten sogenannte „Trichromaten". Pferde haben jedoch, wie die meisten Säugetiere, nur zwei unterschiedliche Zapfen für die Farbwahrnehmung, einen im Bereich niedriger Wellenlängen und einen anderen für mittel bis lange Wellenlängen. Im Vergleich zu Menschen werden Pferde deshalb als „Dichromaten" bezeichnet, was bedeutet, dass sie nur zwei Farben genau erkennen können, Gelb und Blau. Die Erkennung von anderen Farben, wie Rot und Grün verläuft vermutlich anhand der Anteile von Gelb und Blau, aus denen die Pferde die Gelb- und Blauanteile herausfiltern oder über die Helligkeitsstufen der Farben, wie nachfolgend beschrieben.

3.1.3 Kontrastsehen hell-dunkel

Bei der Farbunterscheidung spielen allerdings auch noch einige andere Faktoren mit hinein, einer davon ist der Helligkeitsunterschied der Farben. Pferde besitzen mehr Stäbchen für die Wahrnehmung von Helligkeit als Menschen, sind somit in der Unterschei-

Links das Farbspektrum des Pferdes und rechts das des Menschen (nach Caroll et al. 2007)

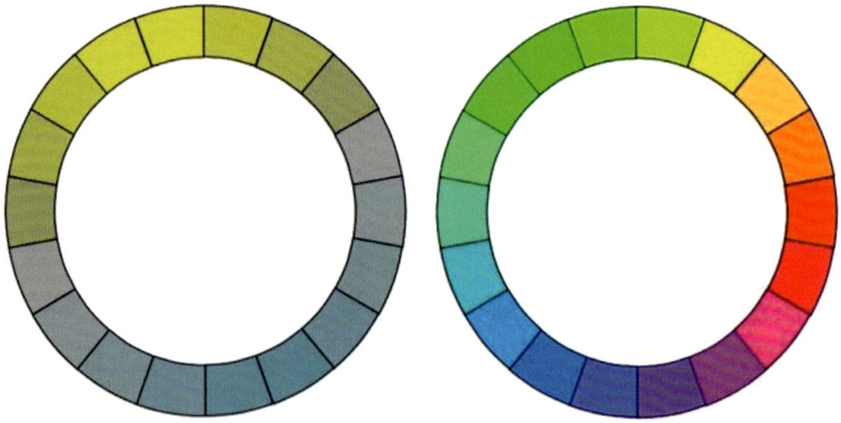

dung von Hell-Dunkel-Kontrasten besonders geschickt und reagieren auf Helligkeitskontraste besonders empfindsam. Jeder hat im Umgang oder bei der Arbeit mit Pferden bestimmt schon erlebt, dass Pferde vor Lichtflecken oder grellen Farbmarkierungen am Boden scheuen, da diese in ihrer tieferen Position durch die Vielzahl der Sinneszellen im Sehbalken am besten erfasst werden.

Bei jeder Arbeit mit und über Stangen hat die Farb- und Helligkeitssicht der Pferde wohl die größte Tragweite, denn Pferde erkennen Unterschiede zwischen Blau und Gelb oder auch zwischen Schwarz und Weiß besonders gut und reagieren auch entsprechend stärker darauf als auf Farben, die sich im Helligkeitskontrast nicht so sehr unterscheiden (z.B. Blau-Schwarz oder Gelb-Weiß). Deshalb passieren bei solchen Hindernissen – bei sonst gleichem Aufbau – auch die meisten Fehler. Pferde gewöhnen sich jedoch an vieles, auch an grelle Farben. Wird mit der Stangenarbeit bereits mit jungen Pferden begonnen, setzt ganz automatisch die erste Gewöhnung an Farben und Kontraste ein. Es wird deshalb oft dazu geraten, Jungpferde nicht mit naturfarbenen Stangen zu trainieren. Erstens bleibt die gewünschte Gewöhnung an die grellen Farben aus und zweitens können Pferde die naturfarbenen Stangen manchmal nur schlecht vom fast gleichfarbigen Untergrund unterscheiden und sich verletzen, wenn sie dagegenschlagen oder drauftreten. Erst später, wenn die Pferde mehr Erfahrung haben, können Naturstangen zum Einsatz kommen.

3.1.4 Sehfähigkeit in der Dunkelheit

Wie schon aus den anatomischen Gegebenheiten des Pferdeauges beziehungsweise an der Vielzahl der Stäbchen in der Netzhaut des Pferdeauges seit Langem gefolgert wird, sehen Pferde in der Dämmerung und im Dunkeln hervorragend. Eine Studie aus dem Jahr 2009, bei der alle zur Versuchsgruppe gehörenden Pferde in der Lage waren, sowohl bei Dämmerung als auch bei Dunkelheit sämtliche geometrische Abbildungen zu identifizieren, bestätigt diese Annahme. Außerdem weichen Pferde bei Sichtverhältnissen, in denen der Mensch annähernd nichts mehr sieht, geschickt Hindernissen auf ihrem Weg aus. Dagegen ist die Fähigkeit, Farben im Dunkeln zu erkennen, bei Mensch und Pferd ähnlich und nimmt mit zunehmender Dunkelheit ab. Auch Pferde können bei hellem Mondlicht noch Farben erkennen, aber nicht mehr bei stärkerer Dunkelheit.

Auch bei dämmrigem Licht können Pferde recht gut sehen.

Die Umstellung des Pferdeauges von Dunkelheit auf Helligkeit geht in Sekunden vonstatten, die von hell auf dunkel dauert dagegen mit zwei bis drei Minuten recht lange. Dies sollte der Mensch beim Umgang mit dem Pferd beachten, vor allem wenn er aus gleißendem Sonnenlicht plötzlich in den Schatten (z.B. im Wald oder Stall) wechselt oder ein im Schatten stehendes Hindernis absolvieren möchte. Mögliche Schreckreaktionen oder Widersetzlichkeiten des Pferdes können ihre Ursache darin haben, dass das Pferd in solchen Momenten schlecht sieht und deshalb unsicher reagiert.

3.1.5 Rundumsicht

Da die Augen der Pferde mehr seitlich am Kopf liegen, können sie bis auf einen kleinen toten Winkel direkt vor ihrer Stirn und einen minimalen Korridor direkt hinter ihrer Hinterhand hervorragend rundum sehen. Und auch diese zwei kleinen toten Bereiche können Pferde mit Kopf-, Hals- und Augapfelbewegungen leicht ausgleichen. War man früher der Meinung, in Beizäumung könnten Pferde wegen des toten Winkels vor der Stirn

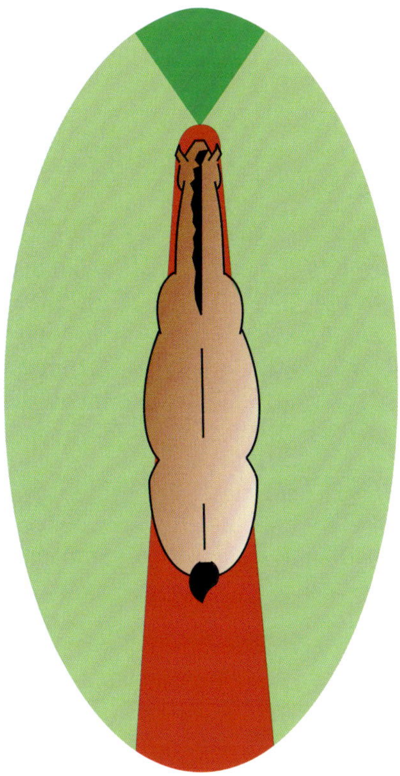

- Dreidimensionales scharfes Sehen (Binokularfeld)
- Zweidimensionales unscharfes Sehen (Monokularfeld)
- Toter Winkel (Blindzone)

direkt vor ihrem Kopf nichts sehen, ist diese Annahme inzwischen widerlegt. Die Beweglichkeit des Augapfels des Pferdes ist demnach groß genug, um das Sichtfeld der Haltung des Kopfes anzupassen. Für die Praxis bedeutet dies, dass auch Pferde, die in Anlehnung gehen, beziehungsweise mit der Stirn-Nasenlinie an der Senkrechten sind, Objekte oder Hindernisse frontal vor ihrem Kopf sehen und taxieren können. Geht das Pferd jedoch hinter der Senkrechten, wird das Sichtfeld nach vorn mit zunehmender Flexion des Halses eingeschränkt.

Insgesamt sieht ein Pferd deutlich mehr als sein Reiter (siehe auch „Grundausbildung für Reiter und Pferd, Richtlinien für Reiten und Fahren, Band 1").

3.1.6 Objekte sehen

Wichtig für die Erkennung von Objekten ist anscheinend auch die Platzierung der Objekte, denn die Verteilung der Sinneszellen im Auge und die Ballung derselben im Sehbalken im oberen Drittel und äußeren Rand der Netzhaut (Retina) ist seit Jahrtausenden den natürlichen Bedürfnissen der Pferde und ihrem Überleben in der freien Wildbahn angepasst. Da Raubtiere meistens am Boden lauern und sich durch Bewegungen bemerkbar machen, nehmen Pferdeaugen schnelle Bewegungen am besten im Augenwinkel wahr, da hier die Dichte der Sinneszellen besonders hoch ist. Außerdem befinden sich im oberen Teil des Augapfels die meisten Zapfen, um somit die auf Bodenhöhe befindlichen Farben am besten unterscheiden zu können. Im unteren Bereich des Auges liegt hinter der Netzhaut eine besondere Zellschicht, das *Tapetuum Lucidum*, das einfallendes Licht reflektiert und somit für die Sinneszellen im Sehbalken noch einmal verstärkt. Von oben einfallendes Licht wird dagegen von den oft massiven Traubenkörnern am oberen Rand der Iris der Pferde abgehalten. Droht Gefahr richten Pferde sich in der „Alarmhaltung" (siehe Foto S. 22) auf und verbessern somit die Sicht auch auf höhere Gefahrenursachen.

Es ist also gar nicht so erstaunlich, dass in wissenschaftlichen Versuchen Pferde besonders gute Farbunterscheidungsfähigkeiten bei Objekten zeigten, die sich direkt am Boden befanden. Schon wenn eine Farbmatte auf etwa 1 Meter Höhe angebracht war, nahm die Unterscheidungsgenauigkeit jedoch ab. Bunte Farbtafeln in mehreren Metern Höhe oder bunte Banner, die sich nicht gerade bewegen, nehmen Pferde deshalb oft gar nicht zur Kenntnis, ebenso wenig Flugzeuge oder Hubschrauber in der Luft. Befinden sich diese Objekte jedoch am Boden, muss der Mensch mit einer möglicherweise heftigen (Flucht)-Reaktion des Pferdes rechnen.

Damit Pferde auch beim Anreiten eines Hindernisses die obere Stange gut sehen können, sollte man das Pferd im Rahmen der Anlehnung über seine Kopfhaltung frei entscheiden lassen, sodass es diesen anheben kann. Durch dieses Anheben wird das Bild der oberen Stange auf den Bereich der Netzhaut mit der höchsten Dichte der Sinneszellen im Sehbalken projiziert. Zudem ermöglicht das binokulare Sichtfeld, welches so auf das Hindernis gerichtet wird, ein besseres räumliches Sehen, was dem Pferd erleichtert, die Distanzen abzuschätzen.

3.1.7 Sehschärfe und dreidimensionales Sehen

In einem Bereich der Sehfähigkeit sind Pferde den Menschen jedoch eindeutig unterlegen, und das ist die Sehschärfe. Pferde sehen deutlich un-

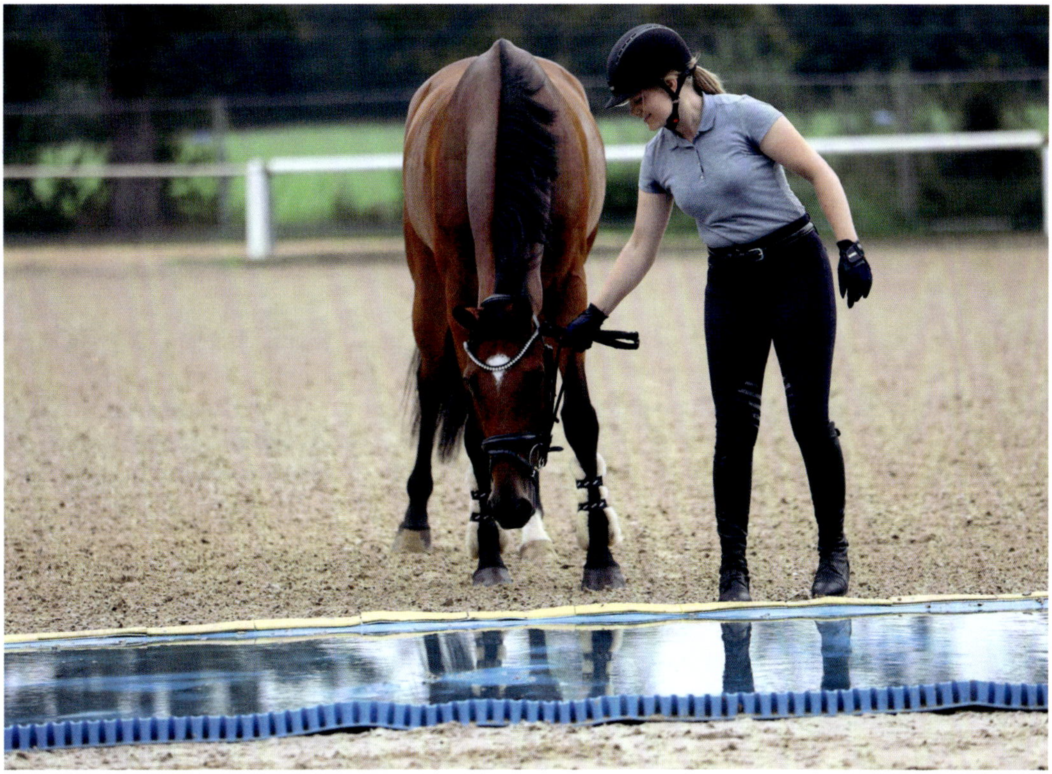

Man sollte dem Pferd immer die Möglichkeit geben, Unbekanntes näher in Augenschein zu nehmen.

schärfer als Menschen. In einem Test zur Reaktion der Pferde auf schmaler werdende Schraffierungen waren Pferde schon bei viel gröberer Schraffierung, als dies bei Menschen der Fall ist, nicht mehr in der Lage, diese zu unterscheiden. An Stelle von Schraffierungen sehen Pferde schon viel früher als Menschen nur noch eine verschwommene graue Fläche.

Für die Praxis bedeutet dies, dass Pferde zum Beispiel dünne Drähte auf der Koppel aus einiger Entfernung nicht eindeutig erkennen können, da ihre Augen in der Entfernung schlecht einschätzen können. Die meisten Pferde sehen dünne Drähte erst, wenn sie bis auf wenige Meter an diese herangekommen sind. Zum Bremsen aus dem vollen Galopp ist diese Distanz aber zu klein. In Bezug auf dünne Elektrozaundrähte merken sich Pferde wahrscheinlich eher den Bereich, in dem sie einen elektrischen Schlag erhalten haben, und meiden diesen in Zukunft.

Die Frage, ob Pferde auch dreidimensional sehen können, kann bejaht werden. Das visuelle Feld der Pferde überlappt sich im frontalen Bereich und lässt dreidimensionales Sehen zu. Gegenstände, die sich seitlich vom Pferd befinden, werden dagegen wegen der Lage der Augen im Pferdekopf mit jeweils nur einem Auge gesehen und erscheinen dem Pferd deshalb nicht räumlich und vermutlich auch nicht scharf. Aus diesem Grund können Pferde sich rechts und links abspielende Geschehnisse oder befindliche Gegenstände zwar sehen, ihre Entfernung aber schlecht einschätzen. Deshalb reagieren sie schon mal mit erhöhter Aufmerksamkeit, Scheuen oder vorsichtshalber sogar Flucht, bevor der Mensch, der nicht über eine derartige Rundumsicht verfügt, die vermeintlich gefährliche Situation überhaupt registriert. Sich direkt vor ihnen befindende Objekte können Pferde dagegen dreidimensional sehen und besser einordnen. Deshalb sollte man dem Pferd sowohl an der Hand als auch unter dem Reiter oder vor der Kutsche immer auch die Möglichkeit geben, Unbekanntes näher zu beäugen.

3.1.8 Erkennung über visuelle Reize

Ganz sicher erkennen Pferde sich beziehungsweise ihre Spezies auch am äußeren Erscheinungsbild, das hat Professor Bernhard Grzimek bereits 1943 mittels lebensgroßer Pferdeabbildungen nachweisen können. Dabei überraschte besonders, dass die Testpferde sogar stark schematisierte Formen erkennen konnten. Aktuelle Studien beweisen darüber hinaus: Pferde verfügen auch über die Fähigkeit, bestimmte andere Pferde ganz individuell zu erkennen und deren Verhalten zu kopieren, vorausgesetzt allerdings, dass diese Pferde der eigenen Gruppe angehören und ranghöher sind. Wie diese Identifizierung genau vonstatten geht, ist noch nicht vollends geklärt. Es wird aber angenommen, dass Pferde neben eventuellen Geruchsinformationen auch visuelle Informationen sammeln. So gelang es nachzuweisen, dass Pferde sich selbst im Spiegel erkennen. Pferde inspizierten ihre Gesichtshälfte, auf dem ein Farbfleck aufgebracht war, deutlich häufiger als die Gesichtshälfte mit einem durchsichtigen Fleck der gleichen Konsistenz. Auch versuchten sie, sich den sichtbaren Farbfleck abzuscheuern.

Konturen

In die visuelle Erkennung spielen vermutlich viele Faktoren mit hinein. Einerseits die Konturen, außerdem Farbe und Bewegungen. Es wird oft beobachtet, dass Hengste oder hengstige Wallache Stuten mit dickem Bauch und voluminöser Kruppe bevorzugen. Dies könnte den Eindruck besonderer Fruchtbarkeit vermitteln. Anderseits bevorzugen Stuten oft Hengste mit hohem Halsaufsatz und stark ausgeprägtem Hengstverhalten. In der Welt der Biologen ist dies nicht verwunderlich, denn es ist schon lange bekannt, dass viele Tierarten Paarungspartner mit Merkmalen bevorzugen, die ihre Fruchtbarkeit oder Durchsetzungsfähigkeit im Kampf um Futter verdeutlichen. Und wie schon aus dem Namen klar wird, unterstreichen diese Merkmale eher einen momentanen, auf Dauer jedoch veränderlichen Zustand. Somit sind sie für die Individualerkennung nur mittelmäßig verlässlich. Es erscheint also logisch, dass die äußeren Konturen eher potenzielle Paarungspartner als die Identität der Pferde preisgeben.

Auch Menschen werden von Pferden anscheinend zum Teil an den äußeren Konturen erkannt. In einer Studie an einem Pferd, welches alle Menschen schlug außer seinen Besitzer, zeigte Professor Bernhard Grzimek 1949, dass dieses Pferd seinen Besitzer nicht mehr erkannte, wenn er sich mit Hut und Mantel seiner Frau ausstaffierte. Allerdings könnte auch hier der Geruch der Kleidungsstücke wichtige Informationen übermittelt haben. Heute wissen wir jedoch auch, dass Pferde Menschen auf Fotos erkennen, auch noch nach sechs Monaten Abwesenheit. Zudem scheint ihre Fähigkeit der bildlichen Erkennung von Menschen sehr differenziert zu sein, denn Pferde zeigen deutliche Vorzüge für Fotos von Menschen mit freundlichem Gesichtsausdruck.

Farben

Wie im Kapitel zu den visuellen Fähigkeiten beschrieben, sind Pferde Dichromaten (siehe Seite 33). Farb- und Helligkeitskontraste spielen für Pferde ebenfalls eine wichtige Rolle. Deshalb mag es auch die Erkennung von Pferden untereinander beeinflussen, wenn sie zum Beispiel mit bunten Decken eingedeckt werden. Bunt eingedeckte Pferde werden von ihren Artgenossen manchmal nicht mehr erkannt. Dies würde auch erklären, warum gescheckte Pferde bei Artgenossen, denen Schecken unbekannt sind, manchmal Fluchtreaktionen auslösen. Pferde gewöhnen sich jedoch an unglaublich viele Dinge und sind dadurch richtige Anpassungsmeister. Auch für die optische Erkennung der Pferde sind Gewohnheiten sehr wichtig. Kennen Pferde andere Artgenossen aller Farben, so wird sie auch kein stark kontrastreicher Schecke aus der Bahn werfen. Es ist also nur ein wenig Geduld vom Menschen gefragt und schon gewöhnt sich das Pferd ziemlich schnell auch an Pferde mit ungewohntem Aussehen oder an andere Tierarten.

Tipps für die Praxis

- Wenn Pferde etwas besonders gut sehen sollen, ist es ratsam, die Farben Blau und Gelb oder starke Helligkeitskontraste zu nutzen.
- Pferde sollten an starke Farbkontraste gewöhnt werden, um ihre Schreckhaftigkeit zu reduzieren.
- In der Dämmerung oder im Dunkeln kann der Mensch von der besseren Sehfähigkeit des Pferdes profitieren.
- Unbekannte Objekte sollten zur Gewöhnung zunächst am Boden platziert werden, dort können Pferde sie besonders gut erkennen.
- Ein hohes oder etwas höher hängendes Objekt wird erst dann „gefährlich", wenn es sich plötzlich bewegt. Am besten lässt man das Pferd hinschauen, damit es sich auch daran gewöhnen kann.
- Beim Anreiten eines Hindernisses empfiehlt es sich, das Pferd seine Kopfhaltung frei wählen zu lassen. Mit angehobenem Kopf und mit Hilfe der hohen Sehnervendichte im Sehbalken kann es die obere Stange des Sprungs gut sehen und über das binokulare Sichtfeld auch die Distanz besser abschätzen.
- Niemals Weide oder Paddock mit dünnem Draht einzäunen, da Pferde diesen nicht gut sehen. Zur optischen Erkennung sind Holz, Breitband und/oder zerreißbare Stromlitzen besser geeignet.

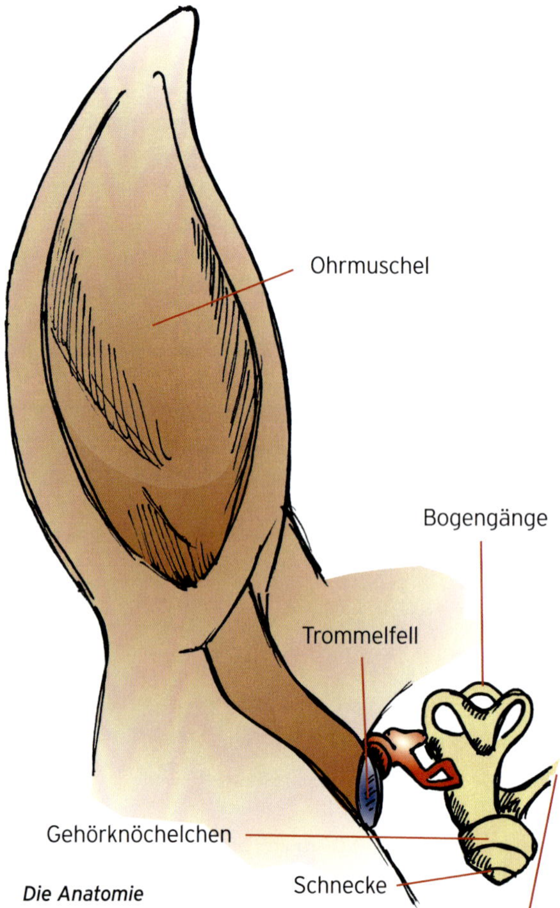

Die Anatomie des Pferdeohres

3.2 Hören

Im täglichen Umgang mit dem Pferd wird der Mensch oft von plötzlichen Reaktionen des Vierbeiners überrascht, für die er keine Ursache erkennt. Sind Pferde einfach nervöser als Menschen? Oder hören Pferde Geräusche vielleicht besser – vielleicht sogar in Frequenzbereichen, die dem Mensch nicht zugänglich sind?

3.2.1 Anatomische Grundlagen des Hörens

Für die Aufnahme von Geräuschen dienen dem Pferd die Ohrmuscheln, die wie ein Radar in alle Richtungen beweglich sind und Geräusche ähnlich wie ein Hörtrichter verstärken. Mit den beiden Ohrmuscheln hört das Pferd rundum, kann so eine räumliche Geräuschkulisse erstellen und auch leiseste Geräusche genau lokalisieren. Die unabhängige Beweglichkeit der Ohren ermöglicht es, entweder beide Ohren zur Lokalisierung auf ein besonders interessantes Geräusch zu richten oder aber mit je einem Ohr ein getrenntes Geräusch aufzunehmen. So richtet das konzentrierte, aufmerksame Pferd oft ein Ohr in Richtung der Führperson, des Reiters oder des Fahrers und eines nach vorn, um gleichzeitig Signale des Menschen und Umgebungsgeräusche aufnehmen zu können.

Im Grunde unterscheiden sich die Funktionsmechanismen des Pferdeohrs nicht sehr von denen des Menschen. Auch beim Pferd geht die Ohrmuschel in den äußeren Gehörgang über, der vom Mittelohr durch das Trommelfell getrennt ist. Aufgenommene Geräusche prallen auf das Trommelfell und versetzen es in Schwingung, was wiederum zu einer Bewegung der Gehörknöchelchen (Hammer, Amboss und Steigbügel) im Mittelohr führt. So wird die Schwingung der Geräusche in mechanische Impulse umgesetzt, die schließlich die Hörnerven (*Nervus cochlearis* oder *Nervus acusticus*) im Innenohr stimulieren. Man kann also davon ausgehen, dass ein Pferd das, was ein Mensch hört, in ähnlicher Weise wahrnimmt. Allerdings hört es darüber hinaus noch mehr als der Mensch.

3.2.2 Lautstärkeempfinden

Pferde hören leiseste Geräusche und reagieren empfindlich auf plötzliche, laute Geräusche. So hören sie eine Maus im Gras und können sich bei einem Händeklatschen furchtbar erschrecken. Bisher wurde das Lautstärkeempfinden des Pferdes noch nicht gründlich untersucht, jedoch weisen Erfahrungen darauf hin, dass Pferde besonders gut im Lautstärkebereich zwischen 60 dB (Dezibel) bis 70 dB hören. Das Fluchttier Pferd reagiert häufig besonders heftig auf Knackgeräusche, die unvermutet hinter ihm zu hören sind - ein Verhalten, das in der Wildnis lebenswichtig sein und auch bei domestizierten Pferden instinktiv ablaufen kann. Im Umgang mit dem Pferd ist deshalb ein ruhiger, mäßig lauter Tonfall angesagt. Sollte ein Pferd verängstigt sein, beruhigt es sich oft, wenn man es mit ruhiger, tiefer Stimme anspricht.

3.2.3 Gehörte Frequenzen

Pferde hören Geräusche im Frequenzbereich zwischen 14 Hertz (Hz) und 38 Kilohertz (kHz) und damit Laute, die Menschen nicht wahrnehmen. Pferde hören sogar im Infraschallbereich, unter 16 Hz, und im Ultraschallbereich, über 20 kHz. Diese Geräuschfrequenzen sind für Menschen, dessen reguläre Frequenzbereiche zwischen 21 Hz und 19 kHz liegen, ebenfalls nicht mehr wahrnehmbar. Sollte sich ein Pferd also einmal plötzlich erschrecken oder eine starke Abneigung gegen ein Objekt oder einen Ort haben, ohne dass die Ursache zu erkennen ist, sollte der Mensch trotzdem Geduld und Verständnis aufbringen. Es ist durchaus möglich, dass das Pferd etwas hört, was der Mensch nicht wahrnimmt.

3.2.4 Erkennung über Laute/Stimme

Seit vielen Jahren ist es bekannt und anerkannt, dass Pferde besonders über weite Distanzen akustisch, sprich mit Wiehern, kommunizieren. Und auch im direkten Kontakt spielen verschiedene Laute (Grunzen, Wiehern, Schnauben) eine große Rolle. Studien haben ergeben, dass Pferde ihre Gruppenmitglieder tatsächlich am Wiehern auseinanderhalten können. Dabei wurde Pferden bekanntes Wiehern vorgespielt und es wurden ihnen gleichzeitig dazu passende oder unpassende Pferde präsentiert. Passte das Wiehern zum jeweiligen Pferd, so zeigten die Pferde kaum Reaktionen, doch passte es nicht, so schauten sie lange in die Richtung, in der die Pferde nach der Präsentation verschwanden. Diese Studie wurde inzwischen auch auf die Erkennung von menschlichen Stimmen ausgedehnt, und auch hier gab es eindeutige Hinweise: Pferde erkennen „ihre" Menschen an der Stimme.

Tatsächlich können Pferde wohl auch menschliche Worte erkennen und bestimmten Aktionen zuordnen. Somit verstehen sie menschliche Kommandos und erkennen, wenn sie beim Namen genannt werden. Allerdings fehlen uns noch Informationen zum genaueren semantischen Verständnis der Pferde. Was verstehen Pferde genau? Wie umfassend dürfen Worte sein? Kommt es auf bestimmte Vokale oder Konsonanten an? Verstehen Pferde Sätze? All diese Fragen kann die Forschung zurzeit nicht beantworten.

3.2.5 Taube Pferde

Mit zunehmenden Alter scheinen auch Pferde wie viele andere Säugetiere schwerhörig zu werden. Ob die altersbedingte Schwerhörigkeit bis zur Taubheit führt, ist derzeit unbekannt. Jedoch wissen wir, dass Taubheit rassebedingt auftreten kann. Beim Paint Horse kommt Taubheit gehäuft bei Pferden mit bestimmten Fellfarben vor. Sogenannte „splashed white overo", „frame overo" und „tovero" Schecken weisen taube Pferde mit höherer Wahrscheinlichkeit auf als Pferde anderer Fellfarben.

3.3 Schmecken

Ganz offensichtlich haben Pferde Vorlieben und auch Abneigungen für ganz unterschiedliche Futtermittel. Was der eine als Leckerli empfindet, spuckt der andere wieder aus. Aber wie kann es sein, dass Pferde sich immer wieder an Giftpflanzen auf der Weide im Stall vergiften?

3.3.1 Anatomische Grundlagen des Schmeckens

Das Pferd schmeckt wie wir Menschen mit den Geschmacksknospen und den Geschmackspapillen der Zunge. Dies sind Nervenenden, die in der Schleimhaut der Zunge und dem Zungengrund liegen und je nach Lokalisation ganz unterschiedliche Geschmacksqualitäten aufnehmen können. Geschmacksknospen für süßen, bitteren, sauren und salzigen Geschmack sind bei Pferden gut ausgebildet und bereiten Informationen über die Qualität und Genießbarkeit des Futters. Besonders ein süßer oder salziger Geschmack regt die Futteraufnahme an und ein bitterer Geschmack hält die Pferde von der Futteraufnahme ab. Über die Gesichtsnerven (*Nervus facialis*) und den Zungen-Rachen-Nerv (*Nervus glossopharyngeus*) sind die Geschmacksknospen direkt mit dem Geschmackszentrum im Gehirn verbunden. Dort eingehende Informationen werden mit Informationen aus dem vegetativen Nervensystem (*Nervus vagus*) zum Nahrungsmittelbedarf des Körpers und mit Erinnerung an die Genießbarkeit eines Futtermittels verknüpft. Die Gesamtinformation entscheidet schließlich darüber, ob das Pferd Appetit auf ein bestimmtes Futtermittel verspürt oder es ablehnt. Interessanterweise fanden einige Studien beim Pferd Geschmacksnerven mit massivem Funktionsverlust der bitteren Geschmacksknospen. Es wird diskutiert, ob einige unserer Hauspferderassen durch die Domestikation eventuell Fähigkeiten verloren haben, ungenießbares Futter zu schmecken und zu erkennen. Andere Pferderassen scheinen weniger betroffen zu sein, so scheinen arabische Vollblüter zum Beispiel mehr Geschmacksvariationen zu erkennen als Pferde anderer Rassen.

3.3.2 Geschmack und Gewöhnung

Wilde und verwilderte Pferde ohne Kontakt zum Menschen lehnen vom Menschen hergestellte Futtermittel und Futtermittel, die in ihrem Umfeld nicht vorkommen, in der Regel ab. So nehmen sie keinen Zucker, keine Karotten oder Äpfel und auch kein Pferdezusatzfutter an. Dies macht für das wilde Pferd am meisten Sinn. Normalerweise ist es von Futterpflanzen umgeben, die sich langsam im jahreszeitlichen Wechsel ändern. Eine plötzliche Futterumstellung aber könnte auf die Darmflora des Dickdarms verheerende Wirkung haben. Es kommt zu ernsthaften Verdauungsproblemen; in der Folge können Koliken und Hufrehe auftreten.

Futtergewöhnung und Vergiftungsgefahr

Hauspferde dagegen können ohne Probleme verschiedene Futtersorten sowie Karotten und Co. fressen, denn sie haben sich Schritt für Schritt daran gewöhnt. Natürlich dürfen dem Pferd jedoch keinerlei Nahrungsmittel angeboten werden, die ihm gesundheitlichen Schaden zufügen würden. Im Zweifel deshalb lieber auf eine gut gemeinte Leckerei verzichten! Im natürlichen Umfeld fressen Pferde Dinge, die ihnen nicht guttun, meist nicht. Auch vergiften sich Pferde selten. In der menschlichen Obhut leben

sie allerdings nicht mehr natürlich und sind von allen möglichen unbekannten Stoffen umgeben. Zudem müssen sie, bedingt durch das Fütterungsmanagement, mit nur zwei oder drei rationierten Fütterungen oft stundenlang bis zur nächsten Fütterung fasten, was für Pferde sehr unnatürlich ist und weshalb sie dazu neigen, sehr gierig zu fressen, wenn dann endlich Futter erreichbar ist. So wird in dieser menschengemachten Gier schnell auch Ungenießbares mitgefressen.
In diesem Sinne ist der Pferdehalter gefragt, sein Pferd vernünftig und wenn nötig nur mit allmählichem Futtermittelwechsel zu füttern, Giftpflanzen auf der Weide zu vernichten und giftige Stoffe im Umfeld des Pferdes zu entfernen. Auch die kontinuierliche Versorgung mit geeignetem Raufutter, gegebenenfalls mit Fressdauer-verlängernden Maßnahmen wie Heuraufen, um Überversorgung vorzubeugen, kann vermutlich dazu beitragen, Vergiftungen durch ungeeignete Pflanzen und Futtermittel zu vermeiden.
Studien zeigten, dass man sowohl Vorlieben als auch Abneigungen gegen Futtermittel konditionieren kann. Wenn ein Futtermittel Wohlbefinden auslöst, so wählen Pferde dies auch in der Zukunft. Wenn Pferde gleichzeitig zur Präsentation eines Futtermittels dagegen Medikamente erhalten, die Übelkeit auslösen, dann lehnen sie das Futter in der Folge ab. Manche lehnen ein Futtermittel auch ab, wenn sie sich in der Vergangenheit an einem Futter vergiftet und die Vergiftung überstanden haben.
Die Gewöhnung an Futtermittel reicht als Mechanismus jedoch nicht aus, wenn die einmalige Aufnahme einer Pflanze tödlich ist oder wenn die Wirkung des ungenießbaren Futters erst viel später einsetzt und das Pferd zwischen seinem Unwohlsein und dem Futter keinen Zusammenhang mehr erkennt. Für diese Fälle muss es noch andere Informationsquellen zur Genießbarkeit eines Futtermittels für Pferde geben. Diese Informationsquellen stellen andere Pferde dar. Besonders junge Pferde orientieren sich am Verhalten ihrer Mütter und auch an älteren Gruppenmitgliedern. Deutlich sichtbar quittieren Pferde die Aufnahme von süßen und bitteren Futtermitteln mit spezifischen Zungenbewegungen und Ohrstellungen. Junge Pferde schauen zu und schnuppern am Maul der fressenden Pferde. Wenn Ältere Zu- oder Abneigung für ein Futtermittel zeigen, lernen die Jüngeren, welches Futtermittel fressbar und genießbar ist und welches gemieden werden sollte – ein Beweis

Tipps für die Praxis

- Pferde sollten in kleinen Portionen an neue Futtermittel gewöhnt werden, sonst kann es zu Kolikproblemen kommen.
- Bei Problemen mit der Akzeptanz von neuen Futtermitteln, Leckereien oder Fütterungsautomaten lässt man sein Pferd am besten zuschauen, wenn ein älteres Gruppenmitglied frisst.
- Auch wenn Pferde aufgrund ihres natürlichen Instinktes selten Giftpflanzen fressen, sollte der Mensch dafür sorgen, dass im Umfeld des Pferdes keine giftigen Planzen und Stoffe zu finden sind (z.B. Buchsbaum, Jakobskreuzkraut, Ginster u.ä.). Vor allem domestizierte Pferde, die sich an verschiedene Futtermittel gewöhnt haben, könnten irrtümlich doch mal eine giftige Pflanze fressen.
- Das Fütterungsmanagement sollte auf eine möglichst kontinuierliche Raufutterversorgung umgestellt werden, zum Beispiel mit gutem Futterstroh ad libitum, mit Hilfe von Heuraufen, die die Fressdauer verlängern, und/oder mit Hilfe von Futterautomaten, die mengen- oder zeitgesteuert über den Tag verteilt mehrere Portionen Raufutter zur Verfügung stellen.

für die Fähigkeit der Pferde durch Zuschauen, also sozial, zu lernen (siehe Kapitel 4.3.1, Seite 56 ff.). Glücklicherweise nimmt die Geschmacksempfindung der Pferde im Alter nicht ab, sodass auch ältere Pferde durchaus als geeignete Vorkoster gelten können.

3.4 Riechen

Geschmacks- und Geruchssinn hängen eng zusammen. Futter wird vom Pferd nicht nur am Geschmack, sondern auch anhand des Geruchs identifiziert. Besonders gut riechende Futtermittel sind für das Pferd sehr interessant. So identifiziert es beim Grasen schnell stärker riechende, schmackhafte und besonders nährstoff- und vitaminhaltige Kräuter. Auch vom Menschen lässt sich die Qualität von Heu und Silage am besten über den Geruch bestimmen. Kräuterreiches Heu und Silage von guter Qualität sollten würzig, aromatisch und nicht muffig oder gar schimmelig riechen. Über den Geruchssinn nimmt ein Pferd aber auch bedrohliche (Fressfeinde) oder verwirrende, unbekannte Gerüche wahr und reagiert darauf entsprechend mit Flucht oder Verweigerung.

3.4.1 Anatomische Grundlagen des Riechens

Die äußere Nüster begrenzt das Riechorgan der Pferde. Daraus entspringen zwei Nasenhöhlen, die tütenförmig zulaufen und sich vor dem Siebbein in eine gemeinsame Nasenhöhle verbinden. Das Siebbein stellt den Übergang zum Hirnschädel dar. Es ist filigran gebaut, mit zahlreichen Öffnungen, durch die die Riechnerven (der paarige *Nervus olfactorius*) durchtreten und die Riechinformation zum Gehirn weitertransportieren. Die Nasenschleimhaut der Pferde enthält zahlreiche Endungen der Riechnerven und eine anatomische Besonderheit, das Jakobson'sche Organ oder Vomeronasal Organ. Es ist beim Menschen nur noch in der Embryonalphase angelegt und verkümmert dann, beim Pferd ist es zeitlebens gut ausgeprägt. Das Jakobson'sche Organ dient der Individualerkennung von Artgenossen. Es ist besonders empfindlich für Gerüche und individuelle Botenstoffe wie Pheromone (auch Ecto-Hormone genannt). Wenn ein Pferd flehmt, kommen Geruchsstoffe besonders gut am Jakobson'schen Organ an. Deshalb flehmen Pferde, wenn sie am Kot und Urin anderer Pferde schnüffeln, sie können so die Identität der Produzenten besser erkennen.

3.4.2 Erkennung übers Riechen

Für die Erkennung der Gruppenzugehörigkeit und auch für die Individualerkennung und die Erkennung von bekannten Menschen spielt im direkten Kontakt die Geruchswahrnehmung ganz offensichtlich eine wichtige Rolle. Jeder wird schon beobachtet haben, dass sich Pferde an den Nüstern, in der Flankengegend und im Analbereich beschnuppern. Zusätzlich erregt aber auch der Kot von anderen Pferden oft starkes Interesse. Außerdem markieren Pferde mit Kot und Urin. Besonders Hengste koten und urinieren auf den Kot von anderen, aber auch Stuten und Wallache zeigen manchmal dieses Verhalten.

Oft sieht man an den Grenzen von Weiden oder an Tritt-Kreuzungen regelrechte Kotberge, die offensichtlich Reviergrenzen markieren. Viele Wissenschaftler haben dies schon beschrieben, sodass wohl kein Zweifel mehr darüber besteht, dass Geruchswahrnehmung für die Erkennung wichtig ist. Einige Studien haben dargestellt, dass die Gruppen-

Beim Flehmen werden Gerüche besonders gut aufgenommen.

zugehörigkeit und das Geschlecht von Kotproduzenten erkannt werden können.
Bisher ist jedoch noch nicht geklärt, welche Geruchsstoffe ausschlaggebend für die Individualerkennung sind. Man geht jedoch davon aus, dass eine Vielzahl von flüchtigen und weniger flüchtigen Geruchsstoffen beteiligt sind, einerseits individuelle Körpergerüche und anderseits Pheromone (sogenannte individuelle Botenstoffe).

Tipps für die Praxis

- Stark aufgetragene Parfüms können die Erkennung durch das Pferd behindern.
- Wenn Pferde nicht in einen Hänger einsteigen wollen, ist es nicht auszuschließen, dass sie die Angst und Unsicherheit eines anderen Pferdes im Hänger riechen können. Deshalb hilft es bei Verladeproblemen oft, etwas benutztes Einstreu aus der Box des zu verladenden Pferdes in den Hänger zu streuen und ein souveränes, entspanntes Pferd zuerst auf den Hänger führen.

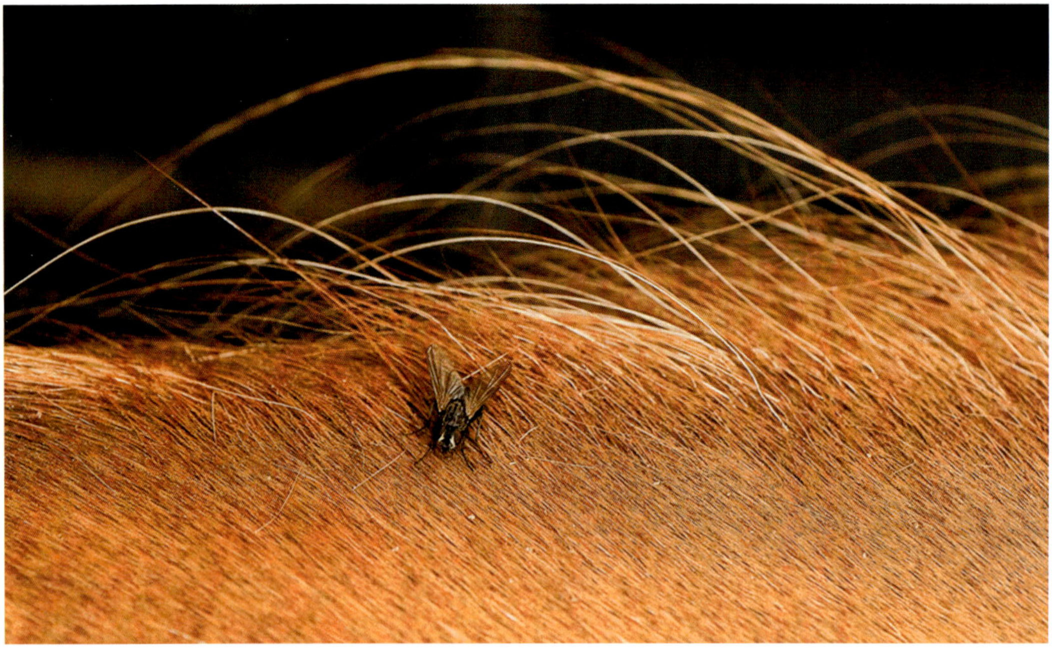

Pferde können eine Fliege auf der Haut spüren und genau lokalisieren.

3.5 Fühlen und Tasten

Pferde haben einen sehr ausgeprägten Tastsinn und können trotz ihrer Größe selbst sanfteste Berührungen wahrnehmen. Sehr deutlich wird dies, wenn man die Reaktionen eines Pferdes auf nur eine einzelne Fliege auf seinem Fell beobachtet: Das Pferd bemerkt die leise Berührung der Fliege sofort und je nach Körperstelle wird es versuchen, die Fliege zunächst durch Muskelzittern oder Schweif- oder Kopfschlagen, dann durch Treten oder angedeutetes Beißen zu verscheuchen.

3.5.1 Anatomische Grundlagen des Tastsinns

Für den Tastsinn sind verschiedene Sinneszellen, die mechanische Kräfte in Nervenerregung wandeln (Mechanorezeptoren), in der Haut zuständig, die je nach Art und Stärke der Einwirkung angeregt werden und entsprechende Signale an das Gehirn weiterleiten. Dort wird der Reiz weiter verarbeitet. Neben den Rezeptoren für leichte und stärkere Berührungen sowie das Erkennen von Form und Härte von Gegenständen gibt es auch verwandte Rezeptoren, die Informationen über Vibration, Hautdehnung, Temperaturempfindungen und Schmerz an das Gehirn weiterleiten. All diese Rezeptoren sind an verschiedenen Körperstellen unterschiedlich dicht verteilt, weshalb das Pferd an manchen Körperregionen empfindlicher auf bestimmte Einwirkungen reagiert als an anderen. Zusätzlich ist die Empfindlichkeit der Rezeptoren nicht gleichbleibend, sondern kann sich im Zuge von physiologischen Veränderungen im Körper (z.B. Temperatur, pH-Wert der Haut, Elektrolyt-Konzentrationen usw.) verändern. So können beispielsweise Verbrennungen der Mechanorezeptoren in der Haut eine Reaktion des gesamten Körpers auslösen. Studien legen nahe, dass Fohlen nach dem Aufbringen des früher üblichen Heißbrandes sogar über eine Woche mit Fieber und Unwohlsein reagieren können. Diese Erkenntnis hat dazu beigetragen, Heißbrände als Identifikationsgrundlage in Deutschland seit 2019 zu verbannen und durch Chips zu ersetzen.

Verletzungen der Haut oder des unterliegenden Gewebes können auch zu dauerhaften Änderungen in der Empfindlichkeit führen, weil mit der Verletzung und Heilung Änderungen in der neuronalen Architektur einhergehen. Diese können beispielsweise dazu führen, dass bereits Berührungsreize durch Schmerzrezeptoren verarbeitet und daher als Schmerz empfunden werden. Dies erklärt, warum Pferde manchmal auch lange nach dem Heilen einer Verletzung sehr empfindlich auf Berührungen in diesem Bereich reagieren können. Auch auf der Ebene der Informationsverarbeitung im Gehirn gibt es zwischen Individuen Unterschiede, die zu unterschiedlichen Empfindlichkeiten führen. Bestimmte Schmerz- und Berührungsrezeptoren leiten die empfangenen Reize auch direkt ohne Umweg über das Gehirn an entsprechende Muskelgruppen weiter und ermöglichen so eine extrem schnelle, reflexartige Reaktion auf solche Reize.

Beim Fressen dient der fein ausgeprägte Tastsinn dem Pferd dazu, Nahrung von Steinchen und anderen Fremdkörpern akkurat zu trennen. Die langen Tasthaare am Maul des Pferdes liefern dem Pferd wichtige Informationen über die Beschaffenheit seiner Umwelt und schützen das empfindliche Maul vor ungewollten Zusammenstößen, da die Haare über die Berührungsrezeptoren in der Haarwurzel als Abstandswarnung dienen. Das Abrasieren dieser Tasthaare, um dem ästhetischen Empfinden des Menschen Genüge zu tragen, ist daher verboten!

Der Tastsinn der Pferde ist so gut ausgebildet, dass sie sogar die Struktur unterschiedlicher Gräser erfassen können.

3.5.2 Bedeutung des Tastsinns für die Kommunikation

Auch wenn Pferde untereinander schon mal recht grob miteinander umgehen können, so sind sie auf der anderen Seite aber so sensibel, dass sie feinste Schenkelhilfen oder sanfteste Berührungen mit der Gerte beziehungsweise Peitsche fühlen. So ermöglichen der gut ausgeprägte Tastsinn und die Fähigkeit, zwischen räumlich nur minimal getrennten Berührungsreizen zu unterscheiden, wie zum Beispiel zwischen der Berührung mit den Fingerspitzen oder dem Schenkel in Höhe der Gurtlage oder hinter der Gurtlage, ein entsprechend trainiertes Pferd tatsächlich mit so feinen Signalen und Hilfen am Boden zu arbeiten oder zu reiten, dass diese Kommunikation für Außenstehende praktisch unsichtbar bleibt. Rezeptoren für leichte Berührungen liegen direkt in den Haarfollikeln, wo sie auf leichteste Bewegung der Haare reagieren. Daher können Pferde trotz ihres dichten Fells sehr feine Berührungen spüren und

Tipps für die Praxis

- Taktile Reize (Signal-Berührungen, Schenkelhilfen) sollten bezüglich Häufigkeit und Intensität so dosiert wie möglich gegeben werden, um eine Abstumpfung des Pferdes auf leichte Reize zu vermeiden.
- Reagiert ein Pferd nicht auf eine leichte Berührung/Einwirkung (mit Hand, Gerte, Peitsche oder Schenkel), sollte die Intensität der Berührung/Einwirkung nicht Stufe für Stufe erhöht werden, sondern umgehend einmal kurz, prägnant und in höherer Intensität gesetzt werden. Auf diese Weise versteht das Pferd eher, was von ihm erwartet wird, und reagiert auf die nächste sanfte Einwirkung umgehend. Es kommt so nicht zur Abstumpfung auf die Signale beziehungsweise Hilfen. Im Gegenteil: Ein energischer Impuls hilft dem Pferd auf dem Weg zum Verständnis und damit zur Sensibilisierung mehr als falsch verstandene Freundlichkeit.
- Vor allem bei der Bodenarbeit lässt sich aber auch über viele kleine taktile Reize (z.B. in schneller Folge leichtes „nerviges" Berühren eines Vorderbeins von hinten mit der Gerte, um das Pferd zum Vortreten anzuregen) in Verbindung mit einem anschließenden „Lob" (siehe Kapitel 3.5.3, Seite 48) ein gewünschtes Verhalten hervorrufen. Dabei wird der Reiz/die Berührung in dem Moment ausgesetzt, in dem sich das Pferd nach vorwärts orientiert.
- Starke Krafteinwirkungen oder gar Schläge mögen kurzfristig zum Ziel führen, zerstören aber das Vertrauen des Pferdes in den Menschen und enden nicht selten in größeren Problemen. Deshalb sind sie sowohl aus ethischer als auch aus lerntheoretischer Sicht (siehe Kapitel 4, Seite 52 ff.) abzulehnen.
- **Das Lob während der Arbeit durch tätschelndes Klopfen am Hals oder besser noch Kraulen am Widerrist nicht vergessen! Wer lobt, kommt schneller vorwärts.**

auch die Berührungen räumlich auf ihrem Körper genau lokalisieren.
Verglichen mit dem Menschen verfügt das Pferd außerdem über ähnliche Empfindlichkeitsschwellen für Berührungen. Dieser Tatsache sollte sich jeder beim Umgang und natürlich auch beim Reiten oder Fahren bewusst sein und jegliche unangebrachte grobe Einwirkung vermeiden. Reagiert ein Pferd auf feine Signale nicht, so ist es nicht körperlich unempfindlich, sondern es versteht das Signal entweder nicht (weil es das Signal noch nicht richtig erlernt hat oder sich zum Beispiel durch schlechtes Reiten an klopfende Schenkel gewöhnt hat und diesen nicht mehr als Signal erkennt) oder die Kommunikationsgrundlage zwischen Mensch und Pferd stimmt nicht, da das Pferd zum Beispiel stark abgelenkt ist, den Mensch generell nicht als ranghöher akzeptiert oder gerade Angst hat.

3.5.3 Tastsinn und Loben

Schon in den ersten Reitstunden lernen die meisten Reiter, ihr Pferd durch Klopfen am Hals zu loben. Ganz offensichtlich löst dies eine positive taktile Sinnesempfindung bei Pferden aus. Es wird vom Pferd als angenehm empfunden und wird gern als Lob quittiert. Noch angenehmer finden Pferde jedoch das Kraulen am Widerrist. Erste Pilotstudien haben gezeigt, dass Pferde unter dem Sattel tatsächlich mit Entspannung und einer Beruhigung der Herzfrequenz auf Kraulen reagieren. Man könnte Kraulen am Widerrist also ganz gezielt als Lob und sogar als positive Verstärkung erwünschter Verhaltensweisen einsetzen (siehe Seite 72 ff.).

3.6 Gleichgewichtssinn

Als Fluchttiere sind Pferde von der Fähigkeit abhängig, ihr Gleichgewicht sicher zu halten. In freier Wildbahn würde ein Sturz sie zur Beute ihrer natürlichen Feinde werden lassen. Ihr komplexes Gleichgewichtssystem bewahrt sie davor. Selbst wenn sie stolpern, beweisen sie außerordentliche Fähigkeiten einen Sturz zu verhindern. Der drohende Verlust ihres Gleichgewichts setzt Pferde unter Stress. So fürchten und meiden sie beispielsweise rutschigen Untergrund und können ängstlich auf jede optische Veränderung am Boden, wie auch Schatten oder Lichtflecke reagieren.
Auch bei der Ausbildung von Pferd und Reiter spielt das Gleichgewicht eine zentrale Rolle. Das junge, gerade angerittene Pferd muss unter dem Reiter sein natürliches, durch das ungewohnte Reitergewicht gestörte Gleichgewicht wiederfinden. Der Reiter selbst muss auf dem sich in unterschiedlichen Gangarten bewegenden Pferd sein eigenes Gleichgewicht immer wieder neu finden und Balance halten, um den Bewegungsablauf des Pferdes nicht zu stören und selbst so effektiv wie möglich einwirken zu können. Dies erfordert bei Pferd und Reiter koordinative Fähigkeiten, die unter anderem wiederum von einem funktionierenden Gleichgewichtssinn abhängig sind.

3.6.1 Anatomische Grundlagen des Gleichgewichtsorgans

Generell gleicht der Gleichgewichtssinn der Pferde dem des Menschen. Er dient der Einschätzung von Geschwindigkeiten und der Position im Raum. Das Gleichgewichtsorgan der Pferde befindet sich wie bei allen Säugetieren im Innenohr. Es besteht aus dem Vestibularorgan mit seinen Bogengängen, die mit gallertiger Flüssigkeit, der sogenannten Endolymphe, gefüllt sind. In die Bogengänge hinein ragen die Haarzellen des Gleichgewichtsnervs (*Nervus vestibularis*).
Durch die Erdanziehungskraft wird die Endolymphe in Richtung Erde gezogen und die Haarzellen werden dementsprechend bewegt. Die Information über die Bewegung der Haarzellen wird durch den Gleichgewichtsnerv an den Hirnstamm weitergegeben. Diese Nervenimpulse werden mit zusätzlichen Informationen des Auges, des Kleinhirns und des Rückenmarks abgeglichen und ergeben zusammen den Gleichgewichtssinn. Das Gleichgewichtsorgan des Pferdes ist genau wie das des Menschen im Innenohr gut geschützt. Ein Eindringen von Wasser durch die Ohrmuschel bis zum Gleichgewichtsorgan im Innenohr, zum Beispiel beim Abspritzen des Pferdes, ist nicht möglich.

3.6.2 Gleichgewicht und Arbeit mit dem Pferd

Ähnlich wie beim Menschen, dessen Gleichgewichtssinn bereits im Kindes-

Tipps für die Praxis

- Pferde haben ein gutes natürliches Gleichgewicht, das allerdings durch das Reitergewicht beim Anreiten gestört wird. In dieser Phase brauchen Pferde eine Zeit, bis sie ihr Gleichgewicht wiederfinden.
- Pferde können, genau wie Menschen, ihr Gleichgewicht trainieren. Besonders eignen sich hier Führen, Reiten oder Fahren auf unwegsamem Gelände oder in Geschicklichkeitsparcours.

alter gezielt gefördert werden sollte, ist es auch sinnvoll, das Gleichgewicht eines Pferdes möglichst früh und auch immer wieder zu fördern, vor allem wenn es als Sport-, Freizeit- oder Arbeitspferd eingesetzt werden soll. Je besser ein Pferd seine Bewegungen im Raum koordinieren kann, desto besser kommt es auch mit den Anforderungen zurecht, die ihm vom Menschen gestellt werden. Ein Beispiel: Pferde, die auf unebenen Böden in natürlichem Gelände aufwachsen, erweisen sich meist als trittsicherer als solche, die ausschließlich auf ebenmäßig geplanten Hallen- oder Viereckböden gearbeitet werden. Die beste Gleichgewichtsschulung für Pferde ist deshalb die Arbeit auf möglichst unterschiedlichem Untergrund, bergauf und bergab in unterschiedlichem Tempo. Entsprechende Übungen aus der geführten Bodenarbeit (z.B. Stangentraining, siehe Kapitel 6.4, Seite 114 ff.) ermöglichen außerdem durch Verknüpfung diverser Schaltstellen im Gehirn eine Verbesserung der Körperwahrnehmung und damit des Gleichgewichts und der Koordination.

Kurz & knapp zusammengefasst

Sehen

- Pferde sehen wegen der seitlichen Position ihrer Augen größtenteils mit einem Auge (monokular), nur im Bereich vor dem Kopf mit beiden Augen (binokular).
- Pferde haben annähernd eine Rundumsicht. Auch ein beigezäumtes Pferd sieht nahezu alles.
- Dreidimensionales Sehen ist für das Pferd im Bereich vor seinem Kopf möglich; seitlich und nach hinten gerichtet sieht es zweidimensional. Deshalb können Pferde die Entfernung sich seitlich befindender Gegenstände oder Situationen schlecht einschätzen und reagieren deshalb häufig mit Fluchtverhalten.
- Als sogenannte Dichromaten verfügen Pferde im Auge nur über Sinneszellen zur Erkennung von zwei Farbspektren (Gelb und Blau). Im Gegensatz dazu sieht der Mensch drei Farbspektren und gehört damit zu den Trichromaten.
- Im Auge des Pferdes gibt es mehr Stäbchen für die Wahrnehmung von Helligkeit als beim Menschen. Somit reagieren Pferde auf Helligkeitskontraste empfindlicher, gewöhnen sich aber an grelle Farbkontraste.
- In der Dämmerung sehen Pferde deutlich besser als Menschen. Die Umstellung des Pferdeauges von Dunkel zu Hell geht in Sekunden vonstatten, die von Hell zu Dunkel kann bis zu drei Minuten dauern.
- Das Pferdeauge nimmt aufgrund der Sehnervendichte des Sehbalkens im oberen Drittel des Auges Objekte am Boden eher wahr als Objekte in der Höhe.
- Die Sehschärfe von Pferden ist deutlich schlechter als die des Menschen. Dünne Drähte stellen daher auf der Weide deshalb immer ein potenzielles Verletzungsrisiko dar.
- Pferde erkennen sich, ihre Artgenossen und Personen unter anderem anhand ihrer Konturen, ihrer Farbe, auf Fotos und im Spiegel.

Hören

- Durch die Stellung und Beweglichkeit ihrer Ohren können Pferde auf große Entfernung und in alle Richtungen leiseste Geräusche hören und lokalisieren.

- Das Pferd hört leise Kommandos sehr gut; sollte es nicht reagieren, kann das Heben der Stimme vermehrte Aufmerksamkeit beim Pferd wecken. Keinesfalls sollte man jedoch dem Pferd ständig überlaute Kommandos geben oder andauernd reden. Es würde sich daran gewöhnen und abstumpfen.
- Der Frequenzbereich, in dem Pferde hören, liegt teilweise außerhalb dem des Menschen. Deshalb können Pferde Geräusche hören, die der Mensch nicht wahrnimmt.
- Pferde erkennen sich auch über Laute wie Wiehern, Brummeln, Quieken oder Schnauben. Auch der Mensch wird über seine Stimme erkannt.

Schmecken und Riechen

- Der Geschmackssinn des Pferdes hat für den Umgang zwischen Mensch und Pferd eher eine untergeordnete Rolle. Wichtiger ist hier das Fressbedürfnis des Pferdes an sich und der damit verbundene Einsatz von Futter als Belohnung.
- Die Anatomie des Geruchssinns des Pferdes mit dem gut ausgeprägten Jakobson'schen Organ macht es ihm leicht, Artgenossen und Menschen neben der Stimme und der Bewegung auch am Geruch zu erkennen. Flehmen verbessert dabei den Geruchssinn der Pferde.
- Einige Hauspferderassen laufen Gefahr sich zu vergiften, da ihr Sinn für den bitteren Geschmack verkümmert ist. Pferdehalter sollten Giftstoffe im Umfeld des Pferdes entfernen.
- Über das Riechen prüfen Pferde unter anderem auch die Fressbarkeit von Futter.

Fühlen/Tasten

- Pferde verfügen über einen ausgeprägten Tastsinn und können sanfteste Berührungen ihrer Haut spüren und genau lokalisieren.
- Die langen Tasthaare am Maul liefern dem Pferd wichtige Informationen über die Beschaffenheit seiner Umwelt, helfen ihm, Fremdkörper im Futter zu entdecken, und schützen das Maul vor dem Anstoßen an Gegenstände. Das Entfernen der Tasthaare ist verboten!
- Die Empfindlichkeit der Pferdehaut ermöglicht eine besonders sanfte und feine taktile Signal- und Hilfengebung durch den Menschen.
- Klopfen und Kraulen am Hals und besonders am Widerrist wird vom Pferd als Lob verstanden und beruhigt seinen Herzschlag.

Gleichgewichtssinn

- Pferde benötigen ein gutes Gleichgewicht, um sich sicher fortzubewegen. In freier Wildbahn hat dies ihr Überleben gesichert. Das Gleichgewichtsorgan des Pferdes sitzt wie bei allen Säugetieren im Innenohr.
- Nervenimpulse aus dem Gleichgewichtsorgan an den Hirnstamm ergeben in Abstimmung mit Informationen des Auges, des Kleinhirns und des Rückenmarks den Gleichgewichtssinn.
- Der Gleichgewichtssinn lässt sich durch vielseitige Anforderungen vor allem auf unterschiedlichen Untergründen am besten im Gelände gut fördern.
- Bodenarbeit ermöglicht durch die Verknüpfung diverser Schaltstellen im Gehirn des Pferdes eine Verbesserung der Körperwahrnehmung und damit von Gleichgewicht und Koordination.

4 Wie Pferde lernen

Lernen spielt eine oft unterschätzte Rolle beim Umgang mit dem Pferd und seiner Ausbildung. Selten macht sich der Mensch klar, dass das Pferd aufgrund seiner im Vergleich zu ihm anders gestalteten Kommunikationswege nur bedingt intuitiv versteht, was er von ihm will, wenn er zum Beispiel am Zügel einwirkt oder es über Stimmhilfen zum Stillstehen auffordert. Tatsächlich muss das Pferd selbst die kleinen Dinge des alltäglichen Umgangs und des Reitens lernen und tut dies mit erstaunlichem Erfolg. Sind Pferde also intelligent? Wie schnell lernen sie überhaupt und wie gut ist ihr Gedächtnis? Die Antworten auf diese Fragen sollten Auswirkungen auf Umgang, Erziehung und Training haben.

4.1 Allgemeines zur Lernfähigkeit der Pferde

4.1.1 Steuerzentrale Gehirn

Die einfachste Möglichkeit der Bestimmung der Intelligenz von Tieren scheint die Vermessung des Gehirns als zentrales Steuerorgan und Ort der rationalen Entscheidungen zu sein. Misst man nun die Größe und das Gewicht des Gehirns im Vergleich zum Körpergewicht, das sogenannte relative Gehirngewicht, so liegt das Pferd mit einem relativen Gehirngewicht von 0,1 Prozent weit hinter dem des Menschen von zwei Prozent zurück. Interessanterweise liegt das relative Gehirngewicht von Spitzmäusen jedoch sogar über dem des Menschen. Die reine Vermessung scheint in Bezug auf die Bestimmung der Intelligenz also nur mäßig aussagekräftig zu sein, denn das Gehirn beinhaltet auch viele Areale, die unbewusste Prozesse steuern, wie etwa Stoffwechselvorgänge und reflexartige Reaktionen.

Vielmehr ist die Größe der Großhirnrinde, insbesondere des sogenannten Neocortex, für die Bestimmung der Intelligenz wichtig. Denn dies ist der Bereich, in dem rationale Entscheidungen getroffen werden und in dem auch das Bewusstsein gesteuert wird. Darstellungen des Pferdegehirns über Magnetresonanz-Abbildungen demonstrierten einen gut ausbebildeten Neocortex, über dessen Größe bis jetzt jedoch keine Angaben vorliegen.

4.1.2 Verhaltensparameter zur Bestimmung der Intelligenz

Neben der Vermessung des Gehirns analysieren Kognitionsforscher Verhaltensparameter, die zunächst ganz allgemein aussagekräftig für die Intelligenz der Tiere sein könnten. Interessanterweise besteht bei den meisten Tieren ein Zusammenhang zwischen dem Grad der Fähigkeiten für individuelles und soziales Lernen, der Komplexität des Gruppenaufbaus ihrer natürlichen Lebensgemeinschaften, der Häufigkeit, mit der sie innovatives Verhalten zeigen, und, soweit bekannt, der Größe des Neocortex. Wie verhält es sich aber mit der Intelligenz der Pferde?

Pferde sind dem Menschen in Bezug auf ihre Rationalität eindeutig unterlegen. Auch schneiden sie in sogenannten „abstrakten Kognitionstests“, in denen Fähigkeiten, rationale Entscheidungen zu fällen, untersucht werden, häufig schlechter ab als viele andere Tiere wie etwa Hunde, Katzen und Primaten. Auch das Kurzzeitgedächtnis der Pferde ist nicht besonders gut (siehe Seite 54). Dem Handeln der Pferde kann somit keine komplexe Absicht unterstellt werden.

Pferde täuschen also nicht vor und sind nicht nachtragend. Ihre Reaktionen auf Menschen und Anforderungen im Training sind immer spontan und ehrlich! Sie verfügen nicht, wie in Reiterkreisen gern mal behauptet wird, über die Fähigkeiten, zum Beispiel Lahmheiten vorzutäuschen, sich für vorangegangene schlechte Behandlung zu „rächen“ oder sich beim Erlernen einer neuen Anforderung absichtlich dumm zu stellen.

4.2 Gedächtnis der Pferde

Im täglichen Umgang und im Training ergeben sich oft Zusammenhänge, die sich das Pferd merken soll. Für alle, die mit Pferden umgehen, ist es wichtig zu wissen, wie lange sich ein Pferd einen Zusammenhang zwischen zwei Ereignissen, wie zum Beispiel eine gelungene Bodenarbeitsübung und eine Belohnung derselben, merken kann. Und auch die Beantwortung der Fragen, wie lange Pferde Erlerntes überhaupt behalten oder wie lange sie sich an Menschen, andere Pferde oder ihren Stall erinnern, ist für den täglichen Umgang, die Erziehung und die Ausbildung eines Pferdes von größter Bedeutung.

Informationen speichern

Wie die meisten Säugetiere verfügt das Pferd über ein Kurzzeit- und ein Langzeitgedächtnis. Sinneseindrücke, Erfahrungen oder Erlerntes werden im Kurzzeitgedächtnis abgespeichert. Macht das Pferde eine Erfahrung, die unvermutet zum Erfolg führt - sei es, dass es zum Beispiel Futter findet, wenn es eine Kiste öffnet, oder dass es für sein Verhalten mit Kraulen oder Futter belohnt wird -, so werden besonders viel Glückshormone (Dopamin) ausgeschüttet und die Handlung, die zum „Glück“ führte, wird abgespeichert. Die gespeicherten Informationen sind sofort wieder zugänglich und machen dem Pferd eine schnelle Reaktion auf vorangegangene Erfahrungen oder deren Bewertung

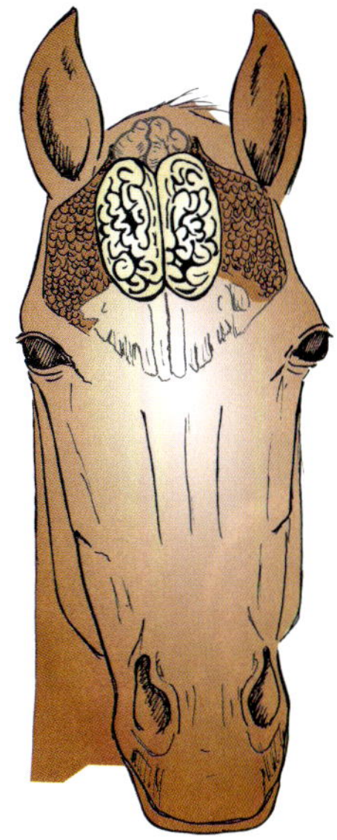

Die Lage des Gehirns im Schädel des Pferdes

möglich. Informationen, die sich als irrelevant herausstellen, führen nicht mehr zum Erfolg und somit auch nicht zur Dopaminausschüttung. Das Pferd wird für seine Handlungen nicht mehr belohnt und das Erlernte wird schließlich wieder vergessen. Andere Erinnerungen stellen sich jedoch als wichtig heraus oder lassen sich mit anderen Erfahrungen verknüpfen. Wiederholt führt die erlernte Handlung zum Erfolg und wird erneut zum Beispiel mit Futter, Lob und Dopaminausschüttung belohnt. Diese Lerninhalte werden im Langzeitgedächtnis abgespeichert.
Wichtig für die Speicherung eines erlernten Zusammenhangs, zum Beispiel die Ausführung einer bestimmten Lektion oder Übung, im Langzeitgedächtnis ist der wiederholte Erfolg und somit auch die wiederholte Dopaminausschüttung an mehreren Tagen.
Das Gedächtnis des Pferdes unterscheidet sich damit prinzipiell nicht von dem des Menschen oder anderer Tiere. Allerdings bleibt die Frage, ob es auch die gleiche Leistungsfähigkeit zeigt und wie lange Informationen im Kurzzeit- und im Langzeitgedächtnis für das Pferd zugänglich sind – also wie lange es sich überhaupt erinnern kann. Auch Pferde vergessen wieder, man nennt dies „Extinktion des Erlernten". Normalerweise wird vergessen, wenn ein Verhalten nicht mehr mit einer Dopaminausschüttung belohnt wird. Deshalb „verlernen" Pferde Stereotypien, also Verhaltensanomalien wie etwa Koppen, Weben oder Kreisrennen auch nie, denn bei der Ausführung solcher Stereotopien belohnen sich die Pferde über die Dopaminproduktion selbst. Koppende, webende oder im Kreis rennende Pferde haben somit einen allzeit zugängigen „Rettungsanker" gefunden, mit dem sie sich unbefriedigende Lebensbedingungen erträglich machen können.

Kurzzeitgedächtnis

Pferde und auch viele andere Tiere können nur über eine kurze Zeitspanne einen Zusammenhang zwischen zwei aufeinanderfolgenden Ereignissen erkennen. Deshalb muss das Pferd für positives Betragen oder richtige Ausführung einer Anforderung sofort, beziehungsweise innerhalb von zwei bis drei Sekunden gelobt beziehungsweise auf seine Unarten muss umgehend reagiert werden. Doch nicht nur der zeitliche Abstand ist maßgebend. Sollte das Pferd zwischen seiner Handlung und der Reaktion des Menschen zusätzlich noch andere Erfahrungen machen oder gar den Ort wechseln, wird es sogar noch schwieriger mit der korrekten Verknüpfung von zwei Sachverhalten. Das Pferd wird Schwierigkeiten haben zu erkennen, worauf sich ein Lob oder eine Korrektur bezog. Es bringt also überhaupt nichts, sein Pferd beispielsweise nach einer Widersetzlichkeit im Parcours später auf dem Vorbereitungsplatz oder am Pferdehänger zu maßregeln. Den Zusammenhang mit der zuvor gezeigten Widersetzlichkeit kann das Pferd nicht mehr herstellen!
Damit steht eines fest: Das Kurzzeitgedächtnis der Pferde umfasst im Vergleich zum Menschen einen noch kürzeren Zeitraum. Manche Autoren sprechen von einem Kurzzeitgedächtnis der Pferde von nicht einmal zehn Sekunden. „Straft" der Mensch also sein Pferd für Fehler oder Unarten erst später, verliert er damit das Vertrauen seines Pferdes, da die verspätete Reaktion für das Pferd völlig überraschend und nicht mehr nachvollziehbar kommt.

Langzeitgedächtnis

Im Gegensatz zum Kurzzeitgedächtnis ist das Langzeitgedächtnis der Pferde besonders gut. Die Frage, ob Pferde

Tipps für die Praxis

- Belohnung und Bestrafung müssen immer sofort erfolgen, sonst erkennt das Pferd keinen Zusammenhang mehr zwischen Ursache und Wirkung und kann aus der Erfahrung nicht das Gewünschte lernen.
- Wiederholungen von Lernschritten oft und in kleinen Schritten sind wichtig. Ein Pferd braucht manchmal recht lange, bis sich Erlerntes im Langzeitgedächtnis abspeichert.
- Frühere gute Erfahrungen sitzen beim Pferd tief und werden lange nicht vergessen. Ein positives und erfolgreiches Training in jungem Alter hat nachhaltige Wirkung.
- Auch schlechte Erfahrungen bleiben besonders lange haften und werden die Beziehung zwischen Mensch und Pferd und etwaige Trainingsinhalte lange beeinflussen. Man sollte sich in der Arbeit mit dem Pferd also immer wieder frei von Emotionen selbst hinterfragen!

ihre Besitzer, andere Pferde oder ihren Stall nach langjähriger Trennung wiedererkennen, würden Pferdehalter immer mit „Ja" beantworten. Etliche Fallbeispiele geben ihrem Gefühl recht. So fanden zum Beispiel polnische Araber, die Professor Bernhard Grzimek kurz nach dem Zweiten Weltkrieg viele Kilometer von ihren Heimatställen entfernt ausgesetzt hatte, wieder nach Hause zurück, manchmal auch erst nach mehreren Wochen. Eine fundierte wissenschaftliche Studie zum Thema „Langzeitgedächtnis der Pferde" wurde jedoch erst Jahrzehnte später veröffentlicht. Dabei kam heraus, dass Pferde, die spezielle Lerninhalte bereits sieben, neun und zehn Jahre zuvor verinnerlicht hatten, die erlernten Kategorisierungen und Generalisierungen (z.B. „Wähle das kleine Objekt") ohne erneute Wiederholungen ausführen und sogar auf zuvor unbekannte Objekte übertragen konnten.

Pferde erinnern sich tatsächlich sehr lange und sehr präzise. Dies mag damit zusammenhängen, dass zuverlässige Fähigkeiten zur Kategorisierung von Objekten und von Zusammenhängen für das Fluchttier Pferd lebenswichtig sind. In der Natur kann eine falsche Einschätzung von Hinweisen auf ein Raubtier, auf schlechte Bodenbeschaffenheiten oder gefährliche Orte verhängnisvoll sein. Soziale Zusammenhänge haben im Leben der Pferde einen sehr hohen Stellenwert. Pferde müssen sich über lange Zeit an Gruppenmitglieder erinnern können. Deswegen gehen die meisten Forscher von einer sehr guten Gedächtnisleistung der Pferde auch bezüglich sozialer Zusammenhänge aus und vermuten, dass die in einer französischen Studie Mitte des Jahres 2020 belegte Erinnerung an abwesende Besitzer nach sechs Monaten nur einen kleinen Einblick in die Erinnerungsleistung der Pferde darstellt und sie sich an Menschen und andere Pferde mindestens genauso gut erinnern können wie an Objekte und deren Kategorisierung.

Signale beziehungsweise Hilfen müssen immer die gleiche Bedeutung haben, damit ein Pferd sie erlernen kann.

4.3 Lernfähigkeit

Individuelles Lernen

Eng verbunden mit den Gedächtnisleistungen ist auch die Lernfähigkeit von Pferden. Ihre Langzeitgedächtnisleistung ist, wie zuvor beschrieben, ausgesprochen gut und sie zeigen auch gute Fähigkeiten individuell zu lernen. Nach einer erfolgreichen Konditionierung auf Symbole oder Signale verfügen Pferde tatsächlich über die mehr oder weniger ausgeprägte Fähigkeit, Objekte, Signale und Situationen zu kategorisieren, zu klassifizieren und zu generalisieren. Sie können zum Beispiel lernen, dass ein dreieckiges Objekt zur Gruppe der Dreiecke gehört, gleichgültig wie groß es ist und welche Farbe es hat. Was bedeutet das für die Praxis? Pferde sind sehr geschickt darin, ein Konzept hinter verschiedenen Signalen zu erkennen. So lernen sie die Signale und Hilfengebung sehr schnell, wenn diese immer die gleiche Bedeutung haben, wie etwa Anheben der Hand für Stopp bei der Freiarbeit im Roundpen oder Schenkeldruck für vermehrte Aktivität der Hinterhand unter dem Reiter. Diese Signale können sie schließlich auch auf andere Menschen generalisieren, das heißt, Pferde können lernen, dass zum Beispiel der Schenkeldruck bei allen Menschen die gleiche Bedeutung hat. Pferde übertragen auch komplette Situationen. Deshalb ist es wichtig, erlernte Lektionen oder das Überwinden von bestimmten Hindernissen erst zu Hause zu trainieren, dann aber auch in anderer Umgebung oder auf Turnieren erneut zu üben. Ganz allmählich lernt das Pferd, dass auch in unbekannten Umgebungen die gleiche Leistung auf die gleichen Signale erbracht werden soll.

Tipps für die Praxis

- Bei der Arbeit mit dem Pferd sollte der Mensch versuchen, wie ein Pferd zu denken! Akzeptiert er, dass das Pferd zwar über eine individuell mehr oder weniger ausgeprägte Lernfähigkeit verfügt, es ihm im Vergleich zum Menschen dafür aber an Intellekt, Rationalität und Einsichtsfähigkeit mangelt, hilft es dem Menschen, fair gegenüber dem Pferd zu bleiben.

4.3.1 Soziales Lernen

Soziales Lernen bezeichnet die Fähigkeit, von Artgenossen oder Menschen durch Beobachten und Nachahmen zu lernen. Unterschieden werden muss dabei zwischen sozialem Lernen im engeren Sinn und im weiteren Sinn, wobei letzteres besser als „soziale Übertragung" bezeichnet werden könnte. Für das soziale Lernen im engeren Sinn reichen eine oder wenige Beobachtungen eines Artgenossen aus, um anschließend unmittelbar mit identischem Ablauf das gezeigte Verhalten zu kopieren. Bei der sozialen Übertragung hingegen nutzt das beobachtende Pferd Informationen vom Demonstrator (z.B. wo sich eine Futterquelle befindet), es muss dann aber erst nach und nach für sich selbst erlernen, welches Verhalten es anwenden muss, um an die Futterquelle zu kommen. Wenn in diesem Buch vom sozialen Lernen die Rede ist, ist in der Regel soziales Lernen im weiteren Sinn gemeint. Gelernt werden können zum Beispiel die Wahl verschiedener Futterpflanzen, die Vermeidung von Gefahrensituationen, Wege im Stall und auf der Weide und Verhaltensweisen gegenüber anderen Pferden und Menschen. Die Lernenden schauen Artgenossen zu und kopieren ihr Verhalten.

Soziale Organisation der Pferde

Aktuelles Wissen über die soziale Struktur und Organisation der Pferde untermauerte den wissenschaftlichen Verdacht, auch Pferde müssten von ihren Artgenossen lernen. Grundsätzlich geht die Wissenschaft nämlich davon aus, dass Tiere, die in komplizierten sozialen Gesellschaften und in ständig wechselndem Umfeld leben, die Fähigkeit besitzen müssen, sozial zu lernen, um sich schnell und flexibel den geänderten Bedingungen anpassen zu können.

Das Sozialleben von Pferden ist weit komplexer, als man noch vor Jahrzehnten dachte. Pferde leben in sozialen Gruppen mit permanentem Wechsel. Nur die Kerngruppen von natürlichen Pferdegruppen sind wirklich stabil.

Selbst die Umwelt der Pferde ändert sich ständig. Pferde sind diesbezüglich sehr anpassungsfähig. Verwilderte Pferde gibt es in allen Klimazonen der Erde, sie passen sich den jeweiligen Gegebenheiten geschickt an und bilden sofort funktionierende soziale Gruppen. Bei in menschlicher Obhut lebenden Pferden verändert der Mensch ständig die Haltungs- und Trainingsbedingungen. Solange jedoch den Basisbedürfnissen der Pferde für Sozialkontakt, freien Auslauf und Zugang zu Rauhfutter Genüge getan wird, können sie als Meister der Anpassung prima mit dem steten Wechsel umgehen.

Soziales Lernen in der Praxis

So ist es dann auch nicht so erstaunlich, dass inzwischen sogar der Nachweis gelang, dass Pferde Trainingsverhalten anderer Pferde kopieren. Versuchspferde wurden darauf trainiert, dem Menschen zu folgen. Daraufhin wurde untersucht, ob Pferde, die diesem Training zuschauen konnten, dieses „Folgeverhalten" kopierten. In der Tat folgten sie dem Menschen, aber nur wenn das Versuchspferd ranghöher war und aus derselben sozialen Gruppe stammte. War es dagegen rangnieder oder unbekannt, folgten die „Zuschauer" nicht. In ganz ähnlicher Manier können Pferde von Gruppenmitgliedern lernen, eine Futterkiste zu betätigen, indem sie an einem Strick ziehen. Auch hier lernten es nur junge, rangniedrige und neugierige Pferde von älteren.

Pferde haben sogar eine ganz genaue Vorstellung davon, in welcher Rangposition innerhalb ihrer Gruppe sie sich selbst befinden, und sie handeln danach. Eine Studie zeigte eindeutig, dass Pferde ihr Verhalten auch gegenüber dem Menschen nach der beobachteten Reaktion von ranghohen Gruppenmitgliedern ausrichten. Folgt ein ranghohes Gruppenmitglied dem Menschen, so folgen die anderen ebenso, folgt es nicht, dann folgen die anderen auch nicht.

Was bedeutet das für den Menschen und seinen Umgang mit dem Pferd? Pferde können offensichtlich auch beobachten, wie selbstsicher und bestimmt Menschen auftreten und

Auch bei der Bodenarbeit – hier das Führen über ein Hindernis im Gelände – kann das Zuschauen-Lassen und Nachmachen den Pferden helfen, sich mit der Aufgabe vertraut zu machen.

ob sie andere Pferde beeindrucken können. Da Pferde aber ihre eigene Stärke kennen, werden sie diese und das Verhalten des Menschen in die Waagschale werfen, wenn es darum geht, mit dem Menschen zu kooperieren oder auch nicht. Ein starkes Pferd wird von einem Menschen mit einem schwachen Auftritt nur nach sehr konsequenter Erziehung dazu gebracht werden können, mit ihm eine brenzlige Situation zu meistern.

In der Praxis der Pferdeausbildung wird soziales Lernen schon lange angewandt. Fahrer nutzen als Lehrpferde für junge Fahrpferde meist ältere, routinierte Pferde, die, daneben eingespannt, dem Youngster die Angst vor der neuen Situation nehmen. Genauso hilfreich ist es, junge Pferde hinter älteren Pferden über die ersten Sprünge oder erstmalig im Gelände gehen zu lassen oder beim Verladen ein bereits erfahrenes, ruhiges Pferd

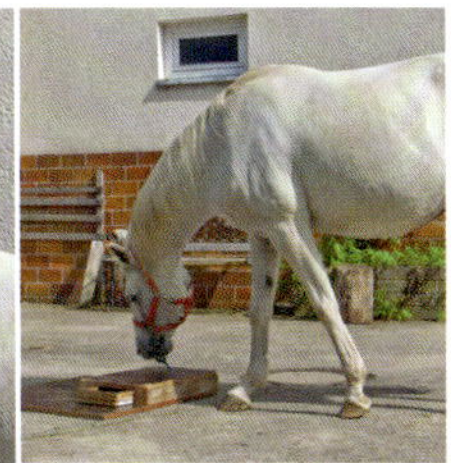

Der Braune (Demonstrator) zieht am Strick einer Futterkiste und öffnet somit eine Schublade mit Futter; der Schimmel (Observator) beobachtet die Technik und kopiert schließlich (nach Krüger et al.).

vor den Augen des Verladeneulings zuerst auf den Hänger zu führen. Ganz offensichtlich orientieren sich die Jungpferde an den „alten Hasen". Auch Fohlen schauen sich das Vertrauen ihrer Mütter zum Menschen ab. So ist der Umgang mit Fohlen, die in den ersten Lebensmonaten beobachteten, wie ihre Mütter von Menschen geputzt wurden, viel harmonischer und einfacher als mit solchen Fohlen, die eine Pflege ihrer Mütter niemals erlebten. Eine intensive, für die Stute angenehme Beschäftigung mit der Mutterstute macht also im Sinne der Fohlenerziehung bereits Sinn.

4.3.2 Innovative Pferde – die wirklichen „Schlaumeier"

Nicht alle Pferde lernen durch Zuschauen. Manche ziehen es vor selbstständig herauszufinden, wie sie Konflikte mit anderen Pferden vermeiden können, wie sie an Futter gelangen, wie sie die Tür ihrer Boxen öffnen können oder mit welchen Dingen man wunderbar spielen kann. Sie sind innovativ. Interessanterweise zeigen Pferde nur wenige, aber sehr zielgerichtete innovative Verhaltensweisen, wenn sie in Bedingungen gehalten werden, die nicht alle ihre Grundbedürfnisse decken. Zum Beispiel öffnen sie Türen auf einfache, aber sehr effiziente Art, wenn sie unter Bewegungsmangel leiden. In diesen Situationen lernen Pferde das Türöffnen und ähnliche Innovationen sicher durch einfache Lernmechanismen, wie Versuch und Irrtum, für die nicht unbedingt Einsicht in das Erlernte benötigt wird (siehe Seiten 64 ff., 70). Sind jedoch alle Bedürfnisse gedeckt, dann zeigen ei-

Schlösser, die von Pferden geöffnet werden können (aus Krüger et al. 2019)

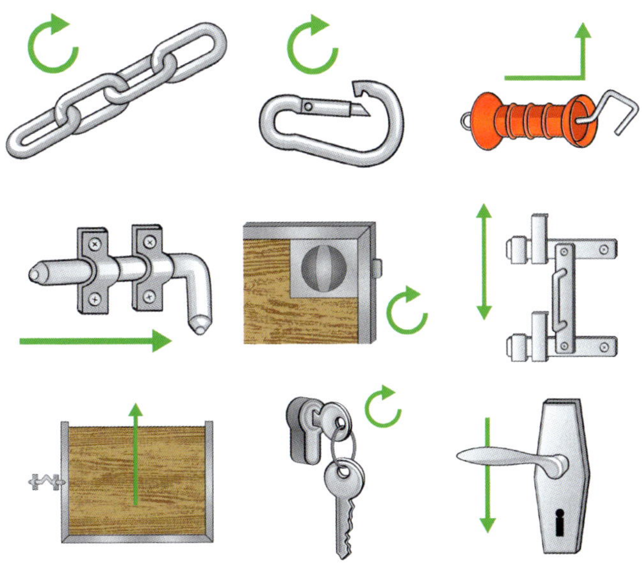

nige Pferde sehr variable und komplexe innovative Verhaltensweisen und scheinen dabei richtig Spaß am Knobeln zu haben. Sie beschäftigen sich damit, wie man zum Beispiel viele verschiedene einfache und komplizierte Türschlösser an unterschiedlichsten Positionen öffnen kann, ohne dass sie im Anschluss aus den Ställen ausbrechen. Sie nehmen Stöcke ins Maul und kratzen sich damit den Bauch, oder sie rechen Futter unter der Heuraufe hervor. Solche Pferde scheinen die Mechanismen an sich verstanden zu haben, denn sie wenden sie selbstständig an unterschiedlichen Orten und für unterschiedliche Aufgaben an. Diese Pferde sind Meister der Generalisierung, da sie über hervorragende Fähigkeiten verfügen, erlerntes Wissen auf andere Situationen trotz teils nur geringer Ähnlichkeit erfolgreich zu übertragen (siehe Seiten 55, 77). Sie sind die wirklichen „Schlaumeier" unter ihren Artgenossen.

Solche Pferde zu trainieren ist eine Herausforderung, denn sie sind oft empfindlich, reaktiv und leiden besonders unter schlechten Haltungs- und Trainingsbedingungen. Auf der anderen Seite macht es viel Spaß, solche Pferde zu trainieren, denn sie lernen schnell und reagieren bei geschickter Anleitung auf leichteste Hilfen.

Tipps für die Praxis

- Beim Umgang mit Pferden in Gruppenhaltung erleichtert es das Handling, zuerst das ranghöchste Tier zu trainieren, dann passen sich die rangniederen Pferde oft problemlos an.
- Es ist wünschenswert, junge Pferde in der Gruppenhaltung zusammen mit älteren Pferden aufzuziehen. Reine „Youngster"- und „Rentner"-Gruppen sind weniger günstig.
- Im Training können ältere Pferde als Lehrpferde für junge eingesetzt werden, aber nicht umgekehrt.
- Ältere Lehrpferde sind sowohl im Training und beim ersten Ausritt als auch bei der Gewöhnung an neue Umgebungen, Turniere, Stallgebäude, Hängerfahrten, Futterautomaten, Fahrzeuge auf der Straße, Hunde usw. äußerst hilfreich.
- Pferde können sich jedoch auch die Ängste und das Fehlverhalten älterer Pferde „abschauen". Man sollte deshalb Lehrpferde sorgfältig aussuchen.
- Echte Stereotypien werden nicht kopiert. Die Ursache für Weben oder Koppen sind schlechte Haltungsbedingungen (siehe Seite 29 f.). Sollten in einem Stall nacheinander mehrere Pferde Stereotypien zeigen, dann haben sie sich das nicht abgeschaut, sondern sie leiden alle unter denselben schlechten Haltungsbedingungen.
- „Innovative" Pferde lassen sich viel Unsinn einfallen, aber sie lernen auch unheimlich gut und passen sich leicht und spielerisch neuen Herausforderungen an.

4.4 Konzentrationsfähigkeit

Nicht ganz unwesentlich für den Trainingserfolg ist die Frage nach der Länge der Konzentrationsfähigkeit der Pferde. Unabhängig davon, wie schnell Pferde lernen und wie lange sie sich Gelerntes merken können, beeinflusst die Konzentrationsfähigkeit, eine der wichtigen Eigenschaften des Leistungsvermögens eines Gehirns, das Lernvermögen der Pferde. Wie beim Menschen ist sie von mehreren Faktoren abhängig:

- Alter
- Gesundheitszustand
- individuelle Leistungsfähigkeit des Gehirns

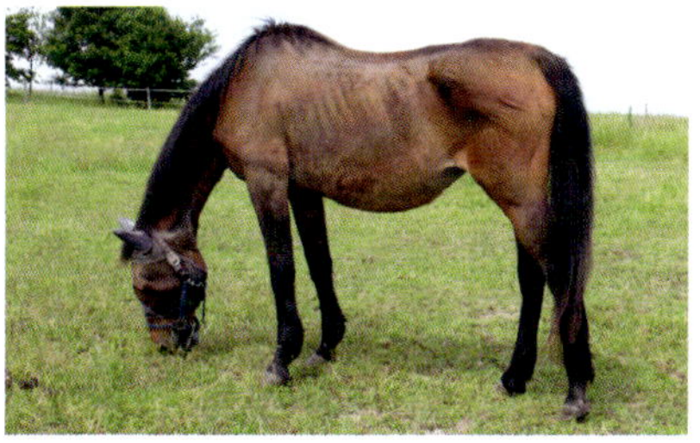

Fohlen (oben) und alte Pferde (unten) können sich weniger lange auf eine gestellte Aufgabe konzentrieren als Pferde im mittleren Alter.

4.4.1 Junge Pferd lernen schneller

Das Leistungsvermögen und somit auch die Konzentrationsfähigkeit ändern sich zum einen mit dem Alter. Am längsten und besten können sich Pferde im Hochleistungsalter zwischen etwa drei und zwölf Jahren konzentrieren. Jüngere Pferde wechseln oft schnell zwischen Aufmerksamkeit sowie Spiel- und Ruheverhalten, ältere Pferde sind generell weniger konzentriert, dösen viel und sind umso schwerer zur Aufmerksamkeit zu motivieren, je älter sie werden. Auch die allgemeine Lernfähigkeit von Pferden ist altersabhängig. Sie lernen, ebenso wie Menschen und viele andere Tiere, besonders leicht im jungen Alter. Etwa bis zu ihrem zwölften Lebensjahr ist es besonders fruchtbar, mit Pferden zu arbeiten. Natürlich lernen auch Pferde jenseits des zwölften Lebensjahres noch hinzu, dann aber langsamer als zuvor.

4.4.2 Folgen zu frühen Trainings

Allerdings sollte man frühes Training mit Bedacht einsetzen, denn einerseits sitzt Erlerntes in dieser Lebensphase ein Leben lang – sowohl Richtiges als auch Falsches –, andererseits können Pferde von früher Überlastung Schaden nehmen. Die Leitlinien für den Tierschutz im Pferdesport des Bundesministeriums für Ernährung, Landwirtschaft und Verbraucherschutz (BMELV) empfehlen, ein zielgerichtetes Training der Pferde erst ab dem 30. Lebensmonat. Zwar ist ein hohes Maß an Bewegung insbesondere für das wachsende Jungpferd für eine gesunde körperliche Entwicklung notwendig, allerdings verursacht das zielgerichtete Training durch den Menschen in der Regel sehr einseitige (z.B. langes Longieren) und unphysiologische Belastung (z.B. Gewichtsbelastung durch den Reiter auf dem noch wachsenden und daher weniger belastbaren Rücken wie auch dem gesamten Skelett), die im Verdacht stehen, zu bleibenden Schäden und Spätfolgen wie Arthrose beim Pferd zu führen. Maßnahmen, die das Jungpferd schonend an die spätere Ausrüstung, Umweltreize und die Hilfen heranführen sowie ihm zusätzliche Bewegung verschaffen, sind hingegen von Vorteil, solange sie keine Überbelastung oder übermäßigen Stress erzeugen, da so die Belastung zu Ausbildungsbeginn durch die vielfältigen neuen Eindrücke und Erfahrungen entzerrt werden kann. Neben möglicher körperlicher Schäden, die durch zu frühes Training entstehen können, kann auch die mentale Leistungsfähigkeit durch überhöhte Anforderungen negativ beeinflusst werden. Von anderen Säugetieren und ersten Pilotstudien an Pferden weiß man, dass sie besonders durch Stress in der frühen puberalen Phase geistig und körperlich einseitig werden (siehe Kapitel 5.3, Seite 94 ff.). Solche Pferde tendieren ein Leben lang dazu, Erfahrungen vermehrt mit der rechten Gehirnhälfte zu verarbeiten. Diese Hemisphäre ist für die Verarbeitung von starken Emotionen zuständig. Und somit werden im frühen Alter gestresste Pferde zu Pessimisten, die grundsätzlich neue Situationen und Interaktionen als gefährlich einstufen. In der Tat berichten viele Trainer, dass sehr früh abgesetzte Fohlen offenbar zu schwachen, ängstlichen Persönlichkeiten heranreifen.

Tipps für die Praxis

- Pferde lernen, ebenso wie Menschen, am besten und nachhaltigsten, wenn zwischen neuen Lerninhalten immer wieder Pausen eingelegt werden. Also zum Beispiel nicht 20-mal hintereinander rückwärtstreten lassen, sondern zwei bis drei Wiederholungen, dann eine kurze Pause beziehungsweise eine andere Übung und frühestens dann erst zurück zum Rückwärtstreten. Optimal ist, wenn zwischen den Übungseinheiten mindestens eine Schlafphase, also ein Tag und eine Nacht, liegt. Dies kommt auch der Konzentrationsfähigkeit entgegen.
- Gerade Bodenarbeit wird gern genutzt, um einem kranken Pferd Abwechslung zu bieten und es mental zu beschäftigen. Allerdings muss beachtet werden, dass Krankheit und Unwohlsein die Konzentrationsfähigkeit negativ beeinflussen, auch bei der Bodenarbeit. Auswahl und Intensität der Übungen müssen sich danach richten.

Parallel zum zunehmenden Pessimismus kann sich auch die motorische Einseitigkeit (siehe Kapitel 5.3, Seite 94 ff.) in Richtung eines zunehmenden Vorzugs für den Gebrauch der linken Gliedmaßen verschieben. Sie werden zu „Linksfüßern". Dies ist fatal für die Ausbildung gleichseitiger Reitpferde. Ein konsequenter und bedächtiger Umgang mit dem jungen Pferd ist deshalb sehr wichtig, um nicht am Ende vor Problemen zu stehen, die letztendlich selbst gemacht sind.

4.4.3 Konzentration und Krankheit

Kranke Pferde und besonders solche mit schmerzhaften Erkrankungen sind ebenfalls stark in ihrer Konzentrationsfähigkeit gestört. Wer Bodenarbeit also als Beschäftigungstherapie für ein erkranktes Pferd einsetzt, muss sich darüber im Klaren sein, dass die Erkrankung die Konzentrationsfähigkeit des Pferdes und damit die Aufnahmebereitschaft für Neues möglicherweise negativ beeinflusst, und sein Handeln danach ausrichten. Das heißt, er sollte die Anforderungen und seine Erwartungen auch am Boden nicht zu hoch ansetzen.

Von Pferd zu Pferd können das Konzentrationsvermögen sowie auch die generelle Leistungsfähigkeit des Gehirns allerdings sehr unterschiedlich sein. Jedoch lässt sich Konzentrationsfähigkeit ausgezeichnet trainieren. Die Konzentrationsspanne von jungen Pferden für Arbeit mit dem Menschen wird auf etwa zehn Minuten geschätzt; sie steigt mit zunehmendem Alter auf etwa rund 20 Minuten und lässt sich durch gezieltes Training auf bis zu ein bis anderthalb Stunden erweitern, wobei in allen Fällen kurze Pausen zwischen den Trainingseinheiten die Konzentrationsfähigkeit effektiv verlängern.

Kurz & knapp zusammengefasst

Individuelles und soziales Lernen

- Pferden kann keine komplexe Absicht unterstellt werden, sie täuschen nicht vor und sind nicht nachtragend.
- Pferde können individuell lernen und sind in der Lage, Konzepte hinter gleichbleibenden Signalen und Hilfen zu erkennen, sie sich zu merken und zu generalisieren. Dadurch ist es möglich, dass ein Pferd von unterschiedlichen Menschen gearbeitet wird.
- Manche Pferde lernen am liebsten selbst, also individuell. Einige wenige finden sogar selbstständig Lösungen für neue Herausforderungen, wie etwa das Öffnen von Türen.
- Andere Pferde lernen lieber sozial. Soziales Lernen bezeichnet die Fähigkeit, von Artgenossen und Menschen durch Beobachten und Nachahmen zu lernen.
- Pferde sind in der Lage, sogar Trainingsverhalten anderer Pferde ihrer eigenen Gruppe zu kopieren. Voraussetzung ist dabei, dass das zu kopierende Pferd einen höheren Rang in der Gruppe einnimmt als das Nachahmende. Der begleitende Einsatz eines älteren, erfahrenen Führpferdes bei der Ausbildung eines jungen Pferdes macht also Sinn.
- Pferde richten auch gegenüber Menschen ihr Verhalten nach der beobachteten Reaktion von ranghohen Gruppenmitgliedern aus.

Gedächtnis

- Pferde haben ein Kurzzeit- und Langzeitgedächtnis. Sinneseindrücke, Erfahrungen oder Erlerntes werden im Kurzzeitgedächtnis abgespeichert und sind bei Bedarf schnell abrufbar. Wichtige Erinnerungen werden mit anderen Erfahrungen verknüpft und im Langzeitgedächtnis abgespeichert.
- Das Kurzzeitgedächtnis des Pferdes ist im Vergleich zu dem des Menschen sehr kurz. Dies erschwert die Verknüpfung von zwei zeitlich zu weit auseinanderliegenden Sachverhalten wie unerwünschte Handlung und Strafe. Das heißt: Strafe oder Lob müssen umgehend, innerhalb von zwei bis drei Sekunden, eingesetzt werden.
- Das Langzeitgedächtnis des Pferdes funktioniert gut. Pferde erinnern sich an Gruppenmitglieder, Menschen, Gegenstände oder einmal Gelerntes recht präzise.

Konzentrationsfähigkeit

- Die Konzentrationsfähigkeit ist von mehreren Faktoren wie Alter, Gesundheitszustand, allgemeinem Wohlbefinden, Trainingszustand und der individuellen Leistungsfähigkeit des Gehirns abhängig. Dies sollte bei jeder Beschäftigung mit dem Pferd berücksichtigt werden.
- Auch Pferde können sich nicht unbeschränkt lange konzentrieren. Der Mensch sollte seinem Pferd daher nach 10 bis 20 Minuten Trainingseinheit eine kleine Pause gönnen. Das Erlernte sitzt dann umso besser.

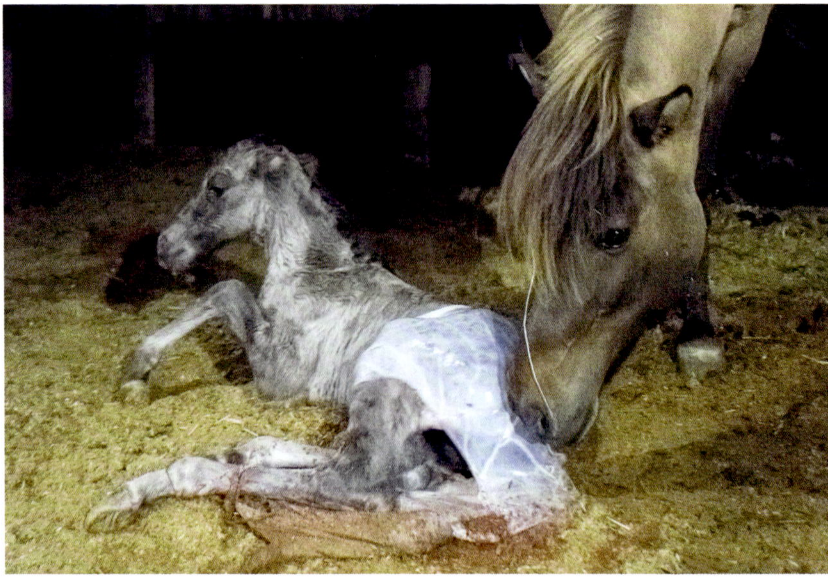

Die Bindung an die Mutter entsteht während der Prägephase und ist für das Fohlen lebenswichtig.

4.5 Prinzipien des Lernens

Lernen bedeutet, dass die Wahrscheinlichkeit, ein bestimmtes Verhalten oder auch eine physiologische Reaktion auf einen bestimmten Reiz zu zeigen, aufgrund von Erfahrung dauerhaft geändert wird. Diese Definition, die auch für Pferde gilt, deutet darauf hin, dass die Reaktion (ob auf Verhaltensebene oder auf physiologischer Ebene) nicht starr, sondern flexibel ist und auch bezüglich der Qualität und Quantität der Reaktionen von Mal zu Mal unterschiedlich stark ausfallen kann. Auch ist diese Änderung nicht unwiderruflich, da ein Pferd auch umlernen oder vergessen kann. Dennoch sind diese Verhaltensänderungen dauerhafter als Änderungen im Verhalten aufgrund von vorübergehenden Motivationsänderungen, zum Beispiel aufgrund von Hunger oder Müdigkeit. Damit sich das Erlernte verfestigen kann, braucht das Gehirn ähnlich wie auch die Muskeln im Training Pausen. Weniger Trainingssitzungen, die über einen bestimmten Zeitraum (z.B. 2-mal pro Woche für 4 Wochen) verteilt werden, bringen am Ende des vierwöchigen Trainingszeitraums oft denselben Lernerfolg wie häufigere Trainingssitzungen (z.B. tägliches Training).

Man unterscheidet verschiedene Formen des Lernens: Neben der Prägung (Imprinting), die eine Sonderform des Lernens darstellt, sind assoziatives Lernen und nicht-assoziatives Lernen in Bezug auf die Pferdeausbildung die wichtigsten Formen. Lernen durch Einsicht wurde bisher beim Pferd nicht nachgewiesen, Lernen durch Beobachtung und Nachahmung scheint aber unter bestimmten Voraussetzungen in begrenzten Formen möglich und sogar höhere Formen des Lernens wie das Konzeptlernen konnten beim Pferd nachgewiesen werden (siehe Seite 56).

4.5.1 Prägung (Imprinting)

Prägung oder auch Imprinting beinhaltet die Ausführung angeborener Verhaltensweisen auf bestimmte Reize. Dabei wird die Verknüpfung durch nicht wieder rückgängig zu machende (irreversible) neuronale Änderungen erstellt, die nur während einer kurzen

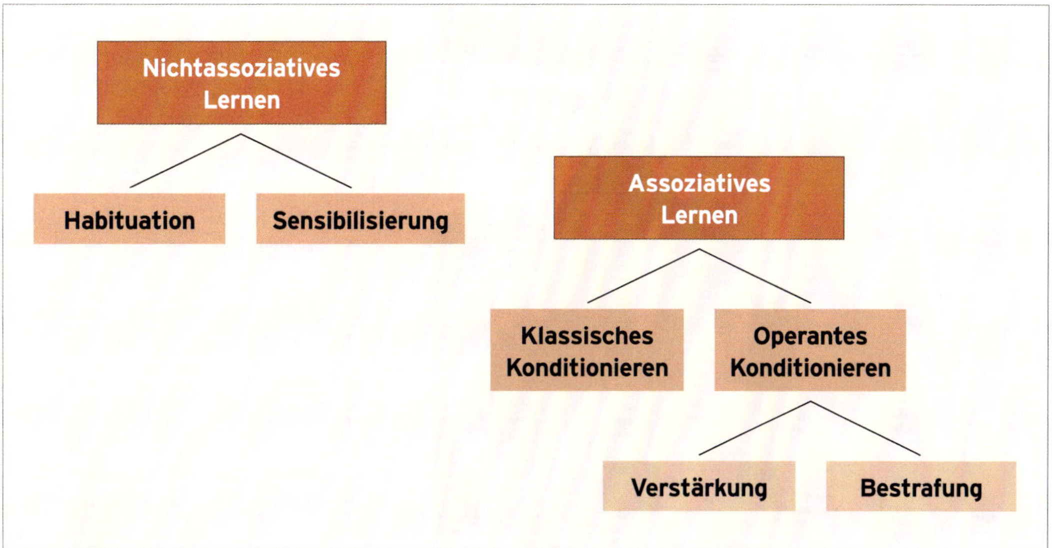

Zeitperiode nach der Geburt stattfinden können und dann zeitlebens bestehen. Diese Lernform tritt insbesondere bei Verhaltensweisen auf, die für das Überleben des Jungtieres wichtig sind (z.B. Nachfolgen der Mutter) oder auch für die Erkennung von Geschlechtspartnern.

Beim Pferd spielt, verglichen mit Nesthocker-Tierarten wie zum Beispiel Vögeln oder Hunden, die Prägung jedoch eine untergeordnete Rolle. Dennoch beruht die Bindung des Fohlens an die Mutterstute zumindest zum Teil auf Prägung. Wird ein Fohlen von Geburt an nur vom Menschen aufgezogen ohne ausreichenden Kontakt zu anderen Pferden in den ersten Lebenstagen, kann es zu Fehlprägungen kommen, sodass das Pferd nicht andere Pferde, sondern den Menschen als Artgenossen ansieht. Weil das Pferd arttypische, angeborene Verhaltensweisen wie spielerisches Steigen, Beißen oder Treten dann ungehemmt auf den Menschen anwendet, können diese Fehlprägungen sehr gefährlich werden. Aufgrund der anhaltenden Wirksamkeit des Imprintings gab es zahlreiche Bemühungen, sich diese Lernform durch gezieltes Training am neugeborenen Fohlen zunutze zu machen. Allerdings wird inzwischen davon ausgegangen, dass Imprinting-Mechanismen nur bei ganz bestimmten Aufgaben wie dem Formen der Bindung zur Mutter greifen und nicht auf andere Lernsituationen übertragbar sind. Es gibt zudem Hinweise darauf, dass Imprint-Trainings die Bindung zwischen Stute und Fohlen nachhaltig durch die intensiven, frühen Eingriffe am Fohlen stören könnte.

4.5.2 Nicht-assoziatives Lernen

Im Vergleich zum Imprinting spielt das nicht-assoziative Lernen bei der Ausbildung von Pferden die wichtigere Rolle. Nicht-assoziativ bedeutet, dass das Pferd keine Verknüpfung zwischen verschiedenen Reizen herstellen muss, das heißt, es geht nur um einen einzigen Reiz, an den das Pferd sich entweder gewöhnt (Habituation) oder gegenüber dem es sensibilisiert wird (Sensibilisierung).

Gewöhnung (Habituation)

Obwohl der Mensch es sich selten bewusst macht, ist die sogenannte Ha-

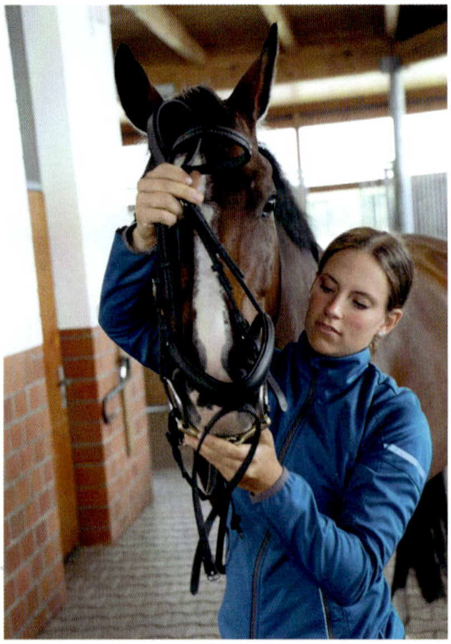

Gesattelt und aufgetrenst zu werden, erlernt das Pferd über Gewöhnung.

bituation, also die Gewöhnung, eine besonders wichtige Lernform in der Pferdeausbildung, da das Pferd lernen muss, auf eine Vielzahl an Reizen nicht zu reagieren. So muss es sich daran gewöhnen, ursprünglich Angst auslösende Reize wie laute Geräusche oder heranschießende Hunde zu ignorieren oder auch andere, normalerweise eine Reaktion hervorrufende Reize ohne Reaktion auszuhalten. Hierzu gehört der Druck in bestimmten Körperregionen, wie er beispielsweise durch das Aufhalftern, Trensen oder Auflegen und Angurten des Sattels entsteht. Gewünscht ist, dass das Pferd lernt, auf diese Berührungsreize nicht zu reagieren, auch wenn es normalerweise versuchen würde, einem Druckreiz auszuweichen. Im Falle des Sattelns macht sich diese normale Reaktion häufig beim anfänglichen Satteln und Gurten von jungen Pferden durch Bocksprünge bemerkbar, wenn es zuvor nicht sehr allmählich an Gegenstände an und auf seinem Rücken gewöhnt worden ist. Erst wenn das Pferd gelernt hat, dass von dem Druck des Sattels kein Schmerz und keine Gefahr ausgeht, wird es ihn ohne Reaktion akzeptieren, es hat sich also an den Druck gewöhnt.

Reagiert ein bereits an Halfter, Knotenhalfter, Trense, Gebiss und Sattel gewöhntes Pferd plötzlich doch mit Abwehr, sollte das für den Pferdehalter immer ein Alarmzeichen dafür sein, dass vielleicht etwas nicht stimmt, das Pferd möglicherweise Unbehagen oder sogar irgendwo Schmerzen empfindet und deshalb unwillig bis widersetzlich reagiert.

Durch Gewöhnung in kleinen Schritten, wie hier das Vorbeigehen an einem aufgespannten Schirm, lernen Pferde, mit solchen Situationen angstfrei umzugehen.

Formen der Gewöhnung:

- Desensibilisierung
- Gegenkonditionierung
- Reizüberflutung

Tipps für die Praxis

- Vermeintlich „niedliches" Verhalten eines Fohlens wie Ansteigen oder Umrennen muss sofort unterbunden werden, sonst drohen später ernsthafte Schwierigkeiten in der Mensch-Pferd-Interaktion.
- Pferdehaltung abgeschirmt von jeglichem Alltagslärm und Schrecksituationen, kann zu großer Schreckhaftigkeit beim Pferd führen. Besser ist es, Pferde an möglichst viele Außenreize zu gewöhnen. Je früher die Gewöhnung an Umweltreize beginnt, desto eher lernt das Pferd, entspannt damit umzugehen. Also: Nicht jedes Geräusch oder jeden Gegenstand vom Pferd fernhalten, sondern ihm diesen in sicherer Umgebung „anbieten" (laute Musik in der Reithalle, aufgespannter Regenschirm beim Freilauf, zuknallende Türen, lärmende Traktoren etc.).
- Ähnlich wie beim Trainingsprinzip „vom Leichten zum Schweren" wird auch bei der Desensibilisierung Schritt für Schritt vorgegangen. Zum Beispiel: Regenschirm erst geschlossen halten und zeigen, daran schnuppern lassen, langsam aufspannen, gegebenenfalls nach der Hälfte wieder schließen, erneut schnuppern lassen, wieder aufspannen, Kontaktaufnahme zulassen. Reagiert das Pferd besonders ängstlich, die Übung mehrfach wiederholen.
- Wichtig: Fluchtreaktionen nicht bestrafen!

Desensibilisierung

Geht man besonders behutsam vor, das heißt in kleinen Schritten, die sich über Tage oder sogar Wochen verteilen, kann man die starken Abwehrreaktionen wie das Bocken beim Anreiten junger Pferde, das erhöhte Verletzungsgefahren mit sich bringt, weitestgehend vermeiden. Bei solch schrittweiser Gewöhnung an unbekannte oder Angst auslösende Reize spricht man von Desensibilisierung. Sie gilt als effektivste und ungefährlichste Methode der Gewöhnung.

Sämtliche Übungen zur Vorbereitung auf die Gelassenheitsprüfung (GHP) basieren übrigens auf dem Prinzip der Desensibilisierung.

Gegenkonditionierung und Reizüberflutung

Neben dieser Technik der Habituation gibt es auch die Gegenkonditionierung und die Reizüberflutung. Diese beiden Methoden bauen teils auf komplexeren Lernformen auf (siehe auch Seite 68 ff., klassische Konditionierung), können aber auch dazu eingesetzt werden, eine Gewöhnung zu erreichen. Bei der Gegenkonditionierung wird das Pferd dem Reiz in voller Intensität ausgesetzt, dieser wird aber mit einem angenehmen Reiz, wie beipsielsweise der Gabe von Futter, gepaart. Bei dieser Methode besteht jedoch die Gefahr, dass das Futter bei unpassender zeitlicher Abstimmung mit der Angst- beziehungsweise Abwehrreaktion als positiver Verstärker (siehe Seiten 75, 113) wirkt und die unerwünschte Reaktion somit verstärkt statt verringert wird. Einige Pferde zeigen in Stresssituationen auch wenig bis gar keine Motivation zu fressen, sodass diese Methoden für sie wenig erfolgversprechend sind.

Bei der Reizüberflutung wird das Pferd dem Reiz ebenfalls sofort und so lange in voller Intensität ausgesetzt, bis es keine Reaktion mehr zeigt. Neben der erhöhten Verletzungsgefahr und dem starken Stress durch Panikreaktionen kann ein Problem mit dieser Methode sein, dass das Pferd lernt, hilf-

los zu sein (erlernte Hilflosigkeit) und dieses passive Verhalten auch auf andere Situationen überträgt, in denen eine Reaktion auf ähnliche Reize aber erwünscht ist, wie zum Beispiel eine Nicht-Reaktion auf die intensive Hilfengebung des Reiters in gefährlichen Situationen. Da die letzten beiden Methoden zum einen gefahrenträchtiger sind und zum anderen in der Regel auch weniger schnell zum Ziel führen, sollte der Desensibilisierung, also der schrittweisen Gewöhnung, stets der Vorzug gegeben werden. Scheut ein Pferd und hat Angst, an einem unbekannten Gegenstand vorbeizugehen, so darf man ihm ruhig kurz Zeit geben, den Gegenstand zu betrachten, bevor man es wieder in Ruhe auffordert, näherzutreten. Beim Reiten kann es auch helfen, abzusteigen und das Pferd zu führen. Das Pferd wird dieses Vorgehen nicht als Nachgeben oder Dominanzverlust des Reiters werten, sondern im Gegenteil seine Führungsqualität höher einschätzen, da sich der Reiter ja traut, an dem unbekannten Gegenstand vorbeizugehen.
Auch wenn diese Prozedur mehrmals wiederholt werden muss, führt sie im Allgemeinen schneller und gefahrloser zum Ziel, als wenn versucht wird, das Pferd mit intensiver Hilfengebung oder gar Gewalt vorwärtszubewegen. Eine zu intensive Hilfengebung kann zusätzliche Angst und auch Schmerzen beim Pferd erzeugen und so dem Pferd erst recht signalisieren, dass es sich vor dem unbekannten Gegenstand fürchten muss.

Sensibilisierung

Das Gegenteil der Habituation ist die Sensibilisierung. Hierbei lernt das Pferd, auf einen Reiz verstärkt zu reagieren. Dies passiert vor allem mit Reizen, die von sich aus Abwehr hervorrufend (intrinsisch aversiv) sind, weil sie Angst oder Schmerzen verursachen. Bei wiederholter Konfrontation mit solchen Reizen erfolgt dann eine verstärkte Reaktion; dies kann zum Beispiel eine zunehmende Abwehrreaktion beim Satteln von Pferden mit Satteldruck sein. Nicht zu verwechseln ist diese Form des Lernens mit der Sensibilisierung beim assoziativen Lernen, bei der man zur Verfeinerung der Hilfengebung einer Hilfe in normaler beziehungsweise höherer Intensität eine feinere, leichtere Hilfe vorschaltet. So lernt das Pferd bereits, die erste, weniger intensive Hilfe zu verstehen, und kann so Schritt für Schritt gegenüber immer feiner werdenden Hilfen sensibilisiert werden.

4.5.3 Assoziatives Lernen

Wie zuvor angedeutet, beinhaltet das assoziative Lernen die Verlinkung von einem zuvor neutralen Stimulus mit einem Reiz sowie einer physiologischen Antwort, also zum Beispiel das Anspannen bestimmter Muskelgruppen, oder einer Verhaltensantwort, zum Beispiel das Antreten aus dem Halten. Daher nimmt diese Form des Lernens eine überragende Rolle in Bezug auf die Pferdeausbildung ein. Unter diese Form des Lernens fallen sowohl die klassische als auch die operante Konditionierung.

Klassische Konditionierung

Die klassische Konditionierung wurde zuerst vom russischen Mediziner und Physiologen Iwan Petrowitsch Pawlow (1849 bis 1936) beschrieben. Er entdeckte, dass seine Versuchshunde bereits beim Klingeln einer Glocke, die die nahende Fütterung ankündigte, zu speicheln begannen. Die Hunde hatten also zwischen dem zuvor neutralen Stimulus der Glocke eine Verbindung zur Fütterung hergestellt und zeigten die physiologische Reaktion des Spei-

Tipps für die Praxis

- Da Pferde einmal Gelerntes nicht so schnell wieder vergessen, sollte der Mensch immer sehr sorgsam auch sein eigenes Verhalten hinterfragen. Wird dem Pferd heute „ausnahmsweise" das „Schubbeln" am Menschen erlaubt, versteht es am nächsten Tag nicht, warum es dafür gestraft wird, wenn der Mensch vielleicht saubere Turnier- oder Ausgehkleidung trägt. Tierisches Lernen und Verhalten kennt keine Ausnahmen!
- Über klassische Konditionierung lernen Pferde schnell auch Dinge, die vom Menschen nicht gewünscht sind, zum Beispiel Futterbetteln. Deshalb muss der Mensch möglichst vermeiden, auf bestimmte Verhaltensweisen des Pferdes, wie zum Beispiel der Erwartungshaltung in Form von Scharren, einzugehen. Gibt er in solchen Situationen Futter, verstärkt er das Betteln/Scharren, das ihm später vermutlich auf die Nerven geht und für das er vielleicht irgendwann einmal sein Pferd straft.

chelns, die normalerweise mit der Futteraufnahme verknüpft ist, nun bereits beim Ertönen der Glocke. Eine solche Reaktion bezeichnet man auch als bedingten oder konditionierten Reflex, im Gegensatz zu einem unbedingten, angeborenen Reflex, wie zum Beispiel der Lidschlussreflex der Augen.

Auch bei Pferden läuft diese klassische Konditionierung im Alltag ohne geplantes Training ab. So wiehern und scharren Pferde beim Erscheinen von Personen oder Geräuschen, die mit der Fütterung verbunden sind. Sie haben eine Verknüpfung zwischen dem zuvor neutralen Geräusch oder dem Anblick der Person und der kurz darauf erfolgenden Fütterung erstellt und beantworten dies mit entsprechendem Erwartungsverhalten.

In gleicher Form ist auch eine Angstkonditionierung möglich. Sie kann häufig bei der Abneigung von Pferden gegen Tierärzte beobachtet werden. Diese Pferde haben gelernt, dass eine bestimmte Person oder zum Beispiel alle Personen mit grünen Kitteln stets Schmerzen verursachen – sei es durch Impfen, Wund- oder Zahnbehandlungen.

Abgesehen von diesen eher unerwünschten „Nebenprodukten" des Lernens hat die klassische Konditionierung aber auch bei der Pferdeaus-

Durch zufälliges Herumspielen lernen Pferde zum Beispiel auch Boxentüren zu entriegeln.

bildung am Boden und beim Reiten eine große Bedeutung. Die zuvor angesprochenen Mechanismen zur Verfeinerung von Signalen und Hilfen oder auch zum Beibringen neuer Signale und Hilfen beruhen auf der klassischen Konditionierung. Beim Beibringen/Erlernen eines neuen Signals mit der Hand, beispielsweise zum Anhalten des geführten Pferdes, wird das entsprechende Handzeichen immer vor der bereits bekannten kurzen Einwirkung mit dem Führstrick gegeben, sodass das Pferd das Handzeichen mit dem Stricksignal und dem Halten verknüpft und so lernt, bereits allein auf das Handzeichen hin anzuhalten. Die Vorgehensweise erfolgt ebenso oder ähnlich auch beim Beibringen/Erlernen neuer Hilfen.

Operante Konditionierung

Bei der operanten Konditionierung ist die Reihenfolge von Verhalten und Reiz umgekehrt gegenüber der klassischen Konditionierung. Das Pferd löst also erst durch ein bestimmtes Verhalten den Reiz selbst aus. Diese Form des Lernens ist auch als „Versuch-und-Irrtum-Lernen" bekannt und wurde zuerst vom Amerikaner Edward Lee Thorndike (1874 bis 1949) beschrieben. Er beobachtete, wie Katzen, die er in eine Box gesperrt hatte, durch zufällige Berührungen einen Zughebel betätigten, der eine Tür der Box öffnete. So lernten die Katzen, dass ihr Verhalten einen gewünschten Reiz (Freiheit) zur Folge hatte, und wurden von Mal zu Mal schneller und geschickter darin, den Hebel zu betätigen.

Diese Form des Lernens ist auch der Grund, warum Pferdeboxen mit Spezialverriegelungen versehen sind, die sich nicht durch Pferdezähne oder -lippen betätigen lassen: Auch Pferde lernen sonst sehr schnell durch zufälliges Herumspielen am Riegel, dass eine bestimmte Bewegung dazu führt, dass sich die Boxentür öffnet. Da Pferde jedoch nicht zielstrebig in einem neuen Stall den Riegel öffnen, sondern dies erst nach längeren, zufällig wirkenden Handlungen schaffen, gehen Verhaltensforscher derzeit davon aus, dass es sich dabei nicht um Lernen durch Einsicht handelt. Das heißt: Das Pferd hat nicht vorab den Plan freizukommen und zu diesem Zweck den Riegel zur Seite zu schieben. Erst wenn es die Konsequenzen seiner zufälligen Handlung erfahren hat, kann es den Zusammenhang zwischen seinem Verhalten und dem Reiz herstellen.

Die Wissenschaft macht sich diese Form des Lernens zunutze, um zum Beispiel das Bedürfnis von Pferden nach Beleuchtung im Stall oder Vorlieben für Bewegungsart und -intensität zu untersuchen. Aber auch bei der Pferdeausbildung spielen Formen der operanten Konditionierung eine Rolle. Wird dem Pferd ein neues Signal am Boden gegeben, wie das Touchieren, also die leichte Berührung mit der Gerte, oder eine neue Hilfe beim Reiten, zum Beispiel eine seitwärtstreibende Schenkelhilfe, wird das Pferd zunächst verschiedene Verhaltensweisen anbieten, bis es zumindest ansatzweise eine Bewegung in der gewünschten Form, also seitwärts, ausführt. Wird der Druck unmittelbar auf diese gewünschte Verhaltensantwort – aber auch erst dann und nicht vorher – entfernt, lernt das Pferd so, durch sein Verhalten ein bestimmtes Ziel zu erreichen und damit die Berührung durch die Gerte beziehungsweise den Schenkeldruck zu verringern. Dies erfordert vom Menschen bei der Ausbildung des Pferdes am Boden, aber auch vom Sattel aus, ein sehr gutes Gefühl für das richtige Timing.

4.6 Grundbausteine des Lernens

4.6.1 Motivation

Unter Motivation versteht man die Gesamtheit von Beweggründen, die zu einer Handlungsweise anregen. Grundvoraussetzung für jede Form des assoziativen und nicht-assoziativen Lernens ist das Vorhandensein einer solchen Motivation. Sie wird entweder durch angenehme Reize (z.B. Futter, Streicheln) oder durch unangenehme Reize (z.B. Druck, Schmerz, Angst) bedingt, die das Pferd entsprechend entweder erlangen oder vermeiden will. Eine Verstärkung des Reizes kann die Motivation und damit auch den Lernerfolg erhöhen. Daher läge es nahe, einfach durch Verstärkung der Reize, indem man zum Beispiel stärkeren Druck ausübt oder dem Pferd kein Futter gibt, die Lernmotivation zu erhöhen. Abgesehen von Fragen der ethischen Vertretbarkeit solcher Maßnahmen existieren hier natürliche Grenzen. Tatsächlich gibt es nämlich ein Optimum, das heißt, der Zusammenhang „mehr Hunger = größere Motivation eine Futterbelohnung zu erlangen" oder „mehr Druck = größere Motivation diesem Druck zu entkommen" gilt nur bis zu einem gewissen Grad. Denn sowohl starker Schmerz, große Angst oder auch großer Hunger führen dazu, dass ein Tier zu instinktiven Verhaltensweisen übergeht und nicht mehr bereit beziehungsweise in der Lage ist, alternative Verhaltensweisen anzubieten und zu lernen. So kann starker Druck leicht auch zu gefährlichen Abwehrreaktionen wie Steigen oder Buckeln führen oder großer Hunger unter Umständen zu beharrlichem Scharren statt flexiblem, erlerntem Verhalten.

Im Hinblick auf das Ziel der Leichtigkeit und Harmonie in der Kommunikation zwischen Mensch und Pferd sollte stattdessen stets versucht werden, wie zuvor beschrieben, die Reize (Signale, Hilfen) allmählich zu verfeinern und zunächst mit kleinen Schritten anzufangen, aus denen dann nach und nach das gewünschte Verhalten geformt wird.

Bocken kann eine Abwehrreaktion des Pferdes auf zu hohen Druck durch den Reiter sein.

4.6.2 Konsequenz und Kontiguität

Beim assoziativen Lernen ist neben der Motivation auch die konsequente und zeitliche eng aufeinanderfolgende Verknüpfung von Reiz und Reaktion, die sogenannte „Kontiguität" oder das „Timing" unabdingbar. Dies gilt für alle Arten dieser Lernform. Das Pferd kann nur dann erfolgreich eine Verknüpfung zwischen dem Signal, der Reaktion und der Konsequenz herstellen, wenn drei Bedingungen erfüllt sind:

1. Das Signal oder der Reiz, wie zum Beispiel ein Zupfen am Führstrick oder eine halbe oder ganze Parade, muss jedes Mal gleichartig gegeben werden.
2. Der nachfolgende Verstärker, also das Nachlassen des Drucks am Führstrick, sobald das Pferd stoppt oder die nachgebende Zügelhilfe, sobald das Pferd auf die Parade reagiert, muss jedes Mal bei korrekter

Die Gabe von Futter ist eine echte Belohnung.

Ausführung der gewünschten Reaktion gegeben werden.

3. Dieser Verstärker muss zudem unmittelbar nach Beginn beziehungsweise Ausführung der korrekten Reaktion des Pferdes, in diesem Fall dem Halten oder dem Nachgeben im Genick als Reaktion auf die halbe Parade, gegeben werden. In der Folge wird es möglich sein, die Einwirkung immer feiner gestalten zu können.

Erfolgreiche Pferdeausbilder sind in der Regel besonders gut darin, bereits kleinste Fortschritte bei der Reaktion des Pferdes zu erkennen, die Reize, das heißt die Signale bei der Bodenarbeit oder die Hilfen beim Reiten, immer in gleicher Form und Klarheit zu geben sowie die zeitlichen Abfolgen genau zu steuern und konsequent zu handhaben. Aus diesem Grund ist beim Reiten auch ein sicherer, ausbalancierter Sitz wichtig, da nur ein ruhig im Bewegungsfluss sitzender Reiter seine Hilfen gezielt und in gleichbleibender Art geben kann.

Auch bei der Bodenarbeit ist eine solch klare Signalvermittlung bedeutsam. Unnötige Körperbewegungen und Änderungen in der Körperhaltung können bei visuellen Signalen genauso als Störfaktor auf das Pferd wirken wie ständiges Sprechen bei der Nutzung von Stimmsignalen. Das Pferd muss so erst die wichtige Information aus den unwichtigen Störsignalen herausfiltern. Während dies den anfänglichen Lernerfolg erheblich reduzieren kann, lässt sich natürlich im fortgeschrittenen Stadium durchaus versuchen, absichtlich solche Störfaktoren einzubauen, um das Pferd gegenüber den bedeutsamen Signalen zu sensibilisieren, sodass man sie auch unter erschwerten Bedingungen anwenden kann. So müssen Pferde beim Führen von Anfängern oder beim therapeutischen Reiten eine Veränderung der Körperposition sowie Gespräche während des Unterrichts als für sie nicht relevante Informationen einordnen können, aber auf Signale mit Gerte oder Seil, Impuls am Halfter/Knotenhalfter oder gezielte Stimmkommandos reagieren.

4.6.3 Verstärkung und Bestrafung

Sowohl angenehme Reize wie Futter als auch unangenehme Reize wie Druck können entweder weggenommen oder hinzugefügt werden, sodass sich damit die Wahrscheinlichkeit, dass ein Verhalten auftritt, entweder durch Verstärkung erhöht oder durch Bestrafung verringert. Verstärkung, gleich welcher Art, führt demnach dazu, dass ein bestimmtes Verhalten wahrscheinlicher wird, während Bestrafung dazu führt, dass ein bestimmtes Verhalten unwahrscheinlicher wird. Für das Trainieren neuer Aufgaben am Boden und insbesondere auch für das Reiten ist daher die Verstärkung das Mittel der Wahl.

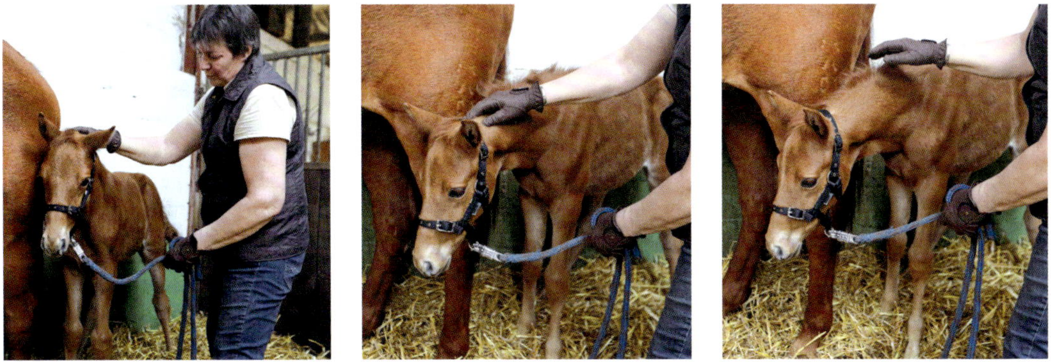

Die Hand wird flach auf das Genick gelegt (links). Das Fohlen weicht dem Druck nach unten aus (Mitte). Die Hand wird sofort weggenommen (rechts).

Verstärkung und Bestrafung fallen unter das assoziative Lernen und teilen sich in vier grundsätzliche Formen auf:

- Positive Verstärkung: Das Pferd zeigt ein gewünschtes Verhalten (z.B. Anhalten) als Reaktion auf ein Signal und bekommt dafür eine Belohnung (z.B. ein Leckerli).
- Negative Verstärkung: Man übt einen leichten (ggf. unangenehmen) Reiz auf das Pferd aus (z.B. Druck an der Brust), bis das Pferd eine gewünschte Reaktion zeigt (z.B. Rückwärtstreten), worauf dann der Reiz entfernt wird.
- Positive Bestrafung: Das Pferd zeigt ein unerwünschtes Verhalten (z.B. es reagiert widersetzlich auf die treibenden Hilfen) und bekommt dafür eine Bestrafung (z.B. Klaps mit der Gerte).
- Negative Bestrafung: Das Pferd bekommt einen angenehmen Reiz (z.B. Kraulen), der jedoch beim Auftreten von unerwünschtem Verhalten (z.B. Knabbern am Menschen) entfernt wird (man hört auf zu kraulen).

Praktische Anwendung negativer Verstärkung

Beim Reiten spielt das Prinzip der negativen Verstärkung im Allgemeinen die bedeutendste Rolle, damit das Pferd lernt, auf leichte Gewichts-, Schenkel- und Zügelhilfen (ggf. unterstützt durch Gerte und Sporen) zu reagieren. Ein Beispiel: Bei einer ganzen Parade wird mit Gewicht, Schenkeln und Zügeln Druck ausgeübt, bis das Pferd die gewünschte Verhaltensantwort zeigt und zum Halten kommt, worauf der Druck entfernt wird. Dieser Druck muss dabei nicht schmerzhaft oder unangenehm sein, sofern das Pferd mittels klassischer Konditionierung gelernt hat, auch auf minimale Reize zu reagieren. Die Signale der geführten Bodenarbeit (siehe Seite 123) funktionieren nach dem gleichen Prinzip. In beiden Fällen sollte man sich aber darüber im Klaren sein, dass das Nachlassen des Führseils oder eine nachgebende Zügelhilfe eine negative Verstärkung und eben keine „Belohnung" im Sinne der Lerntheorie darstellt, da mit dem Nachlassen des Drucks lediglich der Normalzustand wieder hergestellt wird, das Pferd darüber hinaus aber nichts besonders Erstrebenswertes wie Futter oder Kraulen erhält.

Für das Pferd kann es beim Erlernen neuer Aufgaben mittels negativer Verstärkung jedoch zunächst schwierig sein herauszufinden, welche Antwort die gewünschte ist. Es muss mehr oder weniger lange verschiedene Verhaltensweisen anbieten, bis darunter zufällig auch die gewünschte Verhaltensweise ist, die dann durch den nachlassenden Druck verstärkt wird. So wird beispielsweise ein Fohlen

Positiv oder negativ - was ist was?

Aus Praxissicht ist die Benennung der Fachbegriffe „positive/negative Verstärkung/Bestrafung" unglücklich, da man mit dem Wort „positiv" intuitiv etwas Angenehmes und Gutes verbindet, mit dem Wort „negativ" dagegen etwas Unangenehmes und Schlechtes. Nicht so in der Wissenschaft wie beispielsweise der Medizin. Hier bedeutet ein positiver Krankheitsbefund meist eine schlechte Nachricht für den Patienten.

Die Verhaltensforschung wiederum benutzt diese Begriffe ebenso wie die Mathematik. Positiv bedeutet demnach etwas hinzuzufügen, wie zum Beispiel einen Reiz oder Stimulus, negativ steht für etwas wegnehmen oder entfernen. Es bezieht sich nicht auf die Art oder die Wertigkeit des Reizes. Daher kann positive Bestrafung durchaus unangenehme negative Empfindungen wie Angst oder Schmerz beim Pferd hervorrufen. Negative Verstärkung wiederum bedeutet nicht etwas Schlechtes, sondern lediglich, dass etwas weggenommen wird; in diesem Fall der Druck, den der Mensch über seine Signale am Boden oder seine Hilfen beim Reiten auf das Pferd ausübt und zwar genau in dem Moment, in dem das Pferd wie gewünscht auf den Druck reagiert. Aufgrund dieser Doppelbedeutungen werden in der Praxis daher meist andere umgangssprachliche Bezeichnungen verwendet, zum Beispiel „Belohnung" anstelle von negativer Verstärkung beim Nachlassen des Drucks durch Führstrick oder Knotenhalfter oder durch eine nachgebende Zügelhilfe. Negative Verstärkung endet also für das Pferd durchaus in einer positiven Situation.

Auch das Wort „Druck" mag für manchen Pferdesportler einen unangenehmen Beigeschmack haben. Aber selbst eine das Pferd streichelnde Hand oder eine Fliege, die auf dem Pferd landet, übt eine Art von Druck aus. Druck kann in Art, Dauer und Intensität variieren und somit auch sehr sanft ausgeübt werden. Das Ziel ist immer eine noch feinere und unsichtbare Hilfengebung. Das Pferd muss dieses aber erst lernen und verstehen. Dafür wird so viel wie nötig, aber so wenig wie möglich eingewirkt.

Beim Thema Strafe wird in der Verhaltensforschung ebenfalls von positiver und negativer Bestrafung gesprochen. Aber auch hier ist eine positive Bestrafung nicht besser oder schlechter als eine negative. Es bedeutet lediglich, dass bei einer positiven Bestrafung etwas hinzugefügt wird, wie zum Beispiel ein deutlicher Klaps, der sofort auf eine Aktion des Pferdes wie Beißen oder Steigen erfolgt, oder bei einer negativen Bestrafung etwas weggenommen wird, indem man beispielsweise aufhört das Pferd zu kraulen oder sich abwendet, wenn das Pferd zu scharren beginnt. Die Bestrafung erfolgt also über „Wegnahme" des angenehmen Zustandes. Egal ob positiv oder negativ, eine Bestrafung endet für das Pferd also immer in einer schlechteren oder „negativen" Situation. Übrigens: Auch Pferde „bestrafen" ihre Artgenossen positiv, indem sie mit einem Tritt oder Biss anzeigen, wenn ihnen etwas am Verhalten des anderen missfällt.

Auch wenn Begrifflichkeiten für eine korrekte Pferdeausbildung zweitrangig sind, sollte jeder Ausbilder im Pferdesport zumindest die Prinzipien dieser verschiedenen Lernformen genau kennen, um sie sachgerecht anzuwenden und dem Pferd damit das Lernen so einfach und stressfrei wie möglich zu machen.

schrittweise an das Führen gewöhnt. Das Fohlen lernt auf leichten Druck durch die Hand den Kopf zu senken. Sobald das Fohlen dem Druck nach unten ausweicht, wird die Hand sofort entfernt. Nicht zwangsläufig reagiert das Fohlen mit dem gewünschten Nachgeben des Drucks, sondern geht zunächst vielleicht gegen den Druck an. Erst wenn es zufällig dem Druck nach unten ausweicht, und der Mensch sofort den Druck entfernt, beginnt es den Zusammenhang zu begreifen und zu lernen und wird künftig schneller reagieren, um dem Druck zu entgehen. Problematisch ist es auch, dass oft viele sehr ähnliche Signale benutzt werden, um unterschiedliche Antworten vom Pferd zu erlangen. Für das Pferd ist es im Einzelfall oft eine Herausforderung, zu unterscheiden, was der Mensch gerade von ihm verlangt und auch für den lernenden Pferdemenschen ist es schwierig die Signale präzise genug zu geben, dass sie für das Pferd klar unterscheidbarsind. Schwierig für das Pferd wird es auch, wenn der Mensch den Druck nicht rechtzeitig und auch nicht vollständig nachlässt; dann erkennt das Pferd nicht, welches überhaupt die gewünschte Reaktion war.

Pferde verfügen jedoch sowohl über ein erstaunliches Maß der Fähigkeit zur feinen Unterscheidung zwischen verschiedenen Reizen als auch der Generalisierung, das heißt der Verallgemeinerung von Reizen. Dies ermöglicht ihnen, trotz variabler Signal- und Hilfengebung zu erkennen, welches Verhalten gefordert ist. So gelingt es geübten Reitern, halbe Paraden deutlich genug von den aus mehreren halben Paraden bestehenden ganzen Paraden zum Halten zu differenzieren, sodass das Pferd ungeachtet der Tatsache, dass beide Varianten mit Zügeldruck einhergehen, zuverlässig deren Bedeutung unterscheiden und entsprechend umgehend reagieren kann.

Der Ungeübtere hat hingegen seine Einwirkungsintensität weniger gut unter Kontrolle, sodass die Hilfengebung von Mal zu Mal unterschiedlich ausfällt und das Pferd somit lernen muss, auch auf diese unterschiedlich ausfallenden Hilfen gleichartig und wie gewünscht zu reagieren. Die dafür erforderliche Generalisierung ist beispielsweise bei Schulpferden sehr wichtig, die oft auf viele verschiedene Varianten der Signal- und Hilfengebung wie zum Anhalten oder zum Antraben gleichermaßen reagieren.

Macht man sich diese Zusammenhänge bewusst zunutze, kann man durch Anpassung seiner Signale und Hilfen dem Pferd helfen, diese besser zu unterscheiden und so den Trainingserfolg leicht steigern.

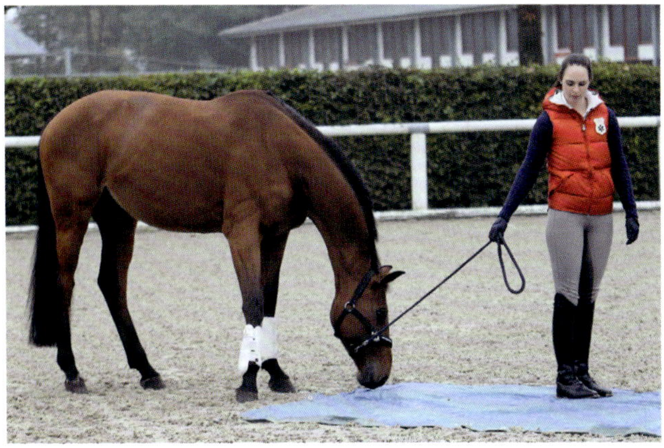

In diesem Beispiel übt die Führperson Druck mit dem Führstrick aus, obwohl das Pferd die gewünschte Reaktion – Annäherung an das Schreckhindernis – zeigt. Ein Nachlassen des Seils wäre hier richtig.

Praktische Anwendung positiver Verstärkung

Auch wenn die Methode der positiven Verstärkung mittels eines primären Verstärkers (Futter) in der klassischen Pferdeausbildung nicht weit verbreitet ist, hat sie deutliche Vorteile für das Pferd und den Lernerfolg, weil das Pferd ganz ohne Einwirkung ein gewünschtes Verhalten zeigt und dazu dann eine erstrebenswerte Belohnung bekommt. Primäre und auch sekundäre Verstärker müssen allerdings zeitgenau eingesetzt werden, um auch wirklich das Verhalten zu verstärken, auf das es ankommt. Ein Beispiel: Beim Erlernen des Rückwärtstretens muss die Verstärkung genau in dem Moment gesetzt werden, in dem das Pferd zu einem Tritt rückwärts ansetzt. Wird erst nach Beendigung der Übung im Halten „gelobt", verstärkt

Ist das Pferd räumlich vom Menschen entfernt, ist eine Verstärkung mittels einer primären, positiven Verstärkung (Futter) nicht möglich, da diese auf ein erwünschtes Verhalten hin sofort gegeben werden muss.

man das Halten, nicht das vorherige Rückwärtstreten.

Ein Hinderungsgrund bei der verbreiteten Umsetzung der Gabe von Futter als positiver Verstärker unter dem Reiter oder vor der Kutsche ist daher die eingeschränkte Praktikabilität, da die Gabe von Futterbelohnungen nicht immer in zeitlicher enger Abfolge zum gewünschten Verhalten erfolgt und durch den Reiter/Fahrer auch nicht ohne Verlassen der aufrechten Sitzposition beziehungsweise des Kutschbocks geschehen kann.

Eine praktikable Lösung kann hier der Einsatz eines sekundären Verstärkers darstellen, wie es zum Bespiel auch im „Clicker-Training" genutzt wird. Allerdings kann auch jeder andere Laut beziehungsweise jedes Wort verwendet werden. Wenn ein Wort oder auch ein anderes Geräusch als sekundärer Verstärker genutzt wird, so sollte das Pferd diesem im Alltag allerdings möglichst ausschließlich in seiner Bedeutung als sekundärem Verstärker begegnen. Wichtig ist nämlich die konstante Verknüpfung des sekundären Verstärkers, zum Beispiel das Geräusch des Clickers oder aber auch eines bestimmten Wortes wie „brav", mit einer Belohnung wie der Gabe eines Apfelstücks oder auch das Kraulen und Streicheln an bevorzugten Körperstellen, um dem Pferd die Bedeutung des sekundären Verstärkers stellvertretend beizubringen. Der sekundäre Verstärker – also „brav" – kann dann unmittelbar infolge des gewünschten Verhaltens gegeben werden, während der eigentliche primäre Verstärker, also die Belohnung, wie zum Beispiel Nahrungsaufnahme in Form des Apfelstücks, erst wenige Sekunden später verabreicht werden muss. Die Verknüpfung zwischen primärem und sekundärem Verstärker sollte immer mal wieder aufgefrischt werden.

Ein praktisches Beispiel

Ein Pferd trabt an der Longe und pariert auf Stimmhilfe, Veränderung der Körperposition des Longenführers oder der Position der Peitsche wie gewünscht durch. Der Einsatz eines primären Verstärkers in Form einer Futterbelohnung wäre zeitnah aufgrund der räumlichen Entfernung zum Longierenden nicht möglich – der sekundäre Verstärker über das Stimmgeräusch „brav" dagegen wohl. Wichtig ist, dass das Pferd den sekundären Verstärker zuvor kennengelernt hat.

Da die meisten Pferde motiviert sind, Futter zu bekommen, kann die Methode der positiven Verstärkung in einzelnen Situationen erfolgreich eingesetzt werden und ist prinzipiell auch für die Ausbildung des Pferdes geeignet. Vorsicht ist aber auch bei dieser Trainingsmethode geboten, da Abweichungen von einer sehr konsequenten und zeitlich genau abgestimmten Verstärkung (ob primär oder sekundär) dazu führen können, dass unbeabsichtigt unerwünschte Verhaltensweisen verstärkt werden, bis hin zu aggressivem Futterbetteln. Wenn das Pferd am Boden für ein Rückwärtsweichen oder unter dem Sattel für einen gelungenen Sprung gelobt werden

Tipps für die Praxis

- Ein Pferd auf Signale und Hilfen des Menschen sensibel zu machen beziehungsweise zu halten, ist eine Grundforderung im Umgang mit dem Pferd. Deshalb ist es extrem wichtig, die Signale und Hilfen im richtigen Moment und in der richtigen Dosierung, das heißt, nicht zu gering, nicht zu stark und vor allem nicht zu oft zu geben, damit es nicht zu Abstumpfung und damit zum Ignorieren von Signalen und Hilfen, aber auch nicht zu fehlerhafter Verstärkung kommt.
- Jedes Lob über die Stimme oder über eine Berührung muss als sekundärer Verstärker erst einmal konditioniert werden. Zum Beispiel: Zum Wort „brav" wird solange gekrault, bis das Pferd „brav" und das Kraulen gleichstellt. Anschließend wird in der Situation, die es zu loben gilt, nur noch „brav" gesagt.

soll, so muss das unmittelbar während des Weichens beziehungsweise während des Sprungs mittels sekundärem Verstärkers erfolgen – und nicht erst, nachdem das Pferd zur Verabreichung der Belohnung angehalten wurde, da sonst das Anhalten, nicht aber das Weichen beziehungsweise die Springmanier verstärkt/belohnt wird. Daher ist während des Reitens die Nutzung der positiven Verstärkung in der Regel nur unter Hinzunahme eines sekundären Verstärkers praktikabel.

Verhaltensformung

Sowohl bei der positiven als auch bei der negativen Verstärkung steht man oft vor einem Problem: Es kann in bestimmten Situationen schwierig sein, dass das Pferd das gewünschte Verhalten überhaupt zeigt, was aber wiederum Voraussetzung für dessen Verstärkung wäre. In diesen Fällen muss man mittels Verhaltensformung schrittweise zunächst Ansätze des Verhaltens, die in die richtige Richtung gehen, verstärken. Jede weitere Annäherung an das gewünschte Verhalten wird dann in weiteren Übungseinheiten verstärkt, während Rückschritte oder Stagnation unverstärkt bleiben.
Erfolgreiche Trainer zeichnen sich dadurch aus, dass sie auch kleinste Schritte in die richtige Richtung erken-

nen und entsprechend verstärken. Von einer positiven Bestrafung wie dem Klaps mit der Gerte bei Verhaltensweisen, die nicht dem gewünschten Zielverhalten entsprechen oder ähneln, ist bei dieser Verhaltensformung abzuraten (positive Bestrafung: siehe auch Seite 73). Eine solche Bestrafung kann das Pferd hemmen, nach weiteren möglicherweise „richtigen" Verhaltensweisen zu suchen und diese anzubieten. Ein solches Anbieten verschiedener Verhaltensweisen ist aber erforderlich, um so Ansätze des richtigen Verhaltens überhaupt verstärken zu können. Gerade das Rückwärtstreten am Boden beziehungsweise Rückwärtsrichten unter dem Reiter ist beispielsweise eine Übung, die sehr gut via Verhaltensformung vom Pferd gelernt werden kann. Die meisten Pferde gehen zunächst nicht gerne rückwärts und bleiben entweder stehen oder versuchen nach vorn oder mit einer seitlichen Drehung auszuweichen. Im Rahmen von Verhaltensformung würde der Ausbilder diese Verhaltensangebote nicht bestrafen, sondern ignorieren, dafür aber jeden Tritt in die gewünschte Richtung, also nach Rückwärts, belohnen – und sei es zu Beginn auch nur ein einziger Tritt, nur das Anheben eines Beins ohne dieses anschließend vorwärts zu setzen oder sogar nur eine Gewichtsverlagerung. Nach und nach lernt das Pferd auf diese Weise stressfrei, was von ihm gewünscht wird.

Bei konsequenter Beachtung der Lerntheorie können entsprechende Erfolge sehr schnell und oft auch sehr leicht erreicht werden. Wichtig ist auch, dass Pferde lernen können, zu lernen. Das heißt: Mit zunehmenden Lernerfolgen fällt ihnen das Lernen neuer Aufgaben leichter.

Kurz & knapp zusammengefasst

Lernprinzipien/Lerntheorie

- Lernen bedeutet, dass die Wahrscheinlichkeit, ein bestimmtes Verhalten oder auch eine physiologische Reaktion auf einen bestimmten Reiz zu zeigen, aufgrund von Erfahrung dauerhaft geändert wird.
- Es gibt unterschiedliche Formen des Lernens: das assoziative Lernen (klassische und operante Konditionierung) und das nichtassoziative Lernen (Gewöhnung/Habituation und Sensibilisierung); außerdem noch die Sonderform Prägung (Imprinting) des Fohlens durch die Mutter kurz nach der Geburt.
- Nicht-assoziatives Lernen bedeutet, dass zum Erlernen einer Sache keine Verknüpfung zwischen verschiedenen Reizen hergestellt werden muss. Gelernt wird hier ausschließlich über die Gewöhnung oder die Sensibilisierung.
- Die Gewöhnung ist eine wichtige Lernform bei der Arbeit und im Umgang mit Pferden, bei der sie lernen, auf (Umwelt-)Reize nicht zu reagieren. Dazu gehört Lärm ebenso wie beispielsweise die Gewöhnung an Ausrüstung. Diese Gewöhnung erfolgt dabei entweder durch Desensibilisierung, Gegenkonditionierung oder Reizüberflutung.
- Assoziatives Lernen beinhaltet die Verlinkung von einem zuvor neutralen Stimulus mit einer physiologischen Antwort (z.B. Anspannen bestimmter Muskelgruppen) beziehungsweise einer Verhaltensantwort (z.B. das Antreten aus dem Halten).

- Die klassische Konditionierung ist eine Form des assoziativen Lernens. Sie basiert darauf, dass wiederholt ein zuvor neutraler Reiz (z.B. Klappern des Futterwagens) mit einem unbedingten Reiz (z.B. Speichelfluss und Wiehern) gekoppelt wird, bis der bisher neutrale Reiz allein ausreicht, eine Reaktion hervorzurufen. Diese Art der Verknüpfung von Reizen und Reaktionen ist im Umgang und bei der Arbeit mit Pferden von großer Bedeutung.
- Bei der operanten Konditionierung, ebenfalls eine Form des assoziativen Lernens, verläuft der Mechanismus anders herum: Das Pferd zeigt erst ein Verhalten und löst damit einen Reiz aus.

Grundbausteine des Lernens

- Grundvoraussetzung für erfolgreiches Lernen sind Motivation sowie Konsequenz, d.h. die Beständigkeit in der Verlinkung zwischen zwei Reizen bzw. Reaktion und Reiz, und Kontiguität, d.h. das Timing" bzw. das zeitlich unmittelbare Aufeinanderfolgen von Reiz und Reaktion.
- Es ist wichtig, Signale und Hilfen immer in gleicher Form und Klarheit zu geben sowie das Timing genau im Griff zu haben.
- Pferde verfügen sowohl über ein erstaunliches Maß der Fähigkeit zur Differenzierung zwischen feinen Unterschieden in Reizen als auch der Generalisierung, das heißt der Verallgemeinerung von Reizen.
- Unter Motivation versteht man die Gesamtheit der Beweggründe, die zu einer Handlung anregen. Sie wird entweder durch angenehme Reize (Futter, Streicheln) oder unangenehme Reize (Druck, Schmerz, Angst) bedingt. Das Pferd will diese Reize entweder erlangen oder vermeiden.
- Eine Verstärkung eines Reizes muss nicht unbedingt mit einer Verstärkung der Motivation einhergehen. Das gilt vor allem für unangenehme Reize, die zu einem Übergang zu instinktiven Verhaltensweisen (z.B. Flucht, Verteidigung) und damit zu einer Behinderung der Lernfähigkeit führen können.

Verstärkung/Bestrafung

- Verstärkung führt grundsätzlich dazu, dass ein bestimmtes Verhalten wahrscheinlicher wird, Bestrafung verringert die Wahrscheinlichkeit bestimmten Verhaltens.
- Es wird wie folgt unterschieden:
  Positive Verstärkung: Das Pferd zeigt ein gewünschtes Verhalten (z.B. Anhalten) als Antwort auf ein Signal und bekommt dafür eine Belohnung (z.B. ein Leckerli).
  Negative Verstärkung: Man übt einen leichten (ggf. unangenehmen) Reiz auf das Pferd aus (z.B. wiederholter Druck an der Schulter) bis das Pferd eine gewünschte Reaktion zeigt (z.B. Seitwärtstreten), worauf dann der Reiz (Druck) entfernt wird.
  Positive Bestrafung: Das Pferd zeigt ein unerwünschtes Verhalten (z.B. Ausschlagen) und bekommt dafür unmittelbar eine Bestrafung (z.B. Klaps mit der Hand).
  Negative Bestrafung: Das Pferd bekommt einen angenehmen Reiz (z.B. Kraulen), der jedoch beim Auftreten von unerwünschtem Verhalten (z.B. Schubbern am Menschen) entfernt wird.
- Positiv und negativ wird im Zusammenhang der Lerntheorie nicht als „gut" oder „schlecht" verstanden, sondern als Hinzufügen (positiv) oder Entfernen (negativ) eines Reizes.
- Die meisten Signale der Bodenarbeit und die meisten Reiterhilfen fallen unter das Konzept der negativen Verstärkung.
- Bereits kleinste Schritte in die richtige Richtung müssen verstärkt werden. Solange von „falschen" Verhaltensweisen keine Gefahr für Mensch oder Pferd ausgeht, sollten sie ebenso wie Rückschritte im Training einfach ignoriert werden. Das Vorenthalten der vom Pferd erwarteten Belohnung wirkt so bereits als negative Bestrafung.

Mit seinem Pferd auf Du und Du sein – davon träumen viele Menschen.

5 Kommunikation am Boden zwischen Mensch und Pferd

Pferde kommunizieren von Natur aus über pferdetypische „Sprache", also vor allem über Körpersprache mittels Gestik und Mimik, nicht nur untereinander, sondern auch mit anderen Tierarten und dem Menschen. Entsprechend verstehen sie Signale des Menschen, die dieser Pferdesprache entsprechen, intuitiv. Diese Eigenschaften machen sich viele „Pferdeflüsterer" und Könner im Umgang mit Pferden vom Boden aus zunutze. Dennoch darf man sich dem Pferd nicht völlig gleichstellen, da dies dazu führen kann, dass das Pferd sämtliche pferdetypische Verhaltensweisen auch auf den Menschen überträgt. Spielerisches Auskeilen, Steigen oder auch nur das freundlich gemeinte Beknabbern zur Fellpflege können schnell zu ernsthaften Verletzungen beim Menschen führen. Diese Grenzen müssen dem Pferd daher in jedem Fall aufgezeigt werden, indem bereits Ansätze solchen Verhaltens gegenüber dem Menschen energisch unterbrochen werden und auch ein entsprechender Sicherheitsabstand vom Pferd eingehalten wird, so wie sich auch ein ranghöheres Pferd in der Gruppe Respekt verschafft.

5.1 Mensch-Pferd-Interaktion

5.1.1 Dominieren, Beschützen, Freunde werden

Vielfach wird davon gesprochen, dass der Mensch Dominanz über das Pferd ausüben muss, um einen sicheren Umgang zu gewährleisten und um das Pferd dazu zu bringen, seinen Anweisungen Folge zu leisten. Dies ist insofern richtig, als es zu vermeiden gilt, dass das Pferd den Menschen als

rangnieder ansieht. Pferde können ansonsten gegenüber Individuen, die sie als rangnieder einstufen, leicht und für den Menschen oft unerwartet dominant bis aggressiv werden.
Dominanzverhalten unter Pferden äußert sich im Allgemeinen nur in kurzen, den Rang klärenden Aktionen. Über mehrere Minuten andauerndes Dominieren eines anderen Pferdes kommt normalerweise nicht vor. Falls doch, handelt es sich eher um Mobbing-Verhalten, ein auch im Tierreich zu beobachtendes Phänomen. Dominanz des Menschen gegenüber dem Pferd darf deshalb nicht dahingehend missverstanden werden, dass das Pferd stets zur Unterordnung durch Unterwerfungsmanöver (z.B. ausgedehntes Rückwärtstreten-Lassen, zeitlich ausgedehntes im Kreis-Herumtreiben) oder gar durch mehr oder weniger gewaltsame Handlungen gezwungen werden muss. Durch eine ruhige Ausstrahlung sowie souveränes und selbstbewusstes Auftreten, das klare Ziele der Handlungen erkennen lässt, können Pferde den Menschen auch ohne „Dominanzgerangel" als höherrangige Leitperson anerkennen (siehe Kapitel 2, Seite 16 ff.).
Tatsächlich gibt es auch bei Pferden untereinander nicht nur klare Dominanzhierarchien, sondern auch Freundschaften zwischen bestimmten Pferden. Diese „Pferdefreunde" suchen häufiger gegenseitig die Nähe, lassen den jeweiligen Partner dichter an sich heran und sie tauschen häufiger freundliche Interaktionen wie Fellknabbern aus. Auch der Mensch kann in gewisser Weise versuchen, eine solche „Freundschaft" zum Pferd bereits im Umgang mit ihm am Boden aufzubauen, zum Beispiel indem er das Pferd häufiger, besonders an bevorzugten Körperstellen krault oder auch bei Auseinandersetzungen mit einem anderen Pferd einschreitet. Dieses Einschreiten bei Auseinandersetzungen wird gelegentlich auch durch Leittiere innerhalb einer Pferdeherde unternommen und kann im Falle des Menschen zum einen dazu beitragen, dass in Herden lebende Pferde in Gegenwart eines Menschen größere Auseinandersetzungen unterlassen. Zum anderen hilft man insbesondere den so „beschützten" Pferden, Vertrauen in den Menschen zu entwickeln und seine Leitfunktion weiter zu festigen.
Solches vor allem auf positiven Erfahrungen beruhendes Verhältnis, bei dem der Mensch die Rolle eines partnerschaftlich beschützenden statt eines bedingungslos dominanten Anführers übernimmt, kann – angefangen beim Einfangen des Pferdes auf der Weide – im Alltag viele Situationen des Umgangs erleichtern. Ein Einschreiten durch den Menschen darf aus Sicherheitsgründen aber nur von erfahrenen Pferdeleuten in Form von kurzfristigem Auseinandertreiben beispielsweise mittels Erheben der Stimme geschehen. Bei größeren Problemen sollten Pferde, die sich überhaupt nicht verstehen, aus der Gruppe herausgenommen und möglichst mit anderen vergesellschaftet werden.

Freundschaften zwischen Pferden, aber auch zwischen Pferd und Mensch sind durchaus Realität.

5.1.2 Mit Pferden „sprechen"

Neben den Signalen, die Pferde intuitiv verstehen können, sind sie auch in der Lage, eine Vielzahl an Signalen und Kommandos des Menschen zu erlernen. Grundsätzlich stehen dem gesunden Pferd wie auch dem Menschen alle fünf Sinne (Hören, Sehen, Riechen, Schmecken und Fühlen) für die Kommunikation zur Verfügung (siehe Kapitel 3). Schmecken und Riechen spielen in der Reiter-Pferd-Kommunikation eine untergeordnete Rolle. Kommunikation unter Einbeziehung des Geschmackssinns hat jedoch eine gewisse Bedeutung bei der positiven Verstärkung (siehe Seite 73) mittels Futterbelohnungen. Und wahrscheinlich unterschätzen wir auch den Beitrag des Geruchs zum Beispiel über Botenstoffe, die dem Pferd unsere eigene Angst signalisieren und zur Kommunikation mit dem Pferd gehören (siehe Seite 44 f.).

Weil Pferde vorzugsweise über visuelle Signale (Sehen) kommunizieren, Menschen dagegen vorzugsweise über Sprache (Hören), entstehen häufig Konflikte beim Miteinander von Mensch und Pferd. Zwar kann das Pferd auch Sprachsignale gut lernen, aber die richtige und zuverlässige Beantwortung dieser Sprachsignale erfordert eine solide Lernbasis und eine möglichst einheitliche Anwendung der Sprachsignale. Schon die Veränderung der Stimmlage des Menschen, zum Beispiel aufgrund von Ärger oder Angst, kann dieses entsprechende Sprachkommando für das Pferd schwerer verständlich machen.

Im Bodentraining sicher erarbeitete Stimmsignale (Hören) können aber insbesondere beim späteren Anreiten/Einfahren der Pferde trotzdem wichtige Dienste erweisen, wenn das Pferd die Hilfengebung des Reiters/Fahrers noch nicht kennt. So reagieren junge, davonstürmende Pferde auf annehmende Zügelhilfen oft nicht mit der erwünschten Reduzierung des Tempos oder der Gangart, da ihnen die Bedeutung dieser Hilfe noch unbekannt ist. Unter Umständen verursacht der Einsatz des Zügels sogar ein kurzes Unbehagen, was dazu führen könnte, dass das Pferd wegeilt und sich fest macht. Hat es zuvor in der Bodenarbeit jedoch ein passendes Stimmkommando zum Durchparieren oder Zurückführen des Tempos gelernt, nimmt es dies in der Regel auch beim Reiten/Fahren sehr gut an und kann so meist problemlos pariert und allmählich an die Bedeutung der Zügelhilfen herangeführt werden.

Gegenüber den Stimmkommandos werden körpersprachliche Signale und Gesten, die das Pferd über den Sehsinn wahrnehmen kann, oft leichter erlernt als Sprachsignale, weil dies seiner Natur entgegenkommt. Für die Arbeit am Boden kann sich der Mensch diese Zusammenhänge daher zunutze machen, indem er beim Führen Kommandos mit bestimmten Gesten, wie zum Beispiel das Heben einer Hand zum Anhalten, verbindet. In jedem Fall ist darauf zu achten, dass die Gesten eindeutig sind und nicht zu häufig in gleicher Form in anderem Zusammenhang, das heißt mit einer anderen Bedeutung belegt, im Umgang mit dem Pferd vorkommen.

Sitzt der Reiter auf dem Pferd oder der Fahrer auf dem Kutschbock, scheidet der Sehsinn als Form der Kommunikation jedoch weitestgehend aus, da der Reiter/Fahrer sich bei gerader Kopfhaltung des Pferdes im blinden Bereich des Sehfeldes befindet (siehe Seiten 33, 35). Zuvor bei der Bodenarbeit trainierte Stimmkommandos können daher zur Unterstützung des Durchparierens („Halt" oder „Brr") oder des Vortreibens (Schnalzen)

Berührungsreize sollten aus unterschiedlichen Positionen zum Pferd heraus geübt werden, hier das Abstreichen mit der Gerte.

beim späteren Reiten/Fahren hilfreich sein. Da Stimmhilfen bei klassischen Dressurprüfungen allerdings verboten sind, sollten sie im Rahmen turniersportlicher Ausbildung möglichst vermieden oder zumindest nur sehr reduziert eingesetzt werden.

Die überragende Rolle spielt bei der Kommunikation zwischen Reiter und Pferd aber der Tastsinn. Pferde können auf äußerst feine, für den Betrachter fast unsichtbare Körpersignale wie Veränderungen in der Körperhaltung und Körperspannung eines Reiters reagieren. So wurde in Studien nachgewiesen, dass Pferde sogar wahrnehmen können, ob der Reiter, der auf ihnen sitzt, tatsächlich leicht nervös ist oder aber nur vorgibt, nervös zu sein. Bei der gespielten Nervosität spannt der Reiter offenbar andere Muskelgruppen an als bei einer tatsächlichen Aufregung und liefert so über Berührungsreize durch Sitz, Schenkel und Zügel entsprechend unterschiedliche Signale an das Pferd, die es einordnen kann.

Mit Ausnahme der Stimmhilfe basiert die Hilfengebung durch Gewichts-, Schenkel- und Zügelhilfen sowie der Hilfsmittel Gerte und Sporen auf der Kommunikation über den Tastsinn. Entsprechend sinnvoll kann es sein, das Pferd bereits bei der Bodenarbeit mit Berührungsreizen zu trainieren, die denen beim späteren Reiten ähneln. Dies kann zum Beispiel durch das Touchieren mit der Gerte im Bereich der späteren Schenkellage des Reiters, um seitwärts- oder vorwärtstreibende Hilfen zu begleiten, durchgeführt werden.

5.2 Verstehen und Verständigung am Boden

Der Verbesserung der Kommunikation zwischen Mensch und Pferd vom Boden aus sollte deshalb bereits aus praktischen Erwägungen bezüglich der Eignung als Freizeit- und Sportpartner große Bedeutung zugemessen werden. Darüber hinaus ist eine Vorbeugung von Unfällen durch zuverlässige, gehorsame Pferde mit „guten Manieren" und ein sicheres Handling nicht zu unterschätzen. Immerhin geschieht ein großer Teil aller Unfälle im Pferdesport im Umgang mit dem Pferd. Bodenarbeit sollte daher regulärer Bestandteil der Ausbildung aller Pferde und aller Pferdesportler sein. Die Sicherheit bei der Bodenarbeit

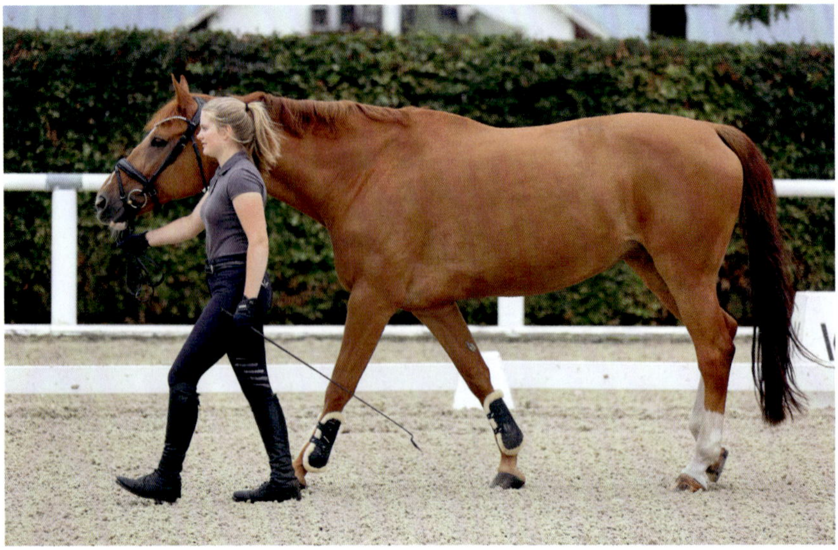

Aufrecht und den Blick nach vorn gerichtet, so soll die Körperhaltung beim Führen sein.

muss nicht nur durch die entsprechende Ausrüstung (siehe Seite 115 ff.), sondern auch durch eine gute Verständigung zwischen Mensch und Pferd gewährleistet sein. Grundvoraussetzung dafür ist das gegenseitige Verstehen der jeweiligen „Sprache". Um die Verhaltensweisen von Pferden bei der Bodenarbeit zu verstehen, sind insbesondere die Körpersprache des Pferdes, sein angeborenes und erworbenes Fluchtverhalten, seine Sinneswahrnehmungen, die Art und Fähigkeit zu lernen (siehe Kapitel 4, Seite 52 ff.) und die individuellen Eigenarten, also der Charakter und das Temperament des jeweiligen Pferdes, von Bedeutung.

5.2.1 Kommunikation verfeinern

Der Mensch befindet sich während der Bodenarbeit zumeist im Sichtfeld des Pferdes. Oft reagieren die Pferde dann stärker auf die Gestik des Menschen als auf das eigentliche Berührungssignal, da ihnen die Form der visuellen Kommunikation, also die Interpretation von Gesten und Körperhaltungen, besonders gut liegt.

Will man die Bodenarbeit also nutzen, um das Pferd gezielt auf die spätere Hilfengebung beim Reiten oder Fahren vorzubereiten, muss man sehr genau darauf achten, dass das Pferd erst auf den eigentlichen Berührungsreiz reagiert und nicht bereits auf die einleitenden Körperbewegungen oder auch nur die Körperposition im Verhältnis zum Pferd. Dazu kann es hilfreich sein, die entsprechenden Berührungsreize von verschiedenen Positionen aus im Verhältnis zum Pferd zu trainieren. So kann man die gleiche Reaktion beim Touchieren mit der Gerte an der Flanke verlangen, egal, ob man an der Schulter, direkt seitlich, schräg hinter dem Pferd oder sogar auf der anderen Seite des Pferdes steht.

Grundsätzlich sollte das Ziel eines jeden Pferdesportlers sein, die Kommunikation zwischen ihm und dem Pferd stetig zu verfeinern und die Intensität der Signale und Hilfen zu reduzieren. So sensibilisiert man das Pferd für feine Signale, was einen harmonischen Umgang und auch harmonisches Reiten fördert. Zusätzlich kann das so sensibilisierte Pferd unter Umständen in gefährlichen Situationen leichter und sicherer zu kontrollieren sein.

5.2.2 Körpersprache des Menschen

Die Körpersprache des Menschen hat bei der Bodenarbeit eine wichtige Bedeutung. Da Pferde untereinander hauptsächlich durch Körpersprache und nur untergeordnet mithilfe von Lautsprache kommunizieren, sollten neben taktilen auch die nonverbalen Signale des Menschen bei der Arbeit am Boden im Mittelpunkt stehen. Die menschliche Körpersprache ist ein Zusammenspiel von Körperhaltung, Bewegungen, Blickführung und Gestik beziehungsweise Mimik. Die Mimik spielt zwar in der zwischenmenschlichen Kommunikation eine herausragende Rolle, ist aber bei der Bodenarbeit mit Pferden weniger bedeutsam und wird deshalb hier nicht gesondert erläutert.

Über seine Körperhaltung sendet der Mensch jedoch permanent Signale aus. Non-verbale Signale sind dabei oft unbewusst. Bei der Arbeit mit Pferden am Boden sollte sich der Mensch jedoch der Signale, die er aussendet, und ihrer Wirkung bewusst sein. Erst dann können diese Signale gezielt eingesetzt werden. Dabei ist auch die Verbindung von Körpersprache und Gefühlen zu beachten. Stimmungslagen wie Aufregung, Wut oder Angst schlagen sich in der Körpersprache nieder und sind für Pferde deutlich erkennbar. Die eigene innere Ausgeglichenheit ist damit eine notwendige Voraussetzung für das Training. Der Mensch sollte sich selbst reflektieren und seine Körpersprache achtsam einsetzen. Wichtig ist, dass er sich nicht aus der Ruhe bringen lässt und beim Umgang mit dem Pferd nervös oder ärgerlich wird.

Für die Bodenarbeit gibt es vielfältige Kombinationen von Körperhaltung, Bewegungen, Blickführung und Gestik. Je nach Übung sind unterschiedliche non-verbale Signale auch kombiniert einzusetzen. Allerdings gelten allgemeine Grundsätze, die prinzipiell beim allgemeinen Umgang und insbesondere bei den Basisübungen wie dem Führen des Pferdes (siehe Seite 104 f.) auf geraden und gebogenen Linien beachtet werden sollten:

Körperhaltung

- Aufrecht und gerade, der Oberkörper sollte weder nach vorn noch nach hinten gebeugt sein.
- Die Schultern sind unten.
- Der Kopf ist gerade und nach vorn gerichtet.
- Der Körper sollte sich im rechten Winkel zum Pferd befinden.
- Zum Pferd sollte stets ein Abstand gehalten werden, der mindestens in etwa einer halben Armlänge entspricht.
- Eine leichte Grundspannung ist notwendig, um selbst punktgenau antreten und anhalten zu können, eine starre oder verkrampfte Haltung ist hingegen zu vermeiden.

Die aufrechte Körperhaltung vermittelt dem Pferd Präsenz und Entschlossenheit. Der Mensch signalisiert Kompetenz und Selbstsicherheit und achtet darauf, dass das Pferd den gebührenden, respektvollen Abstand zu ihm einhält.

Bewegungen

- Der Gang sollte ruhig und gleichmäßig, aber nicht schleichend oder zögerlich sein.
- Die Führperson sollte keine hektischen oder plötzlichen Bewegungen machen.
- Beim Gehen sollten Oberkörper und Arme möglichst ruhig gehalten werden, zu viel Aktivität könnte treibend wirken.
- Die Annäherung an das Pferd sollte immer von schräg vorn und stets in einer normalen Geschwindigkeit erfolgen.

Schon die richtige Körperhaltung des Menschen ist für sicheres und vertrauensvolles Führen von Bedeutung.

Das Mittelmaß zwischen Lockerheit und gezielter, kontrollierter und ruhiger Bewegung strahlt Souveränität und Ruhe aus. Zu eilige oder zu zögerliche Bewegungen würden das Pferd verunsichern.

Blickführung

- Beim Führen ist der Blick des Menschen geradeaus gerichtet, nicht auf das Pferd und nicht auf den Boden.
- Beim Führen von gebogenen Linien soll in die Richtung geschaut werden, in die der Mensch führen möchte.
- Ein direkter Blickkontakt mit dem Pferd ist zu vermeiden.

Eine vorausschauende Blickführung bewirkt, dass die Bewegungen insgesamt zielgerichteter und damit für das Pferd besser lesbar werden. Der Mensch wirkt gradlinig und selbstsicher. Wenn der Mensch während des Führens zum Pferd schaut, besteht die Gefahr, dass er seine gerade Körperhaltung verliert und dem Pferd damit weniger Orientierung gibt. Eine direkte Fixierung der Augen könnte für das Pferd bedrohlich wirken und daher zum Beispiel den Fluchtinstinkt oder sogar Verteidigungsverhalten auslösen.

Gestik

- Die Führperson sollte unkontrollierte und schnelle Bewegungen mit Armen und Händen vermeiden.
- Die Führhand ist entspannt, es gibt keine konstante Einwirkung.
- Der Einsatz von Gerte oder Seil erfolgt immer mit Bedacht und gezielt; nicht plötzlich, sondern für das Pferd vorhersehbar; das Pferd muss die Gestik mit seiner eigenen Handlung in Verbindung bringen können.
- Das Touchieren des Pferdes erfolgt immer punktgenau, beispielsweise an der Flanke oder vor der Brust.
- Es werden nur Impulse gegeben, keine kontinuierlichen Hilfen.

Hektische Armbewegungen könnten das Pferd erschrecken und verunsichern. Es gilt der Grundsatz: Nur so viel wie nötig. Durch die kontrollierte Gestik sollen Klarheit, Gelassenheit, aber auch Konsequenz signalisiert werden.
Bei der Verständigung und Signalgebung der Führperson sind die Prioritäten des Pferdes besonders zu berücksichtigen: Körperposition, Körperhaltung und Wahrnehmung von Berührungen haben eine wesentlich höhere Bedeutung als die für den Menschen so wichtigen akustischen Signale.

5.2.3 Signalgebung

Für eine leichte Verständigung und Einwirkung mit feinen Signalen ist es hilfreich, wenn der Mensch das Pferd genau beobachtet, aktuell gezeigtes Verhalten (siehe Kapitel 2, Seite 16 ff.) versteht und unmittelbar bevorstehende Reaktionen so weit wie möglich voraussehen kann. Beim Verstehen der Verhaltensweisen und der Signalgebung muss berücksichtigt werden, dass Pferde beim Menschen wie bei anderen Gruppenmitgliedern vorrangig sehr fein intuitiv auf Körperposition und Körperhaltung reagieren – selbst dann, wenn diese weder bewusst noch beabsichtigt waren. Für den Menschen wichtige Kommunikationskanäle wie Stimme und Berührungen mit Hand, Gerte, Bodenarbeitsseilende und Impulse über Halfter, Knotenhalfter oder Trense werden aber ebenfalls genutzt und beachtet, wenn diese konsequent und gezielt eingesetzt werden. Pferde orientieren sich im Zweifelsfall dennoch zusätzlich beziehungsweise stärker an der Körpersprache des Menschen als an ausgesprochenen Worten.
Daher muss die Führperson bei der Bodenarbeit genau kontrollieren, welche Signale sie durch ihre Position zum Pferd, durch ihre Körperhaltung und -spannung, die Haltung und Bewegungen von Armen, Beinen, Gerte, Führstrick oder Bodenarbeitsseil sowie durch ihre Stimmlage übermittelt.
Pferde können anhand der Körpersprache und -spannung sowie der Stimmlage erkennen, wenn ein Mensch Angst hat oder nervös ist, auch wenn dies am sonstigen Verhalten der Führperson vielleicht nicht so leicht zu erkennen ist. Dies wiederum verunsichert das

Kommunikation bei der Bodenarbeit		
	Pferd	**Mensch**
optisch (entscheidend)	Position Bewegungen Körperhaltung Körperspannung Blicke Kauen und Lecken	Position Bewegungen Körperhaltung Körperspannung Blicke
taktil (wichtig)	Berühren Schubsen Beißen Vibrationen Rempeln	Streicheln Strick- oder Seil-Impulse Touchieren, d.h. Berührung mit Gerte oder Seil (Gerte oder Seil als verlängerter Arm)
akustisch (weniger wichtig)	Schnauben Wiehern Aufstampfen	Stimme Schnalzen

Pferd, weil es zu einer Stimmungsübertragung kommt und der Mensch seine Rolle als „Beschützer" nicht mehr ausfüllen kann. So können sich Pferd und Führperson in ihrer Verunsicherung gegenseitig regelrecht „hochschaukeln". In diesen Fällen sollte der Schwierigkeitsgrad verringert werden oder vorübergehend ein pferdeerfahrenerer Mensch den Part der Führperson übernehmen.

Verschiedene Anforderungen an das Pferd sind mit unterschiedlicher Signalgebung verbunden. Da die Signale in der Bodenarbeit als Reiz mit einer bestimmten Reaktion als bedingtem Reflex konditioniert werden (siehe Seite 68 ff., Klassische Konditionierung), können für einzelne Übungen vollkommen unterschiedliche Signale antrainiert werden. Das Pferd erlernt allerdings leichter Signale, die eine Verbindung zu seinem natürlichen Verhalten haben (z.B. Treiben mit Gerte oder Bodenarbeitsseil an der Hinterhand). Neues wird schneller verstanden, wenn mehrere Sinne, zum Beispiel durch die Nutzung von Körperposition plus Körperhaltung plus Berührung plus Stimme, gleichzeitig angesprochen werden. Zu Beginn kann das Durchführen einer neuen Übung an einem festgelegten Ort das Lernen beschleunigen.

Wichtig ist, dass die individuell verwendete Signalsprache eindeutig festgelegt wird. Das heißt, dass alle Perso-

Signalsprache und ihre Wirkung

	Körper/Tempo	Stimme	Gerte	
zügiger, energischer (schneller)	schneller gehen, weiter hinten gehen	schnalzen	mit Gerte oder Seil an Flanke berühren	→
ruhiger (langsamer)	langsamer gehen, weiter vorn gehen	„Ruhe", „Ho"	Gerte oder Arm vor Pferdebrust hochhalten	→
anhalten	stehenbleiben	„Uuund Halt"	Hand in Augenhöhe heben oder mit Gerte an Brust touchieren	→
stehenbleiben	Pferd im Auge behalten, sich nur langsam bewegen	„Uuund steh"	erhobene Gerte oder erhobene Hand	→
Schritt	selbst gehen/losgehen	„Scheritt"	s. Tempoveränderung	→
Trab	selbst laufen/loslaufen	„Terab", schnalzen	s. Tempoveränderung	→
rückwärts	umdrehen: Blick Richtung Schweif oder Oberkörper zurücknehmen	„Zurück"	touchieren an der Brust	→
geradeaus stellen, geradeaus gehen lassen	ausreichende Distanz herstellen, Führposition zwischen Genick und Schulter, vorwärtsgehen		Kopf mit Hand geradestellen, Gerte Richtung Flanke anlegen und vorwärtstreiben	→
Wendungen	Drehung von Körper, Schultergürtel und Blick in Bewegungsrichtung		wenn Pferd innen: seitwärtsweisen mit Gerte oder Arm/Hand	→
seitwärts	Körper in Richtung des Weichens ausrichten, Blick auf das zu bewegende Bein	schnalzen	seitlich touchieren an Flanke oder Bein oder nur Signal mit Arm/Hand	→

nen, die mit dem Pferd umgehen, die gleiche Sprache für die gleiche Übung verwenden. Außerdem sollten die Hilfen für dieselben Übungen beim Longieren, Fahren, Reiten und bei der Bodenarbeit immer gleichartig sein.
Mit zunehmendem Fortschritt beim Bodenarbeitstraining lässt sich die Signalsprache immer stärker verfeinern bis zu dem Punkt, an dem die Kommunikation überwiegend über Körpersprache und für Außenstehende weitgehend unsichtbar erfolgt. In welcher Art und Weise und auf welche Signale hin eine Verringerung der Signale erfolgen soll, ist auch von der Verwendung des Pferdes im Rahmen seiner Nutzung abhängig. So kann bei einem Voltigierpferd eine Zeichensprache über die Haltung der Peitsche die wichtigste Signalgebung sein, da das Sprechen im Unterricht den Voltigierern vorbehalten ist. Auch ein Therapiepferd muss klar unterscheiden, ob ein Kommando an den Patienten auf seinem Rücken oder an das Pferd selbst gerichtet ist und andere Signale müssen zur Verständigung eingesetzt werden.

5.2.4 Konsequenz und Individualität

Verstehen und Verständigung zwischen Mensch und Pferd sind nur möglich, weil beide Arten in Sozialverbänden leben. Die Eigenschaften

Signalsprache und ihre Wirkung

Halfter/Knotenhalfter	Verstärkung	Reduktion Hilfen
	ggf. Pferd intensiver/häufiger mit Gerte/Seil berühren	nur selbst schneller gehen
Impuls am Halfter	Hilfen energischer/häufiger wiederholen, ggf. Brust leicht mit Gerte berühren	nur selbst langsamer gehen
Impuls am Halfter	Signale energischer, häufiger wiederholen	nur selbst stehenbleiben
Impuls am Halfter	ggf. schnell zurückgehen, Pferd wieder ruhig hinstellen und Kommando wiederholen	nur mit Kommando hinstellen, Pferd wartet, bis neue Anweisung erfolgt
s. Tempoveränderung	s. Tempoveränderung	nur selbst losgehen
s. Tempoveränderung	s. Tempoveränderung	nur selbst loslaufen
Impuls am Halfter, annehmen und nachgeben	Signale energischer wiederholen	nur selbst umdrehen oder nur Stimme
Kopf mit kurz gefasster Zäumung in Bewegungsrichtung stellen	Signale energischer wiederholen	Hand und Arm geradeaus weisend
wenn Pferd außen: annehmende Einwirkung am Strick/Seil	mehr auf Körperposition und Drehung des Schultergürtels achten	nur Körperwendungen
Kopf mit Halfter positionieren und stellen	Signale energischer, mehr vorwärts	ohne Berührung, nur durch Körperausrichtung

des Pferdes, sich als Herdentier in eine Rangordnung einzufügen, seine soziale Kompetenz und die Fähigkeit zur Kommunikation sind Voraussetzungen dafür, dass der Mensch das Pferd zum Tragen, zum Ziehen und Reiten nutzen und vom Boden aus beeinflussen kann. Der Mensch sollte sich dabei durch konsequentes Verhalten in einer Führungsposition etablieren. Ob man sich im Einzelfall auch mal „Durchsetzen" oder nur klar und unmissverständlich sein muss, hängt stark vom individuellen Charakter des jeweiligen Pferdes ab. Manche Pferde verlangen höhere Aufmerksamkeit, Sensibilität, Klarheit und Durchsetzungsvermögen als andere.

Individualdistanz

Bei der Bodenarbeit ist es deshalb bereits beim einfachen Führen, besonders aber beim Führen mit Abstand zwischen Pferd und Führperson, notwendig, dass die Führperson die Distanz zwischen sich und dem Pferd bestimmen kann. Dies kann trainiert werden und bietet gleichzeitig den Vorteil, dass sich auch Probleme beim Longieren, wie nach innen ausweichen, sich nach innen drehen oder umdrehen, verbessern lassen. Auch beim täglichen Umgang ist es wichtig, dass Pferde sich nicht am Menschen scheuern oder sich stärker nähern, als es erlaubt wird, da dies zunächst ein Zeichen von Respektlosigkeit ist. Pferde halten untereinander eine je nach Situation und Sympathie unterschiedlich große Individualdistanz ein. Ranghöhere Pferde bestehen auf Einhaltung dieses Abstandes, rangniedere Pferde müssen diese Distanz wahren, es sei denn, der Kontakt wird erlaubt. Natürlich ist in einer anderen Situation auch Streicheln und Kraulen durch den Menschen erlaubt, denn dies festigt die Bindung zwischen Mensch und Pferd.

Individuelle Rahmenvoraussetzungen

Jedes Pferd ist anders. Jeder Mensch ist anders. Entscheidend ist das Zusammenwirken im Team. Pferde unterscheiden sich in Geschlecht, Größe, Rasse, Alter, Temperament, Intelligenz, Selbstbewusstsein, Ranghöhe im Herdenverband und auch in ihren individuellen Vorerfahrungen, darunter eventuell sogar traumatischen Ereignissen. Die individuellen Eigenschaften eines Pferdes sind für die Gestaltung und den Erfolg des Trainings von großer Bedeutung. Sie erfordern eine unterschiedliche Herangehensweise und Präsenz, ein mehr selbstbewusstes oder mehr zurückhaltendes Auftreten und eine unterschiedliche Reaktionsschnelligkeit. Die Übungen für die Bodenarbeit müssen aber auch nach den individuellen Voraussetzungen der Führperson wie Alter, Größe, Kraft, Selbstbewusstsein und Auftreten im Verhältnis zum Pferd sowie Pferdeerfahrung ausgewählt werden. Art und Intensität der Signalgebung müssen sich daran ausrichten.

Neugierde und Aufmerksamkeit

Pferde sind zwar Fluchttiere, sie sind aber auch von Natur aus neugierig. Durch ihre große Neugierde und ihr stark ausgeprägtes Erkundungsverhalten sammeln sie neue Erfahrungen und können so leichter selbstständig lernen. Dieses natürliche Verhalten ist bei der Bodenarbeit von großer Bedeutung: Unbekannte Gegenstände wie Stangenaufbauten oder Schreckhindernisse sind für sie nicht nur furchterregend, sondern auch spannend. Nach einer ersten Schreckreaktion mit angespanntem Körper, erhobenem Schweif, weit geöffneten Augen und gespitzten Ohren erfolgt

daher nach einer Phase des Abwartens und Beobachtens die Annäherung an den unbekannten Gegenstand in aller Regel freiwillig! Das Pferd will das Ganze erst aus der sicheren Entfernung mit Ohren und Augen, dann aber auch aus der Nähe mit seiner Nase erkunden. Daher klappt das Gelassenheitstraining auch ohne Zwang! Man muss nur genug Geduld und Zeit investieren, bis sich das Pferd traut nachzuforschen.
Eine weitere Grundlage für eine feine Verständigung und erfolgreiche Bodenarbeit ist die ungeteilte Aufmerksamkeit von Pferd und Mensch. Da die Konzentrationsfähigkeit eines Pferdes begrenzt ist (siehe Kapitel 4, Seite 61 ff.), sind die Einheiten dementsprechend kurz zu gestalten und es sind regelmäßige Pausen einzulegen.

Pferde sind von Natur aus neugierig.

Tipps für die Praxis

- Dominanz ist nicht gleichbedeutend mit Dominieren! Dominanz ist ein höherer sozialer Rang innerhalb einer Gruppe, der durch selbstbewusstes, nachvollziehbares und souveränes Verhalten erreicht wird; dominieren bedeutet jemanden zu beherrschen oder die Kontrolle über jemanden zu haben. Wenn die Rangordnung in allen Fällen konsequent aufrechterhalten wird, reichen feinste Signale zur Verständigung aus; das Pferd fühlt sich beschützt und es besteht gegenseitiges Vertrauen. Im Alltag kann das bereits dadurch erfolgen, dass beim Führen der Mensch auf der Seite der vermeintlichen Gefahr geht und das Pferd abschirmt. Aber auch unterm Sattel bringt ein souveräner Umgang (z.B. in Stellung an einer „Gefahr" vorbeireiten) mit den natürlichen Ängsten eines Pferdes mehr Erfolg als eine Bestrafung.
- Menschliche Körpersprache im Umgang mit Pferden ist enorm wichtig, da Pferde den Menschen als Gruppenmitglied beobachten. Ruhig einmal vor dem Spiegel die eigene Körperhaltung, Bewegungen und Wirkung überprüfen und, wenn nötig, verfeinern.

5.2.5 Verhaltensweisen des Pferdes bei der Bodenarbeit

Das Ausdrucksverhalten des Pferdes sollte bei der Bodenarbeit stets aufmerksam beobachtet werden, um die Reaktionen auf die Signalgebung zu erkennen und zu bewerten sowie zukünftige Aktionen vorherzusehen. Dann können die neue Aufgabenstellung und Art und Intensität der Einwirkung an das Verhalten des Pferdes angepasst werden. Zielführende Bodenarbeit kann nur im Dialog zwischen Pferd und Mensch entwickelt werden. Beim Ausdrucksverhalten des Pferdes sind die Körperposition, die Körperhaltung, die Körperspannung, der Gesichtsausdruck von Nüstern, Maul und Augen sowie die Art der Fortbewegung von besonderer Bedeutung. Folgende Reaktionen sind typischerweise bei der Bodenarbeit zu beobachten: Ruhestellung, Anzeichen für willige Mitarbeit, Fluchtreaktionen, Scheuen nach Handwechsel, Drängeln/Distanzlosigkeit sowie Widersetzlichkeit.

Ruhestellung

Als Zeichen der Entspannung zeigt das Pferd im Stehen, beim Ruhen in der Pause oder bei der Übung „Stillstehen" oft folgende Verhaltensweisen: Ohren leicht nach hinten geneigt, Unterlippe hängend, Augen nicht ganz geöffnet, ein ruhendes Hinterbein.

Mitarbeit

Als Zeichen der Konzentration und Bereitschaft zur willigen Mitarbeit sind neben einer relativ lockeren Körperhaltung mit eher entspanntem Muskeltonus ein ruhiger und konzentrierter Gesichtsausdruck und ein „Kauen und Lecken" bei halb geschlossenem Maul zu beobachten. Dies kann auch ein günstiger Moment sein, die Trainingseinheit erfolgreich zu beenden.

Fluchtreaktionen

Eine sofortige Flucht vor Raubtieren ist als Reflex im Instinktverhalten des Pferdes fest verankert, da es in freier Wildbahn sein Überleben sicherte. Bei einer drohenden Gefahr wie einem unbekannten Gegenstand oder einer unerwarteten Bewegung wird der Körper des Pferdes durch einen Adrenalinstoß zur sofortigen Flucht vorbereitet. Die Flucht selbst erfolgt dann oft blitzschnell, quasi vorsorglich. Erst nachdem das Pferd eine gewisse Distanz zwischen sich und dem auslösenden Fluchtreiz zurückgelegt hat, überprüft es, ob dieser tatsächlich gefährlich war.

Bei der Reaktion des Pferdes auf unbekannte Reize können vier Varianten unterschieden werden, im Englischen die vier **F**.

- **F**light/Flucht: Wegstürmen, Scheuen, seitwärts Ausbrechen, Rückwärtsweichen
- **F**ight/Kampf: Schlagen, Beißen (in aller Regel nach vorhergehender Drohung), beispielsweise wenn die Fluchtmöglichkeit versperrt ist
- **F**reeze/Erstarrung: Ganzkörperstare mit hoch erhobenem Kopf und angespanntem Körper
  Vorsicht: hohe Fluchtbereitschaft!
- **F**lirt/Untersuchung, Kommunikation: aus der Ferne hinschauen, sich annähern, schnorchelndes Atmen, Kopf und Hals zum Reiz hinstrecken, berühren, riechen, mit der Nase untersuchen oder mit dem Huf den Untergrund oder den Gegenstand durch Abklopfen und Scharren untersuchen

Diese vier „F" können durch die Bodenarbeit und insbesondere durch Gelassenheitstraining (siehe Seite 150 ff.) beeinflusst werden. Wenn die Pferde an bestimmte Situationen wie Bälle, Regenschirme oder plötzliche

Geräusche gewöhnt wurden, lernen sie außerdem auch, auf unbekannte Situationen besonnener und zunächst erst mal mit „Freeze" und „Flirt" statt sofort mit „Flight" zu reagieren.

Flight, ...

Scheuen nach Handwechsel

Pferde können nach einem Handwechsel vor unbekannten Gegenständen erneut scheuen und so reagieren, als ob sie diese noch nicht gesehen hätten (siehe Kapitel 5, Seite 94 ff.). Schreckhindernisse sollten deshalb beim Gelassenheitstraining immer geduldig von beiden Seiten geübt werden. Besondere Vorsicht ist auch bei Handwechseln während des Führtrainings geboten, wenn beispielsweise Störungen von Umweltreizen ausgehen.

Freeze, ...

Distanzlosigkeit

Pferde müssen lernen, Distanz zur Führperson einzuhalten. Bei der Bodenarbeit ist es für die präzise Ausführung der Übungen und auch aus Sicherheitsgründen wichtig, die Distanz zwischen Mensch und Pferd klar festzulegen und auch variieren zu können.

Flirt, ...

Widersetzlichkeit

Pferde können während des Bodenarbeitstrainings Anzeichen von Widersetzlichkeit zeigen wie das Anheben des Hinterbeins als Drohung vor dem Ausschlagen oder Vorschwingen von Hals und Kopf bei flach angelegten Ohren als Drohung vor dem Beißen. Wenn es sich um ein Austesten der Rangordnung handelt, sollte überprüft werden, ob die verlangte Übung eine Überforderung darstellt oder gegebenenfalls ein Schritt zurückgegangen werden müsste. Durch einen entsprechenden Aufbau der Übungen, konsequenten Umgang, gegebenenfalls Wechsel der Führperson beziehungsweise Veränderungen bei Ausrüstung oder Umfeld und eine rechtzeitige Beendigung des Trainings mit einem gelungenen Abschluss sollte der Konflikt entschärft werden.

... und die Lösung

5.3 Bedeutung der Seitigkeit für die Mensch-Pferd-Interaktion

Immer wieder beobachtet und inzwischen auch wissenschaftlich untersucht ist die Seitigkeit, die Lateralität von Pferden. Zwar hat sie nicht direkt etwas mit der Kommunikation zu tun, trotzdem beeinflusst sie die Mensch-Pferd-Interaktion und soll deshalb an dieser Stelle des Buches erläutert werden. Denn wer hat sich nicht schon mal gewundert oder sogar geärgert, wenn sein Pferd auf der einen Hand ein paar Runden gedreht hat und dabei jedes Mal an einem Blumenkübel oder der über der Bande hängenden Abschwitzdecke brav vorbeimarschiert ist, nach dem Handwechsel aber so tut, als habe es besagte Gegenstände noch nie gesehen und müsse deshalb sicherheitshalber erst einmal scheuen? Ein solches scheinbar sinnloses Verhalten des Pferdes kann die Kommunikation zwischen Mensch und Pferd sowohl am Boden als auch vom Sattel aus massiv stören. Dabei hat dieses Verhalten nichts mit einer Laune oder einer ungezogenen Widersetzlichkeit zu tun. Die Gründe liegen eben in besagter Seitigkeit des Pferdes.

Diese Seitigkeit ist jedoch nicht nur auf der Ebene der Körperbewegungen zu finden, der motorischen Seitigkeit oder Händigkeit, zu dessen Messung zum Beispiel dokumentiert wird, nach welcher Seite die Hinterhand von der Vorhand abweicht oder welches Bein Pferde beim Grasen deutlich häufiger voranstellen, sondern sie ist auch im Gehirn tief verankert. Bedingt durch die Einseitigkeit der Gehirnhälften bevorzugen die meisten Pferde zusätzlich eher die linken Sinnesorgane, um Dinge oder Menschen zu begutachten. Die jeweiligen Gehirnhälften übernehmen unterschiedliche Aufgaben, zum Beispiel für die Verarbeitung von Sinneseindrücken, die Steuerung von Muskelbewegungen, die Verarbeitung von Kommunikationssignalen, für Fluchtreaktionen oder für das Fällen von Entscheidungen. Deshalb zeigen Pferde in der Bodenarbeit und beim Reiten immer wieder Seitenvorzüge.

Da das Pferd jedoch über eine gute Verknüpfung der Gehirnhälften durch den Gehirnbalken verfügt, kann es lernen, Funktionen mit beiden Hirnhälften zu kontrollieren. Ein wiederholter Wechsel des Führens links und rechts und des Longierens auf der linken und rechten Hand kann die Einseitigkeit des Pferdes schließlich reduzieren.

Auch wenn die motorische und die sensorische Seitigkeit nicht direkt mit dem Phänomen der natürlichen Schiefe des Pferdes zu tun hat, können alle drei Faktoren zusammen zum Seitenvorzug eines Pferdes mit all seinen Auswirkungen auch auf die Mensch-Pferd-Interaktion führen. Deshalb werden hier alle drei Faktoren erläutert.

5.3.1 Natürliche Schiefe

Bei der sogenannten natürlichen Schiefe, die mehr oder weniger ausgeprägt jedes Pferd betrifft, ist das Pferd von oben betrachtet etwas gekrümmt. Bei einem „schiefen" Pferd tritt die Hinterhand leicht verschoben zu einer Seite an der Spur der Vorhand seitlich vorbei. Dies führt dazu, dass eine Seite des Rumpfes hohl und die andere Seite, die sogenannte Zwangsseite, gespannt ist. Da schiefe Pferde ihre Gliedmaßen unterschiedlich stark belasten, kann dies zu Überlastungen von Sehnen, Bändern und Gelenken führen. Die natürliche Schiefe durch Ausbildung auszugleichen ist eines der wichtigsten Anliegen des Pferdesportlers und eine Verbesserung wird über die Anwendung der Skala der Ausbildung erreicht (siehe auch „Grundausbildung für Reiter und Pferd, Richtlinien für Reiten und Fahren, Band 1"), auch wenn selbst den Top-Reitern in der Regel eine vollständige Auflösung der natürlichen Schiefe nicht gelingt.

5.3.2 Motorische Seitigkeit (Händigkeit)

Im Gegensatz zur natürlichen Schiefe wurde die motorische Seitigkeit bei Pferden in der Wissenschaft sehr ausführlich unter die Lupe genommen. Bereits 1949 beobachtete Professor Bernhard Grzimek, mit welchem Bein voran Pferde bevorzugt über eine Stange am Boden treten. Und in anderen Studien wurde untersucht, welches Bein Pferde beim Grasen beziehungsweise Fressen vom Boden bevorzugt voranstellen. Dabei kam tatsächlich heraus: 45 Prozent der Pferde sind Linkshänder, 10 Prozent Rechtshänder und etwa 45 Prozent Beidhänder. Je nach Studie und untersuchter Pferderasse variiert der Anteil an links- und rechtslateralen Pferden. Überraschend daran ist, dass es auch einen höheren Anteil an „beidhändigen" Pferden gibt. Einen deutlichen Zusammenhang des bevorzugten Beins beim Grasen mit der bevorzugten Seite beim Reiten gibt es nicht.

Motorische Seitigkeit im Training

Tatsächlich fallen auch im Training immer wieder Ungleichheiten auf, die hauptsächlich in der motorischen Einseitigkeit der Pferde begründet sind. Dies betrifft in der Hauptsache die Ausführung von bestimmten Bewegungsabläufen. Zum Beispiel vermag ein untrainiertes Pferd nicht genauso ausdauernd und geschmeidig auf beiden Händen zu galoppieren. Das Erlernen von Lektionen fällt den Pferden auf einer Seite ungleich schwerer. Und auch weit ausgebildete Pferde zeigen oft noch Unterschiede in der Ausführung von Lektionen.

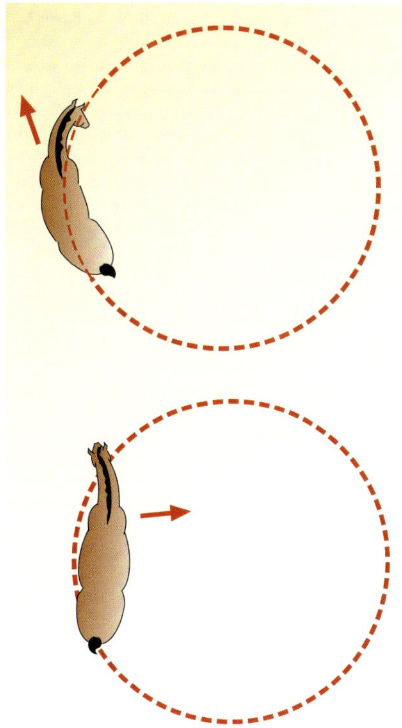

Die körperliche Schiefe verleitet Pferde dazu, auf dem Zirkel über die äußere Schulter auszuweichen (oben), wenn die verkürzte Muskulatur auf der Innenseite ist, oder in den Zirkel zu drängen, wenn die verkürzte Muskulatur auf der Außenseite ist (unten).

Die eindeutigsten Ergebnisse in der Händigkeit der Pferde ergaben die Messungen, welches Bein ein Pferd beim Grasen bevorzugt voranstellt.

Das Gehirn des Pferdes in der Seitenansicht

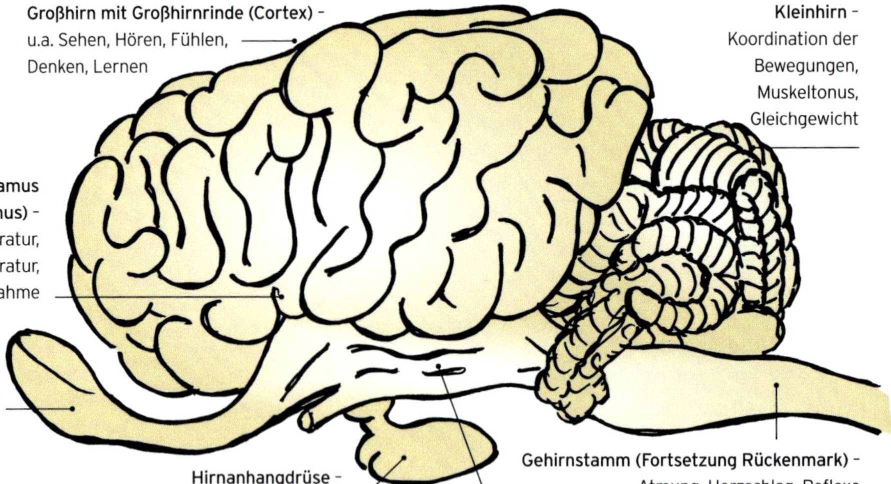

Diese motorische Seitigkeit oder Händigkeit beruht tatsächlich darauf, dass Pferde genau wie wir Menschen unterschiedlich viel Kraft und Geschicklichkeit in den jeweiligen Körperseiten haben. Deshalb sollte man mit gezieltem Training am Ausgleich der einseitigen Händigkeit arbeiten. Unterstützt wird dies durch eine die Geraderichtung des Pferdes fördernde Gymnastizierung.

5.3.3 Sensorische Seitigkeit

Allerdings ist die Händigkeit nicht die ganze Wahrheit für die Erklärung des Seitenvorzugs der Pferde. Warum sonst kämpfen so viele Pferdesportler mit der starken Links-Bevorzugung der Pferde, obwohl es nur etwa 45 Prozent linkshändige Pferde gibt? Französische und australische Forscher stellten in Studien inzwischen wiederholt fest, dass Pferde bei der Erkundung neuer Objekte das linke Auge bevorzugen. Hierbei steigt der Vorzug für den Gebrauch des linken Auges, wenn die Emotionalität der Testsituation steigt. Sprich Pferde, die mit einem Regenschirm erschreckt wurden, bevorzugten das linke Auge stärker als in einer neutralen Situation. Auch bei der Annäherung an Menschen bevorzugen die meisten Pferde das linke Auge. Besonders beindruckend ist in diesem Zusammenhang die starke Seitigkeit der amerikanischen Mustangs. Tatsächlich lassen sich viele „frisch" eingefangene Mustangs nicht an der rechten und einige nicht an der linken Seite anfassen. Die amerikanische Mustang-Adoptionsbehörde trainiert deshalb mit den Mustangs so lange, bis sie sich von beiden Seiten aufhalftern und anfassen lassen. Erst dann werden sie zur Adoption freigegeben.

Abläufe im Gehirn

Stark vereinfacht werden rationale Entscheidungen und die Sprache beziehungsweise die Kommunikation der Tiere weitgehend in der linken Gehirnhälfte und emotionale Eindrücke in der rechten Gehirnhälfte verarbeitet.

Bedenkt man, dass die sensorischen und taktilen Eindrücke zu einem hohen Prozentsatz über gekreuzte Nervenbahnen zum Gehirn gelangen, so werden visuelle Informationen vom linken Auge bevorzugt in der rechten, emotionalen, reaktiven Gehirnhälfte verarbeitet. Informationen, die mit dem rechten Auge aufgenommen werden, gelangen hauptsächlich in die linke, rationale, abwägende Gehirnhälfte. Ähnlich wie beim Menschen scheint sich die motorische und sensorische Einseitigkeit jedoch erst mit der Entwicklung des Gehirns innerhalb der ersten Lebensjahre eindeutig auszuprägen und kann bei Stress und mit fortgeschrittenen Alter zunehmen (siehe Seite 61 f.).

Anscheinend hat die Beobachtung des Menschen für das Pferd emotionalen Charakter. Viele Pferde wechseln in der Betrachtung von Menschen und Gegenständen mehrmals zwischen dem linken und rechten Auge. Dies ist für das Pferd notwendig, um die emotionale Information zu verarbeiten und dann zu einer rationalen Entscheidung zu kommen, wie es handeln sollte.

Interessanterweise wird auch für das Lauschen auf kommunikative Geräusche der Artgenossen, zum Beispiel dem Wiehern anderer Pferde, je nach Informationsgehalt des Wieherns ein bestimmtes Ohr bevorzugt und somit die Information in bestimmten Gehirnarealen verarbeitet. Handelt es sich um „normales" Wiehern, wie etwa zur Kontaktaufnahme, so lauschen die Pferde mit dem rechten Ohr und verarbeiten die Geräusche in der linken Gehirnhälfte; ist das Wiehern jedoch emotional gefärbt, also zum Beispiel ängstlich oder aggressiv, dann hören Pferde mit dem linken Ohr und verarbeiten die Geräusche in der rechten Gehirnhälfte.

Bedeutung der sensorischen Seitigkeit

Wenn sich Pferde weigern, auf der rechten Hand longiert, von der rechten Seite aus angefasst oder gesattelt zu werden oder wenn sie von einer

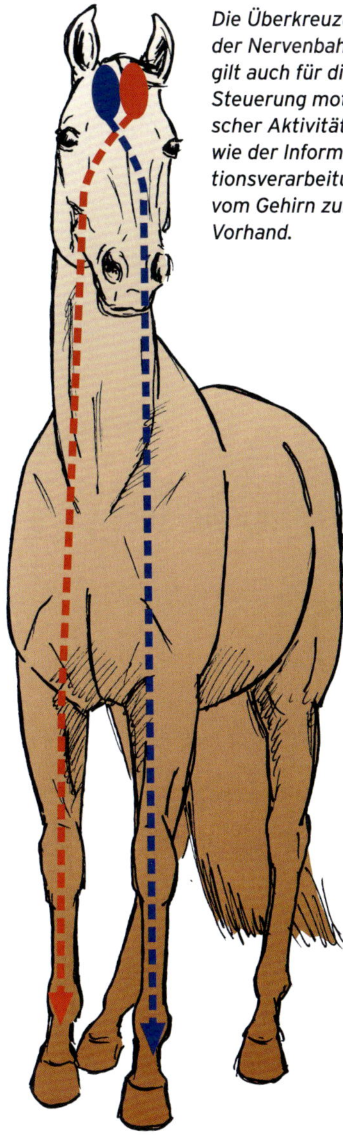

Die Überkreuzung der Nervenbahnen gilt auch für die Steuerung motorischer Aktivitäten, wie der Informationsverarbeitung vom Gehirn zur Vorhand.

Seite an einem Objekt nicht oder nur ungern vorbeigehen, so ist das keine muskuläre Unausgeglichenheit, kein Ungehorsam und auch keine Bösartigkeit des Pferdes. Es kann ganz einfach nicht anders! Und es hilft auch nicht, wenn der Mensch das Problem über Zwang lösen will. Im Gegenteil, dies würde das Pferd nur darin bestätigen, dass diese „unangenehme" Situation unbedingt im linken Auge behalten werden muss. Die Situation spitzt sich

10-mal auf der einen Hand problemlos überall vorbeigegangen und nach dem Handwechsel plötzlich „Gespenster" gesehen – auch das kann mit der sensorischen Seitigkeit zusammenhängen.

zu, und somit verstärkt sich die sensorische und motorische Lateralität – und damit die unerwünschte Reaktion des Pferdes.

Erste Studien ergaben, dass sich die Seitigkeit der Pferde durch Stress im Training oder mangelhafte Haltungsbedingungen verstärkt. Pferde werden zunächst linksseitiger in der Betrachtung von Objekten und Menschen und bereits nach einer Woche ebenfalls in der Händigkeit. Erfahren Pferde besonders im frühen Alter viel Stress (siehe Seite 61 f.), entwickeln sie sich zu Pessimisten, die gleichzeitig vermehrt linkshändig sind. Sie tendieren dazu, misstrauisch und ängstlich zu reagieren.

Statt Druck auszuüben macht es also mehr Sinn, zunächst auf der „Schokoladenseite" zu trainieren und die gefragte Leistung immer wieder nur für kurze Sequenzen auf der „schwierigen Seite" abzufragen. Einerseits verhindert man so eine etwaige motorische Überlastung, anderseits gibt man dem Pferd die Möglichkeit, mit der Situation vertraut zu werden. Die Ungewissheit und Emotionalität der Situation verringern sich dadurch und somit auch das Bedürfnis des Pferdes, die Situation im linken Auge zu behalten.

So beginnt man zum Beispiel mit einem jungen Pferd auf der guten Seite (meist links) mit Boden- oder Longenarbeit, bis es entspannt, locker und losgelassen vorwärtsgeht, und erst dann wechselt man auf die schwierige Seite. Sobald der Eindruck entsteht, dass sich das Pferd zunehmend verspannt oder unsicher zeigt, wird wieder auf die „gute" Seite gewechselt oder die Anforderungen werden reduziert. Mit der Zeit wird die Leistung, die auf der schwierigen Seite abgefragt werden kann, immer besser und somit die Belastung immer gleichmäßiger auf beide Hände verteilt.

Tipps für die Praxis

- Prinzipiell ist das Training an der sensorischen Seitigkeit gar nicht so unterschiedlich von dem an der motorischen Seitigkeit, also ein gezieltes, nach und nach aufbauendes Training auf beiden Seiten. Einige Punkte sollten aber zusätzlich beherzigt werden:
  - Das Pferd möglichst so beidhändig wie möglich pflegen, führen, satteln, reiten und mit ihm umgehen etc.
  - Bei aufkommenden Verspannungen und Problemen ruhig vorübergehend auf die „Schokoladenseite" zurückkehren.
  - Die Arbeit auf der „schwierigen" Seite immer wieder einfordern, aber niemals erzwingen.

Kurz & knapp zusammengefasst

- Dominanz wird in der Verhaltensforschung und Psychologie als höherer sozialer Status verstanden. Dies bedeutet, dass der Mensch im Verhältnis zum Pferd in allen Situationen durch konsequenten Umgang die ranghöhere Position einnehmen muss und dass das Pferd den Menschen in seiner Führungsrolle akzeptiert.
- Eine ranghöhere Position äußert sich nicht durch ständig dominantes Drangsalieren eines Pferdes, sondern durch souveränes, selbstbewusstes und gegebenenfalls auch „beschützendes" Verhalten.
- Zwischen Pferden besteht nicht nur eine strenge Hierarchie, sondern es bestehen auch Freundschaften, die oft ein Leben lang halten.
- Dem gesunden Pferd stehen alle fünf Sinne (Hören, Sehen, Riechen, Schmecken und Fühlen) für die Kommunikation zur Verfügung, wobei Pferde allerdings visuellen Signalen den Vorzug geben.
- Bei der Mensch-Pferd-Interaktion spielt der Tastsinn eine überragende Rolle. Pferde spüren nicht nur eindeutige Berührungen durch den Menschen, sondern auch feinste Veränderung der menschlichen Körperspannung, ob im Sattel oder an der Hand.
- Für die Bodenarbeit gibt es vielfältige Kombinationen von Körperhaltung, Bewegungen, Blickführung und Gestik.
- Da der Mensch permanent via Körpersprache, Stimme sowie der eigenen Stimmung Signale aussendet, muss er sich dieser bewusst sein und sie möglichst kontrollieren können, um das Pferd nicht zu verunsichern oder sonst eine ungewollte Reaktion des Pferdes hervorzurufen.
- Weil Pferde sehr feine Unterschiede in zum Beispiel Körperhaltung und -position, Stimmlage und Berührungsreizen wahrnehmen, ist es wichtig, für eine erfolgreiche Kommunikation Signale möglichst immer auf die gleiche Weise zu geben oder aber das Signal vorab in den verschiedenen Varianten, die man benutzen möchte, zu trainieren.
- Soll Bodenarbeit als Vorbereitung auf die spätere Hilfengebung beim Reiten oder Fahren eingesetzt werden, muss man darauf achten, dass das Pferd auf den Berührungsreiz reagiert und nicht auf eine einleitende Körperbewegung.

Seitigkeit

- Seitigkeit (Lateralität) ist nicht nur auf der Ebene der Körperbewegungen zu finden, sondern ist auch im Gehirn tief verankert.
- Lateralität entsteht durch die natürliche Schiefe, die motorische Seitigkeit (Händigkeit) sowie die sensorische Seitigkeit.
- Die natürliche Schiefe beschreibt die körperliche Schiefe eines Tieres. Viele Pferde haben eine sogenannte „hohle Seite", bei der die Rumpfmuskulatur leicht verkürzt ist.
- Die motorische Seitigkeit entspricht der Händigkeit des Menschen, also dem Vorzug für eine Hand, einen Fuß oder einem Bein für das Ausführen bestimmter Bewegungsabläufe.
- Unter der sensorischen Seitigkeit versteht man das Phänomen, dass Tiere und Menschen Dinge und Situationen bevorzugt mit den Sinnesorganen einer Seite betrachten.

Führtraining an der Hand, hier bei der Geschicklichkeitsarbeit über Stangen, gehört zur klassischen Bodenarbeit.

6 Bodenarbeit im Alltag und geführte Bodenarbeit

Die Ausbildung vom Boden aus hat eine lange Tradition bei der Erziehung von Pferden. Sie wurde bereits ansatzweise in der Heeresdienstvorschrift 12, dem Vorläufer der heutigen FN-Richtlinien, beschrieben und gehörte bei der Schulung junger Pferde (Remonten) und Reitanfänger genauso zur Grundausbildung wie die planmäßige Gymnastizierung unter dem Sattel. In vielen Bereichen des Pferdesports wird Bodenarbeit intensiv gepflegt. Weiterhin ist die Arbeit vom Boden aus in Form von „Arbeit an der Hand" auch Teil der klassischen Dressurausbildung.

6.1 Allgemeine Grundlagen

Für junge Pferde in der Basisausbildung ist eine gute Kommunikation mit dem Menschen Voraussetzung für den Aufbau einer stabilen Beziehung und einer vertrauensvollen Zusammenarbeit. Erste Schritte dafür sind eine sorgfältige und konsequente Erziehung vom Boden aus und generell das Erlernen „guter Manieren", beispielsweise bei der täglichen Pflege sowie beim Führen, Anbinden oder Verladen. Für alle Pferdesportler ist das Erlernen der Grundtechniken im Umgang, besonders des richtigen Führens, sowie des Anlegens der Ausrüstung Voraussetzung für einen sicheren und pferdeschonenden Sport.

- Beim Führtraining des Pferdes an der Hand werden Vertrauen, Respekt und eine feine Kommunikation zwischen Mensch und Tier mit den Grundtechniken Führen auf gerader Linie mit Veränderung des Tempos im Schritt, Anhalten, Stillstehen, Rückwärtstreten, seitliches Weichen sowie Führen auf gebogenen Linien entwickelt und trainiert.
- Die Arbeit über Stangen beim Geschicklichkeitstraining fördert neben dem gegenseitigen Verstehen und Vertrauen die Raum-Lage-Wahrnehmung, die Koordination, das Selbstvertrauen und das Gleichgewicht des Pferdes.
- Durch Gelassenheitstraining mit verschiedenen „Hindernissen" lernen Mensch und Pferd, besser mit möglichen Gefahrensituationen umzugehen. Über die Desensibilisierung auf bestimmte Reize, die ein Pferd erschrecken könnten (siehe Kapitel 4, Seite 67 f.), wird die Gefahr einer Fluchtreaktion, etwa Wegstürmen, verringert und das Pferd lernt, in diesen Situationen gelassener zu reagieren.
- Ein umfangreiches Verständnis des Pferdeverhaltens sowie verbesserte Kommunikation und ein stabiles Vertrauensverhältnis zwischen Mensch und Pferd führt letztlich dazu, dass auch andere, vorher nicht trainierte, aber beim Pferd Angst auslösende Situationen leichter beherrschbar und sicherer werden.

Zur Bodenarbeit gehören
neben dem täglichen Umgang mit dem Pferd im weitesten Sinne eine ganze Reihe von Ausbildungsinhalten wie:

- geführte Bodenarbeit „im engeren Sinne" (Seite 127 ff.),
- Verladen (Seite 110 ff.),
- Longieren (Seite 156 ff.),
- Freiarbeit/seillose Bodenarbeit (Seite 159 ff.),
- Langzügelarbeit (Seite 171 ff.),
- Handarbeit (Seite 182 ff.).

6.2 Bodenarbeit und Reiten

Die Frage, was Bodenarbeit dem Reiter bringt und was sie mit Reiten überhaupt zu tun hat, lässt sich recht eindeutig beantworten: Viele der im Folgenden genannten Punkte lassen sich natürlich auch auf alle anderen Pferdesportarten übertragen. Bodenarbeit bietet sich hier aus ganz unterschiedlichen Gründen an:

- Heranführen von Anfängern an den Umgang mit dem Pferd, Erarbeiten einer guten Kommunikation sowie Erlernen eines selbstbewussten und konsequenten Umgangs mit dem Pferd sind die Grundvoraussetzung für den Umgang am Boden und die Übertragung dieser Beziehung zum Pferd auf das Reiten
- Erziehung des jungen Pferdes, Erlernen der Signalsprache am Boden, Übertragung auf die Hilfengebung beim Anreiten: So kann das Pferd zunächst die Stimmsignale für Schritt, Trab und Anhalten bei der Bodenarbeit kennenlernen. Nach dem Aufsitzen wird das Pferd auf die vertrauten Kommandos hin dirigiert und die Gewichts-, Schenkel- und Zügelhilfen werden damit in Verbindung gebracht und so erlernt.
- Unterstützung beim Erlernen und Vervollkommnen von Lektionen wie

Erst die Stangen in der Bodenarbeit nutzen, anschließend beim Reiten einsetzen – so lässt sich beides kombinieren.

Rückwärtsrichten, Vorhandwendung, Hinterhandwendung, Schenkelweichen

- Verstehen einer Übung – danach Übertragen auf das Reiten: So kann zum Beispiel das Zusammenwirken von vorwärts- und seitwärtstreibenden Schenkelhilfen beim Schenkelweichen zunächst über entsprechendes Touchieren, das heißt leichtes Berühren mit der Gerte, bei der Bodenarbeit verstanden und erlernt werden, dann mit Unterstützung einer Fachkraft vom Boden aus unter dem Sattel geübt und am Ende selbstständig geritten werden.
- Bodenarbeit kann gut während eines Trainings eingebaut werden, zum Beispiel um Pferd und Reiter zu entspannen oder um in einer konfliktgeladenen Situation eine beim Reiten problematische Übung wie Rückwärtsrichten oder Schenkelweichen zunächst wieder vom Boden zu üben und hinterher erneut unter dem Reiter abzufragen.
- Wenn das Pferd im Gelände an einem unbekannten Gegenstand nicht vorbeigehen will, kann das Vorbeiführen und anschließende Wiederaufsitzen die Situation entschärfen. Der Reiter muss nicht befürchten, dass ein Absitzen vom Pferd als Nachgeben beziehungsweise Zurückstecken eingeordnet wird und nach dem Wiederaufsitzen zu Problemen beim Reiten führt. Das Pferd sollte allerdings trainiert sein, beim Aufsitzen sicher stehenzubleiben – auch wenn es in einer angespannten Verfassung ist.
- Optische Hilfsmittel in Kombination mit Bodenarbeit können Reitern mit Wahrnehmungsstörungen oder Verständnisschwierigkeiten helfen, eine Aufgabe zu verstehen. So kann ein Trailparcours zunächst vom Boden aus erarbeitet und anschließend geritten werden (z.B. Halten zwischen zwei Stangen, Schlangenlinie um Kegel, mehrfarbige Kegeltore).
- Durch die Kombination von Bodenarbeitsübungen mit anschließender Arbeit unter dem Sattel lassen sich abwechslungsreiche Trainingseinheiten zusammenstellen, die Reiter und Pferd viel Freude bereiten und zugleich das Erlernen neuer Aufgaben erleichtern. Die rund 20 bis 30 Minuten vor und nach dem Reiten bieten sich optimal für Bodenarbeit an – entweder, um den Reiter gemeinsam mit dem Pferd aufzuwärmen und auf die Arbeit einzustimmen oder aber nach der Arbeit beim Trockenführen das Training entspannt ausklingen zu lassen.

6.3 Bodenarbeit im Alltag

Die Arbeit mit dem Pferd vom Boden sollte so früh wie möglich beginnen, denn sie ist wichtiger Teil des Umgangs mit dem Pferd. Sie schafft Respekt, Vertrauen und die nötige Sicherheit. Schon das Fohlen sollte sich berühren, aufhalftern, führen und später auch pflegen und putzen lassen. Je besser bereits das junge Pferd in den verschiedenen Situationen altersgerecht erzogen ist, desto einfacher und sicherer gestaltet sich das Handling auch in eventuell auftretenden schwierigen Situationen wie tierärztliche Untersuchung, Schmiedebesuch, Verladen oder auch Anreiten. Doch auch im Umgang mit ausgewachsenen Pferden sollten gewisse Grundsätze beachtet werden.

Ansprechen und Annähern

Der erste Kontakt zwischen Mensch und Pferd entsteht im Allgemeinen, wenn der Mensch auf das Pferd zugeht, um es zu streicheln, ihm das Halfter anzulegen oder anderweitig Kontakt aufzunehmen. Dazu sollte das Pferd zunächst angesprochen werden. Damit wird vermieden, dass sich das vielleicht gerade dösende Tier erschreckt und mit Flucht oder Abwehr reagiert. Der Tonfall des Menschen sollte dabei freundlich und bestimmt sein, nicht zu laut, aber auch nicht zu leise.

Hat der Mensch die Aufmerksamkeit des Pferdes erlangt, kann er an dessen Mimik die Stimmungslage ablesen (siehe Seite 19 ff.) und sich nähern. Dies sollte möglichst von schräg vorn geschehen, damit der Mensch vom Pferd gut gesehen und somit nicht als Bedrohung angesehen wird. Die Körperhaltung ist dabei aufrecht, ohne verspannt zu sein, die Bewegungen sind ruhig und gelassen (siehe Seite 85 ff.), aber nicht zögerlich. Das Vorstrecken einer flach ausgestreckten Hand kann dem Pferd die erste Kontaktaufnahme erleichtern, da man in dieser Haltung eine größere (Wohlfühl-)Distanz zum Pferd einhalten kann und ihm trotzdem ermöglicht, über Beschnuppern den Geruch des Menschen in Ruhe aufnehmen zu können. Nähert sich das Pferd oder bleibt es abwartend stehen, sollte sich der Mensch seitlich etwa neben Pferdekopf oder -hals stellen und es streicheln. Über diesen Berührungsreiz wird die Kontaktaufnahme vervollständigt. Ein dem Menschen gegenüber freundlich eingestelltes Pferd dreht sich bereits auf den Zuruf des Menschen in dessen Richtung, kommt ihm ruhig entgegen oder bleibt mit Blickrichtung zum Menschen abwartend stehen.

Aufhalftern

Im nächsten Schritt kommt das Anlegen des Halfters. Dabei steht der Mensch seitlich mit Blickrichtung nach vorn links neben dem Pferdehals leicht vor der Schulter. Je nach Halfter unterscheidet sich nun das Vorgehen:

- Bei einem nach oben geschlossenen Halfter greift die rechte Hand unter dem Hals hindurch und liegt auf dem Nasenrücken. Dann kann das Halfter von der linken in die rechte Hand übergeben und nach oben über den Pferdekopf gestreift werden. Zum Schließen wird der Kehlriemen eingehakt und zwar so, dass die Öffnung des Hakens vom Pferd weg zeigt, damit keine Haut eingeklemmt wird (1).

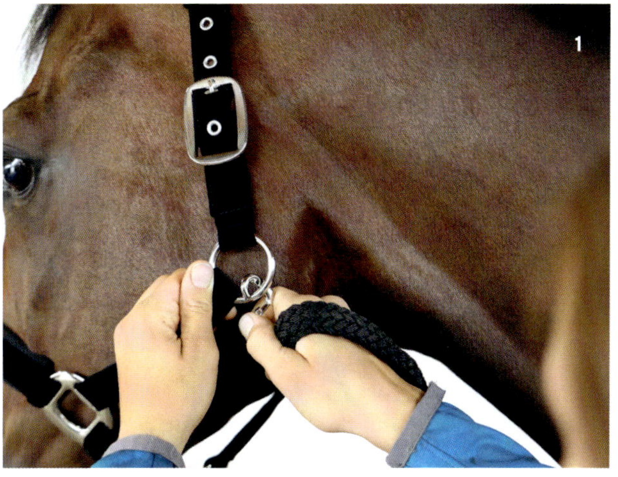
1

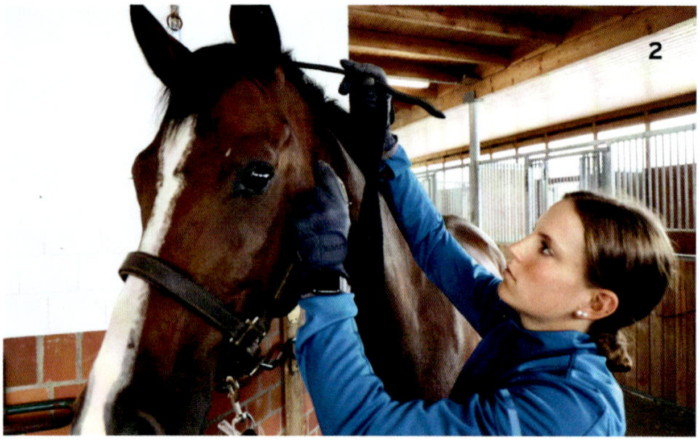

➤ Bei Halftern, deren Genickstück geöffnet ist, wird das Halfter so vor den Pferdekopf gehalten, dass das Pferd die Nase hineinsenken kann. Mit der rechten Hand wird der Genickriemen über das Genick gelegt und in die Schnalle geführt (2).

Beim Aufhalftern und später auch Auftrensen soll das Pferd ruhig neben dem Menschen stehenbleiben und den Kopf leicht senken. Um das Aufhalftern oder Auftrensen vor allem auch für kleinere Menschen zu erleichtern, ist es sinnvoll, dem Pferd das Senken des Kopfes beizubringen, das später auch bei der geführten Bodenarbeit in entspannter Fortbewegung gezeigt werden soll. Durch die Übung „Kopfsenken" kann das Pferd dazu gebracht werden, diese Haltung auf Kommando hin einzunehmen.

Signalgebung zum „Kopfsenken"

Das Kopfsenken lässt sich durch leichte, abwärtsweisende Einwirkung am Strick/Seil und anschließendes Nachgeben erreichen, wobei sich hier ein Knotenhalfter besonders eignet. Die Führperson übt mehrmals kurz und „gummibandartig" leichten Zug nach unten aus, hält diesen Zug einen kurzen Moment aus und beendet ihn sofort bei minimalem Nachgeben des Pferdes. Hilfreich kann auch ein leichtes Massieren des Genickbereichs sein, um das Pferd zum Senken des Kopfes zu bringen. Das Stimmsignal zum Kopfsenken kann „runter", „Kopf", „down" o.Ä. sein.

Wurde das Kopfsenken auf Signal antrainiert, lässt es sich neben dem Aufhalftern/Auftrensen auch gut anwenden, wenn sich das Pferd beim Führen aufregt, heraushebt und verspannt. Es fördert die Losgelassenheit beim Führen und damit die raumgreifende, taktreine Bewegung.

Führen

Das Führen des Pferdes geschieht aus Sicherheitsgründen immer mit einem Führstrick/Seil, der im unteren Halfterring eingehakt wird. Sollte sich das Pferd einmal erschrecken und den Kopf hochreißen oder sich umdrehen wollen, wäre eine Einwirkung ohne Strick/Seil kaum noch möglich. Außerdem steigt ohne Strick/Seil das Verletzungsrisiko, wenn das Pferd bei einer heftigen Schreckbewegung der Führperson den Arm nach hinten reißt. Im Außengelände sollte ein längerer Führstrick gewählt werden – er ermöglicht einen größeren Aktionsradius der Führperson und dient somit der Sicherheit von Mensch und Pferd.

Ein Pferd sollte nie ohne Strick/Seil am bloßen Halfter/Knotenhalfter geführt werden. Auch das liebste Pferd kann sich erschrecken und losreißen! Der Strick oder das Seil darf niemals um die Hand gewickelt oder am Körper des Menschen befestigt werden!

Auch beim Hereinführen in die Box oder beim Führen auf die Weide sind ein paar Regeln zu beachten. Am sichersten ist es, mit dem Pferd am Strick/Seil die Box oder die Weide zu betreten. Dabei geht der Mensch vor und lässt das Pferd folgen. In der Box wird das Pferd zur Tür umgedreht, beziehungsweise zum Tor auf der Weide, bevor das Halfter abgenommen wird

Das Pferd scheint entspannt.

Das Anheben des Kopfes signalisiert Aufmerksamkeit.

Das Pferd weicht bereits leicht seitlich aus.

Flucht erscheint dem Pferd als Lösung.

Beim Wegspringen des Pferdes muss die Führperson geschickt reagieren, damit ihr der Trensenzügel nicht aus der Hand gerissen wird.

Nach ein paar Übungsdurchläufen ist die Situation entspannt.

Die Natur des Pferdes sollte nie unterschätzt werden. Bei einem Spaziergang kann es immer kritische Situationen geben. Wer genau hinschaut, sieht die sich anbahnende Fluchtreaktion des Pferdes kommen.

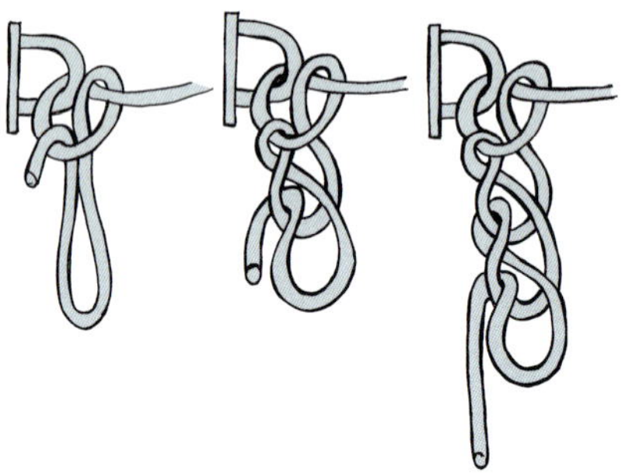

Mit Sicherheitsknoten angebundenes Pferd

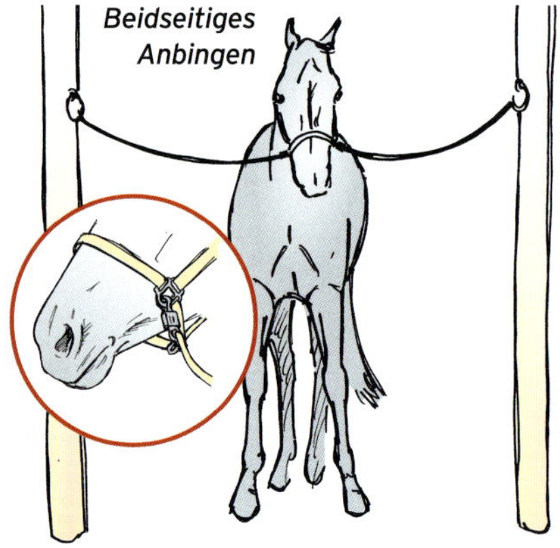

und der Mensch die Box oder die Weide wieder verlässt. Drängeln des Pferdes oder Hineinstürmen in die Box oder die Weide muss sofort unterbunden werden.

Neigt das Pferd zu diesem Verhalten, ist ein explizites Führtraining (siehe Kapitel 6.4, Seite 114 ff.) zur Unfallvermeidung und zur Klärung der Rangordnung zum Aufbau von Vertrauen und Respekt dringend angeraten. Auch das Abnehmen des Halfters vor der Box oder der Weide kann zu ungewollten Aktionen des Pferdes und zu Unfällen führen und sollte vermieden werden.

Führen im öffentlichen Raum

Immer wieder gibt es Situationen, in denen ein Pferd nicht in der vertrauten Umgebung eines Stalls, einer Halle oder einer Hofanlage geführt wird, sondern im öffentlichen Raum. Sei es im Umfeld des Hofes auf dem Weg zu einer entfernteren Weide, bei einem Turnier oder nach der Fahrt zu einem Ausreitgelände. Zudem genießen immer mehr Menschen das Führen ihres Pferdes als Spaziergang in Wald und Feld in Ergänzung zum Reiten und Fahren. Auch hier ist es immens wichtig, dass das Pferd der Führperson vertraut, sie respektiert und ihr gehorsam folgt. Nur dann können überraschende Begegnungen mit Radfahrern, Hunden, landwirtschaftlichen Maschinen und Ähnlichem gefahrlos bewältigt werden. Ein vorheriges systematisches Führ- und Gelassenheitstraining im Rahmen von Bodenarbeit ist hier hilfreich und dient der Sicherheit.

Anbinden

Das Anbinden eines Pferdes gehört zum täglichen Umgang, da nur so gefahrlos und stressfrei geputzt, gesattelt, beschlagen oder behandelt werden kann. Das Pferd als Flucht- und Herdentier muss dieses Angebundensein aber erst erlernen. Werden hierbei Fehler gemacht, können diese zu plötzlichen Abwehrreaktionen und damit auch zu nachhaltigen Problemen beim Anbinden des Pferdes führen.

Angebunden wird mittels eines Anbindestricks, der am Halfter mit einem sogenannten Panikhaken befestigt wird. Dieser spezielle Haken lässt sich in Gefahrensituationen, zum Beispiel dem Aufhängen des Pferdes am Strick, mit einem Handgriff lösen. Das andere Strickende wird etwa in Schulterhöhe, nicht zu kurz und nicht zu lang (etwa 60 bis 80 cm), an einer massiven Anbindemöglichkeit wie fest in der Wand verankerten Anbinderingen, haltbaren Anbindebalken oder massiven Boxenwandgittern mit einem Sicherheitsknoten befestigt. Auch dieser Knoten ist so gebunden, dass er im Notfall mit einem Handgriff gelöst werden kann.

Alternativ zum Anbinden mit einem Strick gibt es noch das beidseitige Anbinden, bei dem jeweils ein Strick in den seitlichen Halfterring rechts und links eingehakt und dann rechts und links angebunden wird. Auf diese Weise kann ein ungewolltes Herumtreten des Pferdes verhindert werden.

Am besten ist es natürlich, wenn das Pferd im Vorfeld über entsprechende Bodenarbeitsübungen wie Stillstehen und Gelassenheitstraining das ruhige Stehen schon geübt und verinnerlicht hat (siehe Seite 133 f.). Die Neigung, sich nach rückwärts in den Strick zu hängen oder hin und her zu tänzeln, ist dann meist deutlich geringer.

Putzen/Pflegen

Die Pflege und das Putzen des Pferdes dienen nicht nur der Sauberkeit, sondern auch der Vertrauensschulung, der Erziehung und der Gesundheitskontrolle. Auch beim Putzen soll das Pferd gelassen stehenbleiben, die Pflegetätigkeiten des Menschen ruhig annehmen und gehorsam die Hufe geben. Die taktilen Reize durch das Putzen und Bürsten gewöhnen das Pferd daran, an allen Stellen des Körpers berührt zu werden. Auf diese Weise lernt es nicht nur die Berührungen kennen und zu akzeptieren, auch der Mensch lernt, welche Berührungen dem Pferd gefallen und welche es eher mit Unwillen oder Abwehr quittiert. Derartige Reaktionen könnten Hinweise auf schmerzhafte Muskelverspannungen sein, die vielleicht von einem nicht passenden Sattel oder durch fehlerhaftes Reiten verursacht sind. Auch Veränderungen an der Haut oder Schwellungen an den Beinen lassen sich bei der täglichen Pflege schnell erkennen.

Die genaue Beobachtung des Pferdes bei der Pflege schult das menschliche Auge für die Bedürfnisse und das Verhalten des Pferdes und kann so auch bereits Grundlage für eine bessere Einwirkung bei der geführten (siehe Kapitel 6.4, Seite 114 ff.) und später auch bei der seillosen Bodenarbeit (siehe Kapitel 7.2, Seite 159 ff.) sein.

Das angebundene Pferd zur Seite weichen lassen

Im täglichen Umgang braucht man es, bei der Bodenarbeit und beim Reiten ebenso: das (Aus-)Weichen des Pferdes. Ganz gleich ob man sich dem Pferd von vorn oder von hinten nähert, es soll auf Aufforderung umgehend zur Seite treten und „Platz machen“.

Im Herdenverband – und damit auch beim Umgang mit dem Menschen – ist dies ein Zeichen von Unterordnung gegenüber einem ranghöheren Herden- oder Gruppenmitglied. Beim täglichen Umgang mit dem Pferd ist es eine Erziehungsmaßnahme zur Aufrechterhaltung der Beziehungsstruktur, daneben hat es aber auch einen ganz praktischen Aspekt. Das angebundene Pferd soll zur Seite ausweichen, wenn der Mensch zum Beispiel beim Putzen von der einen auf die andere Seite wechselt oder aber auf der Stallgasse am Pferd vorbeigehen möchte.

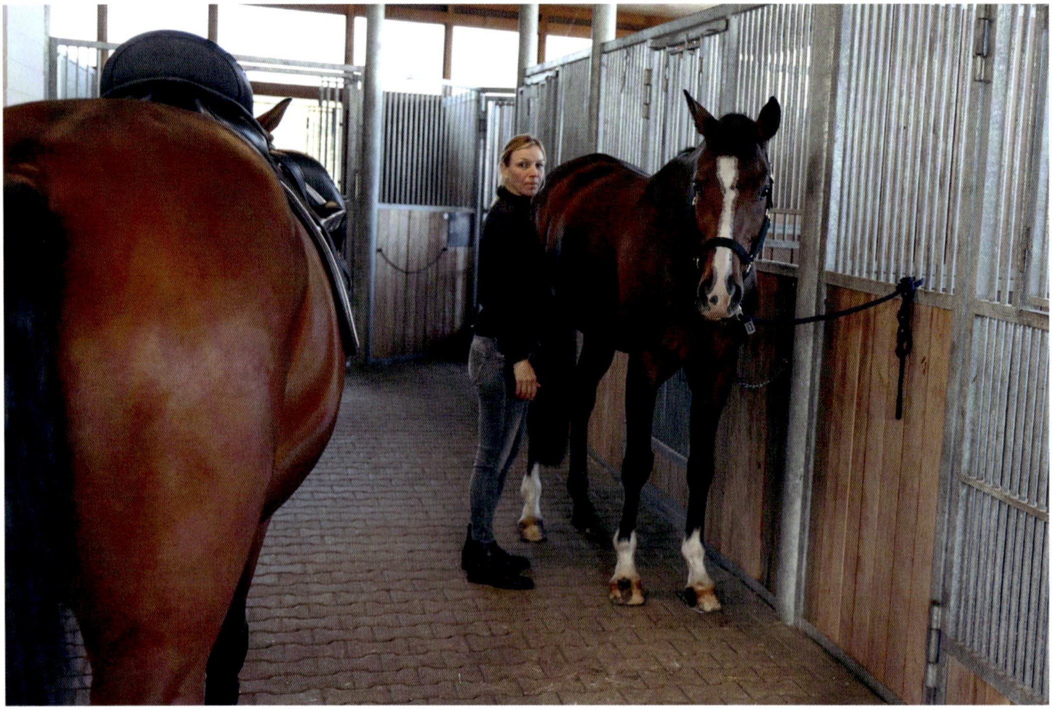

Eine Hilfsperson sowie ein ausreichender Sicherheitsabstand garantieren ein gefahrloses Aneinandervorbeiführen.

Vorgehensweise: Das seitliche Weichen lässt sich am besten zunächst mit Blickrichtung zur Kruppe durchführen. Der Mensch steht dabei etwa in Bauchhöhe neben dem Pferd, berührt es am Rumpf in Höhe der Gurtlage oder am Oberschenkel leicht mit seiner Hand und gibt dazu ein kurzes, aufforderndes Stimmkommando wie „rum“. Reagiert das Pferd nicht wie gewünscht, wird die Einwirkung mit der Hand wiederholt und gegebenenfalls verstärkt. Dabei soll das Pferd aber nicht herumgeschoben, sondern mit einem oder auch mehreren kurzen Berührungssignalen zum Herumtreten aufgefordert werden. Ähnlich funktionieren später auch die seitwärtstreibenden Schenkelhilfen, die nicht quetschend, sondern ebenfalls impulsartig gegeben werden. Helfen kann auch, den Kopf des Pferdes ein wenig nach innen, entgegen der Bewegungsrichtung, zu stellen, um das Weichen einzuleiten.

Hat das Pferd den Zusammenhang von Berührungsreiz und Stimme erfolgreich verknüpft und verstanden, kann versucht werden, ausschließlich mit Stimmkommando zu arbeiten. Das hat den Vorteil, dass das Pferd auch bei einer Annäherung des Menschen von hinten auf engem Raum, zum Beispiel beim Passieren auf der Stallgasse, auf dieses Kommando mit Weichen reagiert, ohne dass es riskant berührt werden muss.

Passieren anderer Pferde

Das Passieren, also das Vorbeiführen eines Pferdes an anderen, kann vor allem in schmalen Stallgassen oder auf engen Wegen zu Problemen führen. Diese können entstehen, weil die Individualdistanz zwischen zwei Pferden aufgrund der räumlichen Enge nicht eingehalten werden kann, weil sich zwei Pferde nicht mögen oder weil das angebundene Pferd vielleicht gedöst hat und beim Nähern des anderen vor Schreck ausschlägt. Aus diesem Grund ist es wichtig, sich der möglichen Schwierigkeiten bewusst zu sein und entsprechend vorbeugend zu agieren.

Dazu gehört:

- das deutlich vernehmbare Ansprechen des einseitig angebundenen Pferdes (nicht flüstern!).
- Nähert man sich dem angebundenen Pferd von vorn, sollte man es zunächst mit einem Stimmkommando zum seitlichen Herumtreten auffordern. Gelingt dies nicht, tritt man an das Pferd heran und wiederholt die Aufforderung durch Berührung mit der Hand. Reagiert das Pferd dennoch nicht, sollte eine Hilfsperson hinzugezogen werden. Wichtig ist dabei, die Pferde nicht aneinander schnuppern zu lassen, da es auch hier bereits zu Abwehrreaktionen wie Quietschen, mit den Vorderbeinen ausschlagen u.Ä. kommen kann.
- Tritt das angesprochene Pferd zur Seite, führt man sein Pferd zügig vorbei und behält dabei beide Pferde im Blick. Das Wissen um die Körpersprache der Pferde (Ohren anlegen, plötzliches Halsvorstrecken, drohendes Anheben eines Hinterhufs) ist hier für die Einschätzung einer eventuell riskanten Situation besonders wichtig!
- Nähert man sich dem angebundenen Pferd von hinten, muss dieses zunächst ebenfalls laut angesprochen werden, um ein Erschrecken zu vermeiden. Reagiert das Pferd nicht mit Herumtreten, sollte man sicherheitshalber eine Hilfsperson dazu holen, die das angebundene Pferd kontrolliert. Zum Passieren von Pferden, die auf beiden Seiten angebunden sind, muss immer eine Hilfsperson hinzugezogen werden.

Lebensfreude – aber erst nachdem das Pferd abgewartet hat, bis es auf die Weide entlassen wurde.

- Werden zwei Pferde aneinander vorbeigeführt, sollte, wenn möglich, ein ausreichender Sicherheitsabstand eingehalten werden.

Zur Weide/zum Paddock führen

Eine besonders wichtige, weil unfallträchtige Alltagsaktion, die eine klare Erziehung und Kontrolle durch den Menschen erfordert, ist das Führen des Pferdes zur Weide oder zum Paddock. Manche Pferde reagieren angesichts des verlockenden Freilaufs ungestüm und übermütig und lassen sich schlecht oder kaum regulieren. Eine konsequente Einwirkung des Menschen, verbunden mit ein paar grundsätzlichen Regeln, kann lebenswichtig sein:

- das sichere Führen und Anhalten als Grundvoraussetzung trainieren (siehe Seite 132 f.)
- nicht mit Anbindestrick führen, sondern mit Führstrick oder Führkette; gegebenenfalls mit Knotenhalfter
- heftige Pferde am besten vor oder hinter einem ruhigen Pferd zur Weide/zum Paddock führen

Ranghohe Pferde einer Gruppe können unerfahrenen Menschen, die sie für rangnieder halten, schon mal sehr dominant gegenübertreten.

- nach Betreten der Weide/des Paddocks das Pferd grundsätzlich erst anhalten, dann umdrehen (Kopf Richtung Ausgang)
- beim Lösen des Stricks zurücktreten und das Pferd im Auge behalten (es könnte im Überschwang der Begeisterung losbocken und ausschlagen)

Betreten einer Weide/ eines Offenstalls

Die Haltung von Pferden im Offenstall ist heutzutage verbreiteter als noch vor einigen Jahren. Die Pferde befinden sich bei dieser Haltungsform in einer festen Gruppe auf der Weide oder auf großen Paddocks und müssen zur Bodenarbeit oder dem Reiten aus der Gruppe herausgenommen werden. Dabei kann das Betreten einer Weide oder eines Offenstalls mit mehreren Pferden für den Menschen unter Umständen problematisch werden. Eine gute Kenntnis der Gruppe sowie ein selbstsicheres und souveränes Verhalten des Menschen sind immens wichtig, um nicht von den Pferden angerempelt, umgerannt oder sogar getreten zu werden. Menschen mit wenig Pferdeerfahrung und Kinder sollten deshalb ohne Begleitung eines erfahrenen Pferdemenschen nicht in solche Pferdegruppen hineingehen (siehe Seite 18 f.)!

Auch der pferdeerfahrene Mensch sollte sich im Vorfeld darüber informieren, welches Pferd das ranghöchste der Gruppe ist, und sich zunächst diesem Pferd selbstbewusst nähern und Kontakt aufnehmen. Wird er von diesem Pferd als ranghöher akzeptiert, wird es meist nicht zu Problemen kommen.

Verladen

Das Verladen eines Pferdes auf einen Anhänger oder LKW gehört nicht zu den Übungen der geführten Bodenarbeit, ist aber letztlich auch eine für die Praxis notwendige Beschäftigung mit dem Pferd vom Boden aus (wird thematisch auch im Pferdeführerschein Umgang und weiteren Abzeichen behandelt) und soll deshalb an dieser Stelle erläutert werden.

Jedes Pferd sollte sich stressfrei verladen lassen, und sei es nur, um im Notfall zur Tierklinik gefahren werden zu können. Ein gut erzogenes

Das Pferd im Rahmen der geführten Bodenarbeit an das Betreten und Überschreiten einer Holzbrücke zu gewöhnen, kann auch für das spätere Verladen sehr hilfreich sein.

Pferd wird im Allgemeinen keine oder wenige Probleme haben, dem Menschen gehorsam und vertrauensvoll in den Hänger zu folgen. Hilfreich ist es auch, wenn bereits im Fohlenalter mit dem Verladetraining begonnen wurde. Pferde, die als Fohlen neben ihrer Mutter das Ein- und Aussteigen und auch das Gefahrenwerden ohne negative Erlebnisse kennengelernt haben, werden auch später kaum Schwierigkeiten mit dem Pferdehänger haben.

Anders sieht es aus, wenn die Mutterstute schon Schwierigkeiten beim Verladen gezeigt hat und dem Fohlen ein schlechtes Beispiel gab. Oder wenn es beim Verladen oder während der Fahrt zu Zwischenfällen gekommen ist, die das Pferd traumatisiert haben. Aber auch ein unsicherer Umgang mit dem Pferd kann dazu führen, dass sich ein Pferd dem Verladen widersetzt.

Eine regelmäßige Beschäftigung mit geführter Bodenarbeit (siehe Kapitel 6, Seite 114 ff.) kann hier eine gute Voraussetzung bieten, Pferd und Mensch besser aufeinander abzustimmen und ganz zwanglos Vertrauen aufzubauen und die so wichtigen Rangverhältnisse zu klären. Auf jeden Fall sollte Verladen vor einer geplanten Fahrt in entspannter Atmosphäre geübt werden, damit es unter Termindruck gar nicht zu Stresssituationen kommt. Eine klare Signalsprache, sicheres Führen, wenn möglich bereits über Planen und/oder Holzbohlen (z.B. Wippe oder Steg/Brücke), können das Üben auf jeden Fall erleichtern.

Sicherheitsaspekte, Vorbereitung und Vorgehensweise

Zunächst sollte für das Verladen ein ruhiger Platz (möglichst eingezäunt) gewählt werden, um das Pferd nicht zusätzlich abzulenken. Es ist sicherzustellen, dass keine herumstehenden Gegenstände mögliche Gefahrenquellen darstellen. Vor dem Aufladen muss überprüft werden, ob die Anhängerkupplung sicher eingehakt ist. Niemals darf ein freistehender Anhänger zum Verladen genutzt werden, da die Gefahr besteht, dass er sich in Bewegung setzt, sobald das Pferd die Rampe betritt! Beim Zugfahrzeug ist die Bremse anzuziehen, um eine Bewegung des Anhängers beim Betreten der Rampe zu verhindern. Bei geöffneter Rampe müssen die Verschlusshaken der

Ein erfahrendes Führpferd wirkt beruhigend und dient somit einem stressfreien Erlernen des Verladens.

Rampe völlig darunter weggeklappt sein, um eine Verletzung daran zu vermeiden.

Im Anhänger sollte es hell sein, das heißt entweder kann man die vordere Ausstiegstür öffnen oder die Innenbeleuchtung einschalten. Stroh oder Späne auf dem Boden des Anhängers signalisieren eine vertraute Umgebung und verhindern ein mögliches Ausrutschen.

Normalerweise wird das Pferd mit Halfter und Führstrick verladen. Zum Schutz der Pferdebeine empfiehlt sich das Anlegen von Transportgamaschen oder Bandagen, außerdem sollte (außer bei extremer Hitze) eine dem Wetter angepasste Decke aufgelegt werden. Die Führperson trägt geeignetes, festes Schuhwerk und Handschuhe und öffnet vor dem Verladen die vordere Begrenzungsstage, sodass ein Durchtauchen unter der Stange nicht notwendig ist. Eine Hilfsperson sollte neben der Rampe stehen und das Pferd seitlich begrenzen. Dann wird das Pferd gerade und zügig auf den Anhänger geführt und die Führperson wartet bis die Hilfsperson die hintere Stange geschlossen hat, hängt dann die vordere Stange ein und bindet das Pferd am Anbindestrick oder an einer eventuell bereits im Transporter hängenden Anbindekette an.

Wichtig: Angebunden wird das Pferd nicht mit dem Führstrick, sondern immer mit dem Anbindestrick beziehungsweise der Anbindekette, da beide einen Sicherheitsverschluss haben, der sich im Notfall schnell öffnen lässt. Das Anbinden auf dem Anhänger sollte so lang geschehen, dass sich das Pferd während der Fahrt mit dem Hals

ausbalancieren kann, jedoch so kurz, dass es nicht mit seinem Kopf unter die vordere Stange geraten oder mit den Vorderbeinen darüber springen kann.
Zögert das Pferd beim Betreten des Transporters, darf nicht am Strick/ Seil gezogen werden, da dies eine Gegenreaktion des Pferdes (Zurückweichen und/oder Kopf hochreißen mit Anschlagen an der Hängerdecke) verursachen würde. Auch sollte die Führperson sich beim Führen auf den Anhänger nicht zum Pferd herumdrehen und es direkt von vorn anschauen, da sie dann durch den intensiven Blickkontakt bedrohlich wirken kann. Die Führperson richtet den Blick somit in die Richtung, in die sie geht.
Beim Ausladen des Pferdes geht man in umgekehrter Reihenfolge vor – erst losbinden, dann die hintere Stange öffnen. Es hilft beim Rückwärtstreten auf die Rampe den Kopf des Pferdes leicht zur näherliegenden Wand zu positionieren, damit es nicht schräg in diese Richtung und damit rückwärts neben die Rampe tritt.

Methoden

Für Pferde, die (noch) nicht sicher auf den Anhänger gehen, gibt es viele unterschiedliche Verladetrainingsmethoden, um ihnen den Einstieg und das stressfreie Erlernen des Verladens leichter zu machen. Ganz gleich jedoch, ob es zum Beispiel das Verladen mithilfe eines längeren Bodenarbeitsseils mit Abstand zum Pferd; mit Hilfe eines ruhigen Führpferdes, das beruhigt und zur Nachahmung einlädt; Vorsetzen der Hufe; seitliche Begrenzung, wie das Parken des Anhängers nah an einer Wand, sodass das Ausweichen des Pferdes an dieser Seite nicht mehr möglich ist; Schrägstellen der Trennwand für ein vergrößertes Platzangebot; ein Training mittels Touchieren mit der Gerte an der Schulter oder die Zwei-Longen-Methode ist (Longen hinter dem Pferd gekreuzt) – das Verladetraining sollte sich immer an den modernen Lerntheorien orientieren (siehe Kapitel 4, Seite 52 ff.), gegebenenfalls über geführte Bodenarbeit vorbereitet werden und ohne Gewalt auskommen.
Grundsätzlich ist festgestellt worden, dass ein Verladetraining auf der Basis positiver und negativer Verstärkung am besten zum Erfolg führt. Jeglicher Druck sollte demnach im Sinne negativer Verstärkung nur kurz angewandt und sofort ausgesetzt werden, wenn das Pferd eine Bewegung in die richtige Richtung macht. Auf diese Weise wird dem Pferd in dieser Situation ein Lernen, hier das stressfreie Betreten des Pferdeanhängers, erst nachhaltig ermöglicht. Dieses Prinzip gilt für alle Verlademethoden. Auch die positive Verstärkung mittels Futterbelohnung eignet sich sehr gut für das stressfreie Verladen, wenn das Pferd zuvor mit dieser Methode vertraut gemacht worden ist und zum Beispiel gelernt hat, auf Kommando einen Gegenstand wie den Gertenknauf, zu berühren und dafür belohnt zu werden. Wird dieser Gegenstand dann in den Anhängerraum gehalten, ist das Pferd motiviert, ihn zu berühren, und wird den Anhänger betreten. Nicht zu verwechseln ist diese Methode mit dem „Futterlocken", bei der dem Pferd dicht vor die Nase ein Futtereimer gehalten wird, mit dem gelockt wird. Auch wenn dies bei manchen Pferden zum Erfolg führt, fällt der nachhaltige Lernerfolg in der Regel geringer aus. Unabhängig von der gewählten Methode ist jedoch der Einsatz von entsprechenden Hilfspersonen oder Hilfsmitteln möglich und sinnvoll. Hilfspersonen sollten erfahren sein, damit es nicht zu riskanten Situationen kommt.

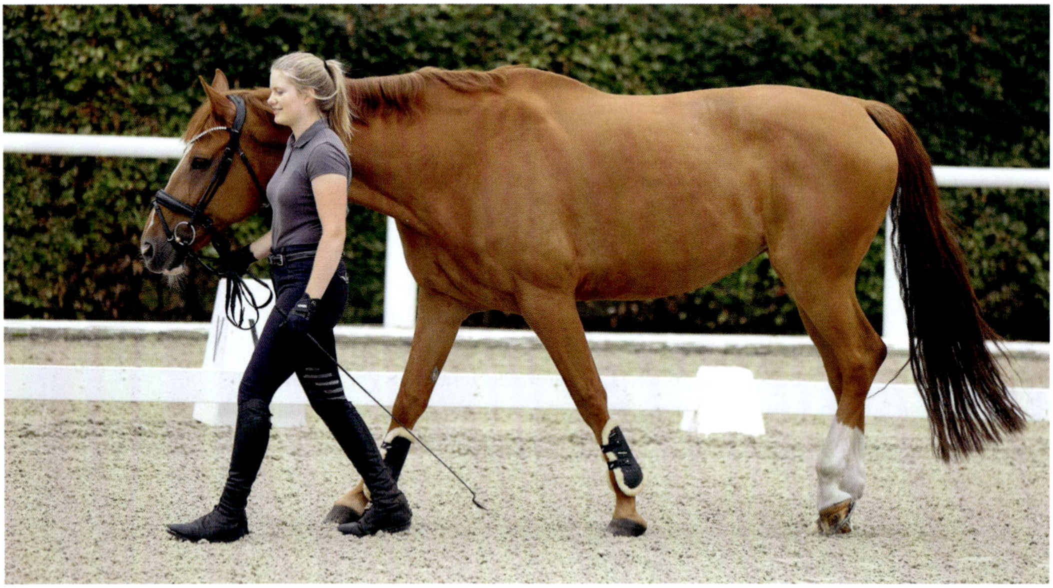

Führtraining fördert Vertrauen, Gehorsam und Sicherheit.

6.4 Bodenarbeitstraining geführt

Zwischen der Erziehung im allgemeinen Umgang mit dem Pferd und dem Bodenarbeitstraining besteht ein enger Zusammenhang: Wenn Vertrauen und Respekt bereits im täglichen Umgang gefestigt sind, ist eine gute Basis vorhanden, um die gezielten Übungen der Bodenarbeit zügig und erfolgreich zu erlernen. Dabei gibt es verschiedene Anforderungen, die in der Ausbildungs-Prüfungs-Ordnung (APO) sowie in den Erläuterungen zur Gelassenheitsprüfung (GHP) geregelt sind und das Training der geführten und später auch weiterführenden Bodenarbeit (siehe Kapitel 7, Seite 156 ff.) interessant und abwechslungsreich machen. Die Grundlagen der Bodenarbeit sind bereits Bestandteil der Pferdeführerscheine sowie der verschiedenen Reit-, Fahr- und Voltigierabzeichen. Weiterführende Bodenarbeit ist Inhalt der Bodenarbeitsabzeichen 1 und 2 sowie der Ergänzungsqualifikation Bodenarbeit im Rahmen der Trainerfortbildung.

6.4.1 Allgemeine Grundsätze und Ziele

Die bei der geführten Bodenarbeit geübten neuen Verhaltensmuster führen dazu, dass sich das Pferd gehorsam führen und dabei im Tempo kontrollieren und anhalten sowie den Menschen, wenn erforderlich, vorangehen lässt, sich am Anbindeplatz nicht unkontrolliert umdreht, den Menschen nicht zur Seite drängt und beim Gang zur Weide geduldig abwartet, bis es freigelassen wird. Probleme, die beim täglichen Umgang eventuell vorhanden sind, lassen sich durch geführtes Bodenarbeitstraining meist nachhaltig verbessern. Für Schulpferde oder Therapiepferde ist geführte Bodenarbeit von ganz besonderer Bedeutung, um den Gehorsam, die Beeinflussbarkeit des Pferdes durch den Ausbilder vom Boden aus und damit die Sicherheit allgemein zu verbessern.

Das Ziel der geführten Bodenarbeit ist ein aufmerksames, ruhiges und vertrauensvoll mitarbeitendes Pferd, das ohne zeitliche Verzögerung auf möglichst feine Signale der Führperson reagiert. Es soll bei den meisten Übun-

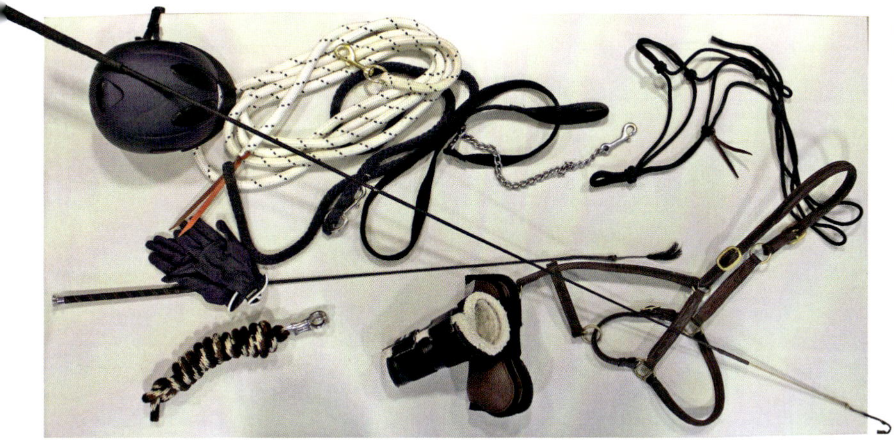

Bei der Bodenarbeit kommen unterschiedliche Ausrüstungsgegenstände zum Einsatz.

gen über Körpersprache, Stimme, mit leicht durchhängendem Strick oder leichten Impulsen über Strick, Bodenarbeitsseil oder Zügel aufmerksam, taktrein und losgelassen mitgehen, deutlich erkennbar willig mitarbeiten und die Übungen zufrieden absolvieren. Die entspannte Grundstimmung ist an einem ruhigen Gesichtsausdruck (Nase, Augen, Ohren) sowie einem gesenkten Hals und nicht zu hoher Körperspannung erkennbar. Der Mensch soll einfühlsam, ruhig, konsequent, fair, im richtigen Moment und mit möglichst geringen, verfeinerten Signalen einwirken.

6.4.2 Trainingsort und Ausrüstung

Das Thema Sicherheit wird bei der Bodenarbeit großgeschrieben. Um diese zu gewährleisten ist schon eine zueinander passende Kombination von Pferd und Mensch wichtig. Beim Pferd sind beispielsweise Alter, Ausbildungsstand, Charakter, Temperament, insbesondere Schreckhaftigkeit, Reaktionsschnelligkeit und Intelligenz sowie Vorerfahrungen von besonderer Bedeutung. Beim Menschen neben dem Alter auch das Größenverhältnis zum Pferd, die Pferdeerfahrung, Einfühlungs- und Durchsetzungsvermögen sowie eine klare Signal- und Körpersprache (siehe Kapitel 5, Seite 85 ff.). Junge Pferde oder solche, mit denen der Umgang schwierig ist, sollten daher nur von Menschen mit ausreichender Pferdeerfahrung am Boden gearbeitet beziehungsweise korrigiert werden.

Darüber hinaus ist die Wahl des Trainingsortes von großer Bedeutung. Das Bodenarbeitstraining sollte, zumindest zu Beginn, auf einem eingegrenzten Areal, wie einem sicher eingezäunten Außenplatz oder in einer Reithalle stattfinden. Wenn Bodenarbeitstraining in einer unbekannten Umgebung und/oder gemeinsam mit noch nicht bekannten anderen Pferden durchgeführt werden soll, sollten die Pferde vorher mit der dafür erforderlichen Zeit an die neue Situation gewöhnt werden.

Die Ausrüstung für die Bodenarbeit muss so gewählt werden, dass ein sicheres Einwirken des Menschen auf das Pferd möglich ist. Zum Schutz vor Verletzungen sollten auf jeden Fall Handschuhe getragen werden, außerdem festes Schuhwerk. Sandalen, Flipflops oder Ähnliches haben bei der Bodenarbeit und auch sonst beim täglichen Umgang eines Pferdes nichts zu suchen. Beim Training mit Stangen und beim Gelassenheitstraining empfiehlt es sich, dem Pferd als Beinschutz Bandagen oder Gamaschen anzulegen.

Welche Ausrüstung genutzt wird (Trense, Knotenhalfter oder Stallhalfter), hängt von den individuellen Voraussetzungen ab.

Als Verlängerung des Arms – aber nicht zur Bestrafung – kann bei der Bodenarbeit eine Gerte oder Peitsche eingesetzt werden.
Geführt wird bei der Bodenarbeit an einem Halfter oder Knotenhalfter, der Trense (mit Zügel) oder an einem Kappzaum. Die Ausrüstung kann mit Veränderung der Aufgabenstellung beziehungsweise mit dem Fortschritt bei der Bodenarbeit abgewandelt werden. Welches Kopfstück genutzt wird, hängt auch von den individuellen Rahmenbedingungen ab: Wie zuverlässig und gehorsam ist das Pferd? Welche Ausrüstung hat sich bereits bewährt? Wie sind die Einwirkungsmöglichkeiten und Erfahrungen des Menschen? Welche Aufgabe ist zu bewältigen?

Führen am Halfter

Am Halfter oder Knotenhalfter wird, neben dem reinen Alltagsführen, auch bei den verschiedenen Abzeichenprüfungen geführt.
Sämtliche Halftervarianten müssen korrekt angepasst sitzen. Die senkrecht verlaufenden Backenstücke dürfen nicht zu nah am Auge liegen, damit sich das Pferd nicht verletzt, wenn es unkontrolliert zur Seite springt. Der Kehlriemen darf den Kehlgang auch bei abgesenktem Kopf nicht einengen. Gut geeignet sind am Kinn und am Genickstück zweifach verschnallbare Halfter. Der Nasenriemen sollte ähnlich wie bei einem englischen Reithalfter etwa ein bis zwei Fingerbreit unterhalb des Jochbeins liegen und so verschnallt werden, dass das Pferd noch gut kauen kann.
Knotenhalfter sind besonders gut geeignet, da sie eine sehr feine und präzise Einwirkung ermöglichen. Dies lässt eine bessere Kontrolle als ein einfaches Stallhalfter zu.

Wichtig: Am Knotenhalfter darf man ein Pferd nie anbinden, da die Knoten auf empfindlichen Nervenaustrittspunkten am Pferdekopf positioniert sind, und dem Pferd im Falle eines plötzlichen Zurückschreckens schmerzhafte Verletzungen zufügen können!
Zum Führen wird meist ein Halfter oder Knotenhalfter mit einem Führstrick gewählt, der mindestens 2 Meter lang ist. Im Gegensatz zum Anbindestrick ist er dicker und nicht mit einem Sicherheitsverschluss sondern mit einem Karabinerhaken ausgestattet. Optimal geeignet sind je nach Aufgabenstellung 3,50 bis 6 Meter lange sogenannte Bodenarbeitsseile, die mit einem Lederschlag am Ende bestückt sind. Sie sind für das Treiben ohne Gerte und die Arbeit mit zunehmen-

Korrekt angelegtes Knotenhalfter

Anpassen eines Knotenhalfters

- Das Nasenteil des Knotenhalfters sollte oberhalb der Stelle liegen, wo das Nasenbein des Pferdes nur noch als Fortsatz vorsteht, das sind ein bis zwei Fingerbreit unter der Jochbeinkante.
- Die Knoten des Nasenteils dürfen nicht auf dem Nasenbein liegen, sondern liegen kurz unterhalb der Jochbeinkante.
- Das Nasenteil sollte so eingestellt sein, dass zwischen Diamantknoten und Pferdekopf nur maximal drei Finger passen.
- Knotenhalfter immer mit Doppelknoten schließen, das Kordelende zeigt nach hinten.
- Hochwertiges Material ist empfehlenswert, bei minderwertigem Material verziehen sich die Knoten mit der Zeit. Am besten passen maßgefertigte beziehungsweise individuell angepasste Knotenhalfter.
- Tipp: Nicht versuchen die Knoten selbstständig zu verstellen.

Richtig angebracht führt die Führkette von außen nach innen über den Nasenriemen des Halfters (links) und dann von innen nach außen zum oberen rechten Halfterring (rechts).

Verschnallen der Führkette beim Führen von der linken Seite aus

- Karabiner von außen nach innen durch den linken unteren Halfterring nach unten schieben.
- Führkette dann von unten über den Nasenriemen nach oben und von innen nach außen durch den rechten Halfterring ziehen. Die Kette soll dabei einmal über den Nasenriemen des Halfters führen.
- Karabiner zuletzt mit dem Haken nach außen in den oberen rechten Halfterring einhaken.

dem Abstand vom Pferd und somit dem Übergang zum Longieren unverzichtbar.
Sieht sich die Führperson im Einzelfall einem sehr heftigen Pferd gegenüber, ermöglicht auch die Verwendung einer Führkette, eingehakt in ein herkömmliches Halfter und über das Nasenbein geführt, eine genauere Einwirkung und damit auch ein bessere Kontrolle. Dabei darf die Führkette jedoch nur impulsartig und nie zum Strafen eingesetzt werden! Die Führkette sollte nur von im Umgang mit Pferden erfahrenen Personen eingesetzt werden.

Wichtig: Man darf ein Pferd nie an der Führkette anbinden, da es bei einem plötzlichen und ruckartigen Zurückweichen des Pferdes zu panikartigen Reaktionen und dadurch zu schweren Verletzungen durch die Kette kommen könnte.

Führen auf Trense

Anstelle eines Halfters mit Strick oder Seil kann auch auf Trense geführt werden. Dabei ist durch eine sinnvolle Gestaltung des Trainings darauf zu achten, dass dem Pferd auch mit dieser Zäumung kein Schmerz durch ruckende Einwirkung zugefügt wird.

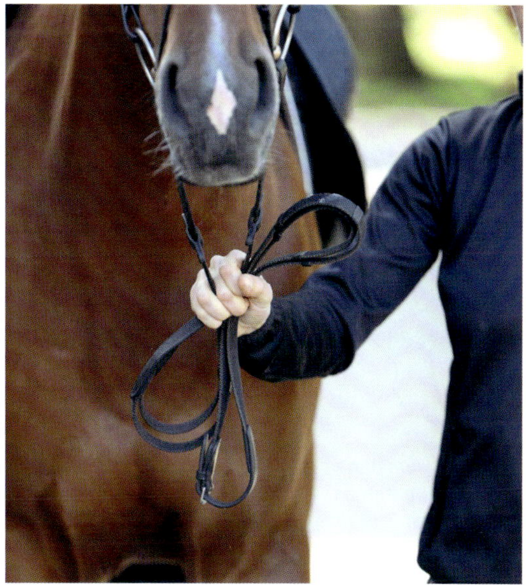

Zügel aufnehmen und Führen auf Trense. Für bessere Sichtbarkeit der Zügelführung durch die Finger wurde hier ausnahmsweise auf Handschuhe verzichtet.

Unkontrollierte Zügelanzüge sind genauso wie beim Reiten zu vermeiden! Das Führen auf Trense wird neben Zuchtschauen und Körungen auch in verschiedenen Abzeichenprüfungen gefordert. Auch vor und nach dem Reiten kann Bodenarbeit problemlos mit dem aufgetrenstem Pferd trainiert werden. Dazu werden die Zügel über den Pferdekopf heruntergenommen und am besten geöffnet. So verhindert man bei anfänglichen Unsicherheiten ein Hineintreten in die Zügel. Bei den Abzeichenprüfungen und beim Vormustern kann die Zügelschnalle geöffnet oder geschlossen sein.

Beide Zügel werden mit der rechten Hand etwa 30 Zentimeter unterhalb der Trensenringe ergriffen und dabei durch den Zeige- und Mittelfinger geteilt. Der rechte Zügel kann dabei gegebenenfalls zum Wenden etwas kürzer gefasst werden. Die Zügelenden werden doppelt zusammengelegt, liegen in der rechten Hand und werden vom Daumen mit festgehalten. Beim

Führen auf Trense mit der rechten Hand

Führen auf Trense mit zwei Händen

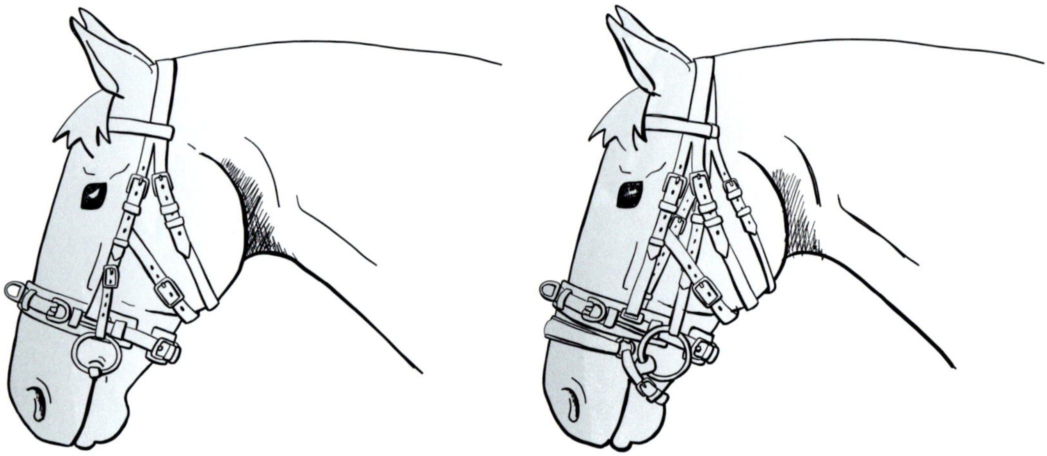

Kappzaum ohne und mit untergelegter Trense

Vormustern und dem Vorführen auf der Dreiecksbahn wird in der Bewegung nur von links geführt, bei anderen Stationsprüfungen der Abzeichen und während des Trainings kann auch von rechts geführt werden. In diesem Fall ist die Zügelführung umgekehrt.

Alternativ zu dieser Zügelführung ist auch die Führung mit zwei Händen möglich. Dabei hält eine Hand die beiden Zügel hinter den Trensenringen, die andere Hand hält die Zügelenden.

Führen auf Kappzaum

Das Führen auf Kappzaum ist beim Führtraining eine gute Ergänzung oder Alternative. Der Kappzaum kann zusätzlich zur Trense oder auch anstatt benutzt werden. Der Vorteil: Die Einwirkung wird nicht übers Gebiss gegeben, sondern über den Nasenrücken. Er eignet sich auch besonders für Übungen, bei denen Stellung erforderlich ist wie beim Schenkelweichen.

- Es eignet sich ein Kappzaum mit eher weichem, gegebenenfalls auch mit einem ungebrochenen stabilen Nasenrücken.
- Der Kappzaum mit stabilem Nasenrücken muss genau passen. Er wirkt genauer, aber auch schärfer.
- Der Nasenriemen liegt etwa zwei bis drei Finger breit unterhalb des Jochbeins.
- Der Abstand zum Auge muss ausreichend groß sein. Ein Verrutschen wird durch einen zusätzlichen Riemen unterhalb der Ganasche verhindert.
- Beim Kappzaum kann man den Strick oder die Longe mittig oder seitlich einschnallen.

Wichtig: Pferde nie am Kappzaum oder an der Trense anbinden! Gerät ein Pferd in Panik, kann es zu schweren Verletzungen kommen.

6.4.3 Ausführung

Mithilfe eines systematischen Trainingsaufbaus lassen sich ebenfalls viele Sicherheitsrisiken vermeiden. Die Übungen müssen sinnvoll aufeinander aufgebaut werden. Der Schwierigkeitsgrad sollte schrittweise jeweils nur so weit gesteigert werden, dass die Pferde jederzeit willig mitarbeiten. Damit gelten bei der Bodenarbeit die gleichen Regeln wie beim Reiten und bei anderen Sparten des Pferdesports.

Der Umgang mit dem Pferd bei der Bodenarbeit und die gegenseitige Verständigung sind auf unerwartete Situationen im Gelände oder Scheuen beim Reiten wegen unbekannter Gegenstände übertragbar.

Trainingsaufbau

Beim Aufbau jeglichen Führtrainings ist zu beachten, dass die Übungen in kleinen Schritten so langsam im Schwierigkeitsgrad gesteigert werden, dass das Pferd bereitwillig, gehorsam und aufmerksam mitmacht.

Verweigert es eine Übung, muss herausgefunden werden, ob das Pferd Angst hat, es überfordert ist oder ob es die Rangordnung hinterfragt. Die Herausforderung besteht darin, dies sehr schnell richtig zu erkennen und darauf unverzüglich in der richtigen Art und Weise zu reagieren.

Die Pferde sollen deshalb bei der Arbeit gut beobachtet werden, damit die jeweilige Belastungsgrenze nicht überschritten wird. Zeigt ein Pferd Ermüdungsanzeichen, muss das Training beendet werden. Bei der Arbeit mit Schreckhindernissen sollte die Schwelle für heftige Fluchtreaktionen nicht überschritten werden. Besser: Die Situation entschärfen oder aber die Anforderungen zurückschrauben.

Vertrauen kann in diesem Fall zunächst durch einfache Übungen wie fleißiges Vorwärtsgehenlassen geradeaus im Wechsel mit Anhalten wiederhergestellt werden. Danach wird die Übung, die vorher noch nicht geklappt hat, vorsichtig wieder aufgebaut.

Die Kunst ist es, das Training rechtzeitig nach einer gelungenen Übung zu beenden, ohne weiteres Misslingen zu riskieren. Gutes Training sieht unspektakulär aus, weil das Pferd nicht überfordert wird.

Sicherheitshinweise Bodenarbeitstraining

Bei der Durchführung der Bodenarbeit sind folgende Punkte besonders zu beachten:

- Bei der Bodenarbeit ist ein sicher abgegrenztes Areal (Halle, umzäunter Außenplatz/Round Pen) zu nutzen.
- Beim Führen Strick, Bodenarbeitsseil, Zügel oder Longe nie um die Hand wickeln, an der Kleidung oder gar am Körper (Gürtel o.Ä.) fixieren!
- Führen außerhalb eines sicher umzäunten Geländes möglichst nur auf Trense! Die Ausrüstung mit Halfter/Knotenhalfter und Strick/Seil bietet im Zweifel zu geringe Einwirkungsmöglichkeiten. § 28 (1) der StVO (Straßenverkehrsordnung) sagt klar: „Haus- und Stalltiere, die den Verkehr gefährden können, sind von der Straße fernzuhalten. Sie sind dort nur zugelassen, wenn sie von geeigneten Personen begleitet sind, die ausreichend auf sie einwirken können."
- Beim Führen mit der Trense: Darauf achten, dass das Pferd nicht auf den Zügel tritt, gegebenenfalls mit geöffneten Zügelenden führen.
- Ausreichenden Sicherheitsabstand von mindestens 4 Metern zwischen den Pferden einhalten!
- Vor Beginn der Bodenarbeit die Reaktion des Pferdes auf eine Gerte prüfen!
- Vor Beginn des Geschicklichkeitstrainings die Reaktion des Pferdes auf eine Bodenstange prüfen!
- Der Mensch sollte immer zwischen potenziellen Störquellen beziehungsweise Schreckhindernissen und dem Pferd gehen!

Wenn die Übungen schrittweise aufgebaut werden, sieht das Endergebnis oft ganz harmonisch und unspektakulär aus.

Die einzelnen Übungen bauen Stein für Stein aufeinander auf. Erst müssen die grundlegenden Führtechniken und Führübungen beherrscht werden, dann können Stangenaufbauten und Schreckhindernisse in der individuell erforderlichen Zeit erarbeitet werden. Eine neue Übung, wie beispielsweise das Überschreiten einer Plane, kann bei dem einem Pferd 5 Minuten, bei einem anderen aber auch mehrere Tage/Wochen mit vielen Übungseinheiten erfordern. Indikator für die Steigerung des Schwierigkeitsgrades ist einzig und allein das Verhalten des Pferdes.

Auch die Anzahl der Pferde, die miteinander am Boden gearbeitet werden, muss der jeweiligen Situation angepasst sein. Wird Bodenarbeit in der Gruppe absolviert, warten die anderen Teilnehmer in sicherem Abstand zueinander. Dabei können die Pferde entweder ruhig stehenbleiben oder werden einzeln von der jeweiligen Führperson weiter gearbeitet. Zwischen den Pferden wird ein Sicherheitsabstand von etwa je 4 Metern empfohlen, damit diese sich bei Unterschreitung ihrer Individualdistanz nicht gegenseitig verletzen und/oder die Führpersonen in Gefahr bringen. Bei jungen oder schwer kontrollierbaren Pferden und/oder unerfahrenen Führpersonen sollte die Gruppe nicht zu groß sein. Natürlich ist auch Einzeltraining möglich. Beim Training in Gruppen muss auf den jeweils schwächsten Teilnehmer Rücksicht genommen werden. Unerfahrene, unsichere oder ängstliche Pferde können eine neue Aufgabe durch das Vorangehen eines sicheren Pferdes leichter und sicherer bewältigen. Das Lernen erfolgt durch das Wiederholen einer Übung. Dabei kann die Stärke der Signale schrittweise verringert werden. Die Signalgebung muss, wie die Hilfengebung beim Reiten, abgestuft werden: 1. Signal zur Erlangung der Aufmerksamkeit, 2. Signal zur Ausführung der Übung.

Belohnung und Bestrafung

Pferde lernen am besten auf der Grundlage einer guten Beziehung zu ihrem „Lehrmeister", vor allem durch positive oder negative Verstärkung (siehe Seite 73), nicht durch Bestrafung.

Verstärkung bei der Bodenarbeit sollte in erster Linie aus Stimme, Ruhe gewähren, Kraulen an der Mähne oder Streicheln am Hals bestehen. Die Gabe von Futterbelohnung während des Trainings wird nur für fortgeschrittene Trainer empfohlen, die bereits mit den Prinzipien des Lernens gut vertraut sind und die Belohnung entsprechend präzise, das heißt im richtigen Moment, steuern können (siehe Seite 75 ff.). Für Ungeübte kann es sonst schnell dazu führen, dass das Pferd über Schubsen, Schnappen oder Scharren das Futter einfordert und damit auch die Rangordnung infrage stellt. Bestrafung ist bei jeglicher Beschäftigung mit dem Pferd - und somit auch bei der Bodenarbeit - in der Regel kontraproduktiv und verzichtbar, weil dem Pferd dadurch Aufmerksamkeit für sein Verhalten geschenkt wird. Außerdem blockiert Bestrafung das Lernvermögen, weil das Pferd stressbedingt weniger aufnahmefähig ist. Wenn etwas nicht gleich funktioniert, kann dies beim Bodenarbeitstraining in der Regel ignoriert und die Übung stattdessen einfach wiederholt oder auf ein leichteres Niveau abgeändert durchgeführt werden.

Nur wenn ein Pferd die Rangordnung beispielsweise durch Wegdrängeln, Schubsen, Schnappen oder Drohen mit der Hinterhand infrage stellt, kann eine sofortige Zurechtweisung sinnvoll und erforderlich sein. Diese sollte so gewählt werden, dass sie mit einem positiven Ergebnis, und somit der Akzeptanz der Korrektur durch das Pferd, abgeschlossen werden kann. Gelungene Schritte werden durch Loben und eine kleine Erholungspause verstärkt.

Führtechnik

Der Erfolg richtigen Führens hängt von unterschiedlichen Faktoren ab, vor allem aber auch von der Führtechnik und den verwendeten Signalen. Das Pferd kann aber nur verstehen, wenn die Signale eindeutig und immer gleichlautend sind und in ihrer Bedeutung miteinander harmonieren. Für die Signalgebung sind vor allem optische Signale wie Körperposition, Körperhaltung, Gerte, Seil, die Stimme als akustisches Signal sowie taktile Signale im Sinne von Berührungen, Hilfen über Gerte, Bodenarbeitsseil, Halfter, Knotenhalfter und/oder Trense von Bedeutung.

Körperhaltung

Das wichtigste Mittel, um ein Pferd davon zu überzeugen, sich gehorsam führen zu lassen, ist die eigene Körpersprache. Pferde orientieren sich stärker an Führpersonen mit selbstbewusster, aufrechter Körperhaltung und mittlerer Körperspannung. Ein Pferd kann die Grundstimmung eines Menschen auch über die Art der Atmung und vermutlich auch den Geruch wahrnehmen (siehe Kapitel 5.2.2, Seite 85 ff.).

Signalgebung über Stimme und Gerte

Pferde setzen von Natur aus akustische Signale untereinander eher sparsam ein. Die Stimme des Menschen wird von Pferden stärker von der Klangfarbe und Tonhöhe als vom Wortlaut her beurteilt. Einfache Kommandos und Wörter werden aber erlernt. Stimmsignale sollten mit wenigen, immer gleichlautenden Kommandos eher einfach gehalten

Abstreichen des Pferdekörpers mit der Gerte. Gut zu sehen: Zu Beginn des Abstreichens signalisiert das Pferd über Blick, angehobenen Hals und leichte Ausweichbewegung Skepsis, im Verlauf des Abstreichens verringert sich diese deutlich.

und sparsam verwendet werden. Pferde verstehen wegen ihres guten Gehörs auch sehr leise Stimmsignale im Flüsterton gut.

Die Gerte kann für unterschiedliche Aufgabenstellungen entweder mit dem Gerten- oder dem Knaufende optisch oder taktil eingesetzt werden und wirkt als Verlängerung des menschlichen Arms.

Sie sollte zwischen 100 bis 130 Zentimeter lang sein, um auch aus sicherem Abstand heraus agieren zu können. Längere Handarbeitsgerten, Fahrpeitschen/Bogenpeitschen oder kürzere Longierpeitschen mit Schnur, bei denen das Peitschenende mit in der Hand festgehalten wird, eignen sich ebenfalls gut für die Bodenarbeit. Die Länge der Gerte oder Peitsche sollte in Relation zur Größe des Pferdes und zur geplanten Bodenarbeitsübung ausgewählt werden. In jedem Fall muss sie ausreichen, um das Pferd bei der jeweiligen Übung passend touchieren, also berühren zu können. Längere Handarbeitsgerten und Bogenpeitschen von etwa 150 bis 160 Zentimeter bieten den Vorteil, dass sie mit dem Ende der Gerte in Richtung Flanke

Mit dem hinteren Teil des Seils oder aber auch mit der Gerte lässt sich das Pferd vortreiben.

oder Kruppe zeigend oder das Pferd dort berührend zum Vorwärtstreiben eingesetzt werden können. Nach dem Umfassen-/Durchrutschen-Lassen der Gerte wird der kurze Gertenteil mit dem Knauf für Übungen wie Rückwärtstreten-Lassen oder Reduzieren des Tempos am Buggelenk genutzt. Umgekehrt kann das Pferd zunächst mit dem Knauf am vorderen Ende vor der Brust zurückgehalten und dann ohne Umgreifen mit dem hinteren Ende der Peitsche an der Hinterhand vorwärtsgetrieben werden. Außerdem sind längere Handarbeitsgerten oder Bogenpeitschen für ein Arbeiten mit der Kurzlonge mit Abstand vom Pferd erforderlich.

Die Gerte wird über das Pferdeauge und durch Berührungen wahrgenommen. Wenn sie als Hilfe eingesetzt wird, müssen alle Signale präzise erfolgen. Das heißt, dass die Gerte ruhig gehalten und das Pferd nicht berührt werden darf, wenn damit nicht gerade eine Hilfe gegeben wird. Taktile Reize durch Berührungen mit der Hand, dem Halfter/Knotenhalfter, der Gerte oder einem Bodenarbeitsseil werden generell gut verstanden. Pferde nehmen Berührungen sehr empfindlich wahr (siehe Kapitel 3.5, Seite 46 ff.). Vor dem ersten Gebrauch sollte deshalb die Reaktion auf die Gerte überprüft werden. Gegebenenfalls kann zur Gewöhnung der gesamte Körper, beginnend an der Schulter, mit der Gerte abgestrichen werden.

Die Gerte/Peitsche wird grundsätzlich nicht zur Bestrafung eingesetzt!

Einsatz von Halfter/Knotenhalfter und Strick/Seil

Bei der Bodenarbeit werden Halfter, Knotenhalfter sowie Strick und Seil in der Regel nur kurz über einen minimalen Impuls aus dem Handgelenk eingesetzt. Bei einer Verfeinerung/Reduktion der Signalgebung und Optimierung der Körpersprache kann dies gegebenenfalls ganz entfallen. Bestimmte Übungen wie Wendung um die Vorhand oder Seitwärtsweichen erfordern wegen der Forderung nach Halsstellung eine fein abgestimmte Signalgebung.

Durch zielgenaues Schwingen eines langen Stricks oder eines Bodenarbeitsseils können vorwärts-, seitwärts- oder rückwärtseinwirkende Signale gegeben sowie das Geradeausgehen veranlasst oder aufrechterhalten wer-

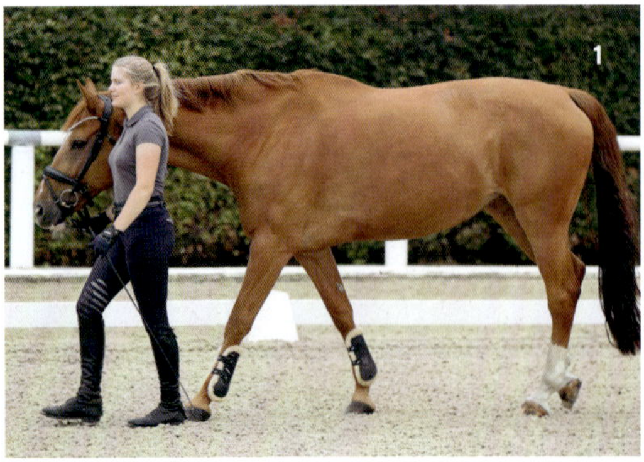
1

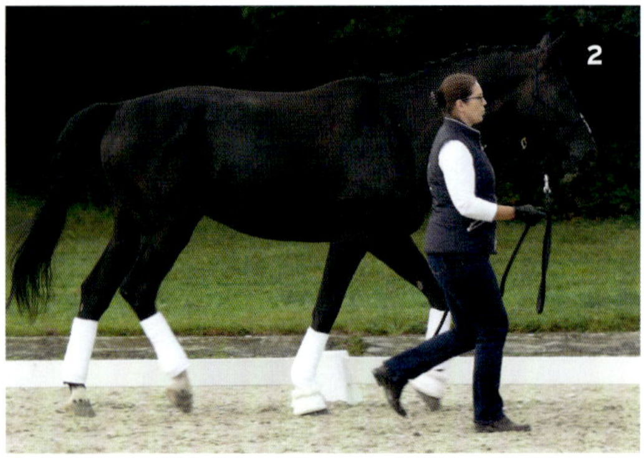
2

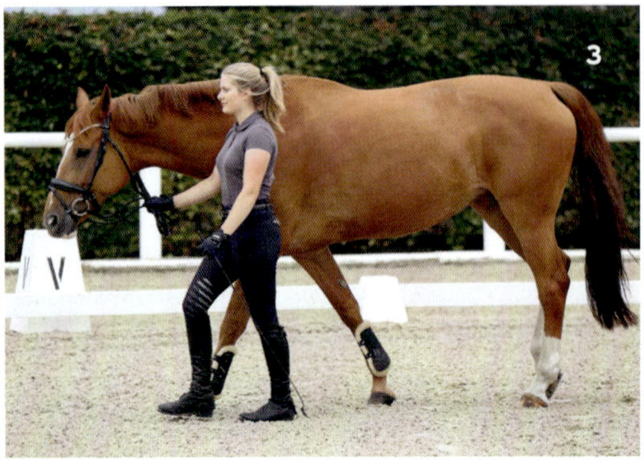
3
V

4

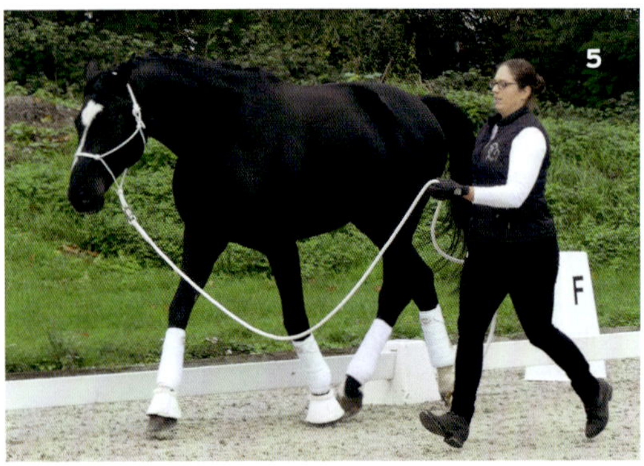
5
F

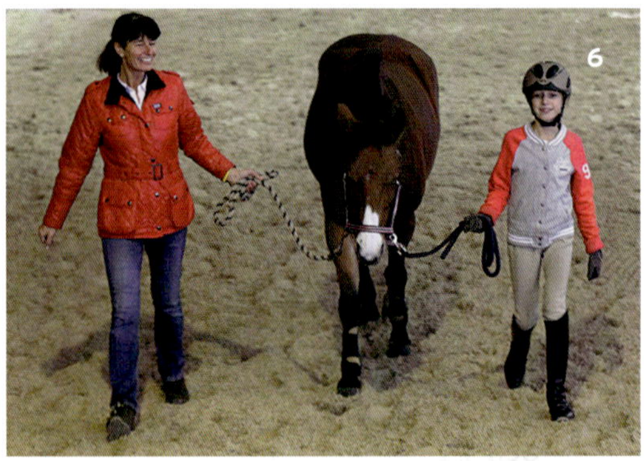
6

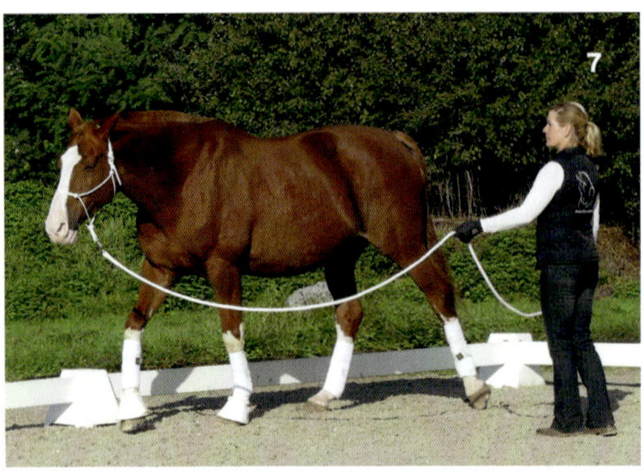
7

8

den. Bodenarbeitsseil oder Kurzlonge ermöglichen darüber hinaus eine Veränderung der Führposition mit mehr Abstand zum Pferd und damit einen fließenden Übergang von der Bodenarbeit hin zum Longieren.

6.4.4 Führtraining

Ziel des Führtrainings ist ein taktsicheres, fleißiges, losgelassenes und im Tempo kontrollierbares Schreiten oder Traben auf vorgegebener Linie. Das Pferd soll lernen, auch am leicht durchhängenden Zügel, Strick oder Seil „bei Fuß" zu gehen, gehorsam und umgehend sowohl auf temporückführende als auch vorwärtstreibende Signale zu reagieren und sich dem Schritt der Führperson anzupassen. Die Position der Führperson hat hier entscheidenden Einfluss bei der Arbeit mit dem Pferd am Boden. Je nach Aufgabenstellung und Reaktion des Pferdes auf die Signalgebung sollte die jeweils günstigste Position zum Pferdekörper hin eingenommen werden.
Ob eher in Schulterhöhe, in Kopfhöhe des Pferdes oder in Höhe der Sattellage geführt wird, hängt von der jeweiligen Pferdesportdisziplin, der jeweiligen Situation und dem jeweiligen Temperament des Pferdes ab.

Varianten der Führpositionen

- Die Führposition **am Kopf in Höhe des Genicks** des Pferdes ermöglicht mit kurz gehaltenem Strick, Seil oder Zügel die größtmögliche Kontrolle (Foto 1).
- Ein Stück weiter hinten befindet sich die Führperson **in Höhe Hals/ hinter dem Genick aber vor der Schulter**, dabei hängen Strick/Seil oder der Zügel leicht durch und das Pferd ist „bei Fuß" gehend (Foto 2).
- Führt man **in Höhe der Schulter** hat man das Pferd mehr vor sich (Foto 3).
- Das Führen **neben der Sattellage** ist gut geeignet zur Sicherung eines unsicheren Reiters (Foto 4).
- **Neben der Hinterhand** zu führen kann eine treibende Wirkung entwickeln und ist somit nur für erfahrene Führpersonen und gut ausgebildete Pferde geeignet (Foto 5).
- Die **„Tandemführung"** beinhaltet das gemeinsame Führen eines Pferdes von beiden Seiten. Es dient vor allem der Sicherheit und wird meist bei der Bodenarbeit mit Kindern eingesetzt. Ein Erwachsener kann auf der rechten Seite das Führen eines Kindes oder Reitanfängers absichern (Stricke werden seitlich befestigt). Wichtig ist, dass jeweils eine Person der „Chef" ist und die gemeinsamen Aktionen koordiniert. Zur Schonung der Pferde sollte gemeinsames Führen mit Halfter erfolgen (Foto 6).
- Beim **Führen mit Abstand zum Pferd** wird der Führperson eine gute Beobachtung des Pferdes und gezieltes Treiben unter Sicht ermöglicht. Das Führen mit Abstand ist bei vielen Übungen hilfreich und dient dem fließenden Übergang zum Longieren (Foto 7).
- Das **Führen vor dem Pferd** wird zum Beispiel bei Engpässen notwendig. Es dient auch der Vorbereitung zum Verladen (Foto 8).

Die Übergänge zwischen diesen Führpositionen sind meist fließend. Wird in der am häufigsten eingesetzten Position nah neben dem Pferd geführt, geht der Mensch traditionell auf der linken Seite des Pferdes und führt es mit der rechten Hand, mit dem Daumen Richtung Pferdekopf, bei mehr oder weniger kurz gefasstem Führstrick oder Zügel. In der linken Hand hat er die Gerte oder aber das Ende des Bodenarbeitsseils, mit denen bei Bedarf

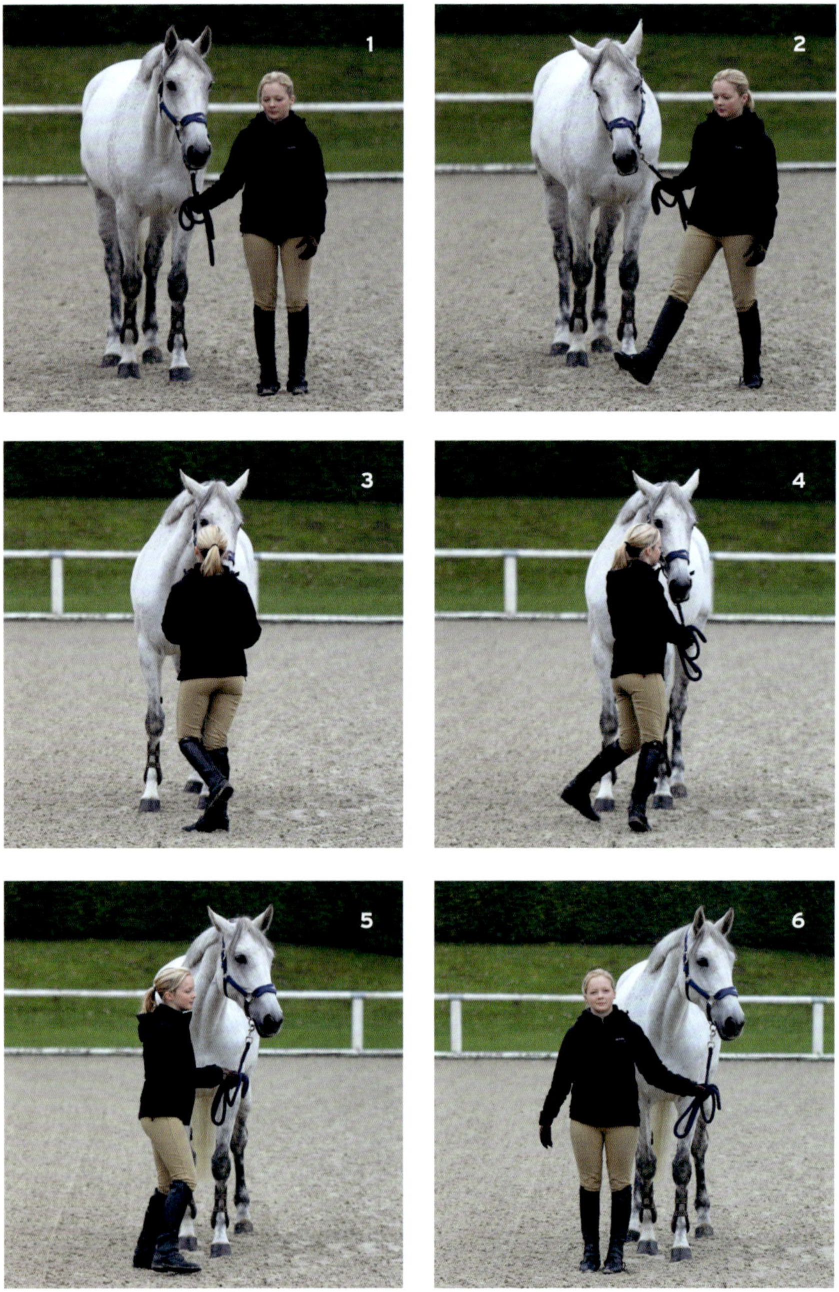

Der Wechsel der Führseite erfordert ein bisschen Übung, vor allem, wenn später im Schritt gewechselt werden soll.

vorwärtsgetrieben werden kann. Es ist sinnvoll, von beiden Seiten und auf beiden Händen führen zu können.

Wechsel der Führseite

Das Führen sowohl von links, als auch von rechts trainiert beide Gehirnhälften. Aus Sicherheitsgründen ist es sinnvoll mit beiden Händen führen zu können. Angewandt werden kann es als reine Übung zur Förderung der Beidhändigkeit, aber auch in speziellen Situationen, die das Führen von der anderen Seite aus sicherer macht.

Es ist sinnvoll, auf der rechten Seite zu führen, wenn auf dieser Seite Unruhe (z.B. Straße, andere Tiere, Zuschauertribüne etc.) herrscht. Der Mensch geht dann zwischen dem möglichen Stressauslöser und dem Pferd. Auf diese Weise vermittelt er dem Pferd als eine Art schützender Puffer Sicherheit. Darüber hinaus ist diese Position für den Menschen sicherer, sollte das Pferd doch einmal von der vermeintlichen Gefahrenquelle zur Seite wegspringen.

Der Wechsel der Führseite sollte zunächst im Halten geübt werden. Dazu macht die Führperson einen großen diagonalen Schritt mit dem rechten Bein vor das Pferd, dann folgt das linke Bein mit einer Drehung des Körpers Richtung Pferdekopf, ein weiterer Schritt mit dem rechten Bein mit weiterer Körperdrehung und Beistellen des linken Beins.

Gelingt das gut, kann der Wechsel der Führseite im Vorwärtsgehen geübt werden. Dazu wird kurz das Schritttempo etwas verhalten und die Führperson vollzieht vor dem Kopf des Pferdes flink den Wechsel auf die andere Seite. Ganz wichtig ist, dass die Führperson dabei zum Pferd schaut.

Führtraining nah am Pferd

Ob links oder rechts, weiter vorn in Höhe des Genicks oder weiter hinten geführt wird, ist abhängig von der gestellten Aufgabe. Je weiter hinten die Führperson mitgeht, umso leichter kann sie ihr Pferd vorwärtstreiben. Dabei kann sie es gut im Auge behalten und auf mögliche Schreckreaktionen direkt reagieren. Durch Einsatz unterschiedlicher Signale kann die Führperson ihr Pferd entweder im Tempo beschleunigen oder es verlangsamen und abbremsen.

Zum Tempo Reduzieren/Anhalten kann mit dem Gertenknauf die Brust des Pferdes berührt werden.

Signalgebung Tempo beschleunigen

Um dem Pferd zu signalisieren im Tempo zuzulegen, setzt die Führperson ihre Stimme ruhig, aber deutlich ein, verbunden mit einem Stimmsignal wie zum Beispiel dem Schnalzen. Dabei ist die Körperhaltung der Führperson aufgerichtet und sie zeigt mit dem eigenen Körper die gewünschte Bewegungsrichtung deutlich an. Mit der Gerte oder dem Leitseil kann das Pferd in Höhe der Gurtlage oder der Hinterhand touchiert werden, falls das Pferd nicht gleich auf die Körpersprache reagiert. Das Pferd soll sein Tempo an den vorwärtsgehenden Menschen anpassen.

Signalgebung „Tempo reduzieren"

Um das Tempo zu verringern, sind ruhige Stimmsignale und eine entspannte Körperhaltung erforderlich. Als Stimmsignal kann zum Beispiel „Brr" oder „Ho" verwendet werden. Die Führperson macht kleinere Schritte und nimmt den Oberkörper zurück. Erfahrene Pferde passen sich dem Tempo der Führperson an. Bei unerfahrenen Pferden kann bei Bedarf die führende Hand zurückgeführt werden, wodurch ein leichter Impuls am Halfter/Knotenhalfter gegeben wird. Da-

Beim Führen mit Abstand sollte sich der Mensch im rechten Winkel zum Pferd befinden.

rauf folgt ein sofortiges Nachgeben, da Dauerzug das Pferd nur abstumpfen würde. Zusätzlich kann es sinnvoll sein die Hand in Augenhöhe anzuheben oder mit der Gerte bei Bedarf die Pferdebrust zu berühren. Verstärkt werden kann dieses Signal durch das Touchieren mit dem Gertenknauf auf die Brust. Das Pferd soll sein Tempo an den langsamer und ruhiger schreitenden Menschen anpassen.

Reduzierte Signale beim Führtraining

Das Pferd passt sich aufmerksam geradeaus schauend und geradeausgerichtet bei durchhängendem Strick/Seil automatisch der Schrittlänge und -richtung der Führperson an. Weitere tempoverändernde Signale (siehe zuvor) erfolgen nur noch in der dafür erforderlichen Stärke, wenn das Pferd diese direkte Reaktion nicht mehr unmittelbar zeigt.

Aufrechterhalten des Geradeausgehens

Das Geradeausgehen wird durch eine Orientierung entlang der Bande erleichtert. Ein sich quer zur Führposition stellendes oder nach innen gehendes Pferd kann durch eine Position neben seinem Kopf und über ein „Geradestellen" von Kopf und Hals durch einen nach außen wirkenden Impuls am Strick/Seil und weiteres Vortreiben wieder geradeausgeführt werden.

Führtraining mit Abstand zum Pferd

Befindet sich der Mensch beim Führen mit mehr Abstand zum Pferd, kontrolliert er es wie beim Longieren mit Strick, Seil oder Kurzlonge in der einen und einer Peitsche beziehungsweise dem Ende des Bodenarbeitsseils in der anderen Hand. Das Pferd kann so besser beobachtet werden, ist aber wegen der geringen Entfernung leichter zu kontrollieren als beim Longieren. Diese Führvariante eignet sich gut als Vorbereitung zum Verladen (siehe Seite 110 ff.) und Longieren (siehe Kapitel 7.1, Seite 156 ff.) oder um beim Longieren aufgetretene Probleme zu korrigieren. Der Übergang zum Longieren ist fließend.

Führt die Führperson auf der linken Seite des Pferdes, hält sie Strick oder Seil in der linken und die Gerte beziehungsweise das Seilende in der rechten Hand. Auf der anderen Seite passiert dies entsprechend spiegelverkehrt. Die Führposition befindet sich kurz hinter dem Genick des Pferdes (nur auf Distanz) im rechten Winkel zum Pferd, gemeinsam in die Bewegungsrichtung schauend oder als alternative Führposition zum Pferd gewandt in Höhe der Schulter/Sattellage. Eine Position vor der Pferdeschulter wirkt eher verhaltend, eine Position Richtung Hinterhand treibend. Das Pferd wird durch Heben und Senken der Gerte vor der Schulter oder durch Schwingen des Bodenarbeitsseils auf dem gewünschten Abstand gehalten.

Führen vor dem Pferd

Es gibt auch immer Situationen und Anforderungen, in denen das Führen vor dem Pferd unvermeidbar ist, zum Beispiel bei Engpässen wie Türen, zwischen Bäumen, beim Verladen oder auf engen Wegen. Diese Position entspricht dem natürlichen Folgen eines Pferdes hinter einem ranghöheren Herdenmitglied, das nicht überholt werden darf. Da die Führperson in dieser Position das Pferd nicht mehr im direkten Sichtfeld hat, ist diese Position aus Sicherheitsgründen nur zu empfehlen, wenn die Rangordnung zwischen Führperson und Pferd eindeutig geklärt ist, der führende Mensch das Pferd auf Abstand halten und jederzeit anhalten kann, die Führperson genug Pferdeerfahrung hat und das Pferd gehorsam und entspannt ist. Das Pferd soll dem Menschen mit Abstand ohne zu Drängeln folgen und stehenbleiben, wenn der Mensch stehenbleibt oder ein Signal zum Anhalten gibt. Diese Position birgt ein Sicherheitsrisiko für die Führperson, sollte das Pferd sich erschrecken. Daher sollte der Mensch möglichst in eine Position neben dem Pferd wechseln, wenn das Pferd anfängt, sich aufzuregen.

Die Führperson führt mit leicht durchhängendem Strick/Seil/Zügel und einem ausreichenden Sicherheitsabstand. Dieser wird beeinflusst durch Straffen und Aufrichten des Körpers, Haltung von Händen und Armen sowie einem Stimmkommando.

Übungen beim Führtraining

Die hier aufgeführten Übungsbeispiele geben einen Einblick in die Vielfältigkeit möglicher Übungen beim Führtraining. Sie können nach erfolgreichem Erarbeiten in beliebiger Weise zusammengesetzt und als Aufgabe in vorgegebener Reihenfolge kombiniert werden. Die beschriebenen Beispiele können Inhalte der jeweiligen Stationsprüfungen der Pferdeführerscheine, der entsprechenden Reit-, Fahr- und Voltigierabzeichen sowie der Abzeichen Bodenarbeit Stufe 1 und 2 sein. Eine prüfungsspezifische Auflistung und Beispiel-Prüfungsaufgaben finden sich im Anhang.

Das Führen vor dem Pferd lässt sich gut durch eine enger gelegte Stangengasse üben. Hier hat die Führperson den Vorteil, notfalls zur Seite ausweichen zu können.

Präzises Führen

Hierbei kommt es im Besonderen darauf an, dass das Pferd neben dem Menschen geht und sich auf möglichst unsichtbare Signale in Tempo, Abstand und Energie an der Führperson orientiert. Absolviert werden die einzelnen Übungen sowohl von der linken als auch von der rechten Seite führend.

Auch beim Führen auf den Hänger wird vor dem Pferd geführt.

➤ Tempo-/Gangmaßwechsel, Gangartenwechsel, Übergänge

Geführt wird im Schritt und Trab in wechselnden Tempi, mal ruhiger, mal frischer nach vorwärts.

Ziel/Durchführung

Es sollen möglichst gehorsame Übergänge zwischen den Gangarten und Tempounterschiede innerhalb der Gangarten absolviert werden. Dabei kommt es auf die Feinabstimmung der Signale an.

Signale

Um vorwärtstreibend einzuwirken geht die Führperson energisch vorwärts und kann gegebenenfalls mit der Gerte oder dem Seil das Pferd in Höhe der Gurtlage oder Hinterhand berühren. Zusätzlich kann ein Stimmkommando eingesetzt werden.

Temporeduzierende Einwirkung wird erreicht indem die Führperson langsamer läuft, die Stimme einsetzt und gegebenenfalls die Hand anhebt oder mit der Gerte oder den Seilschlaufen vor der Brust touchiert. Verstärkt werden kann das Signal, indem kurzfristig impulsartig Druck auf die Nase über das Halfter, Knotenhalfter oder die Zügel gegeben wird.

Auch das Anhalten und Stillstehen soll ohne viel sichtbare Einwirkung geschehen.

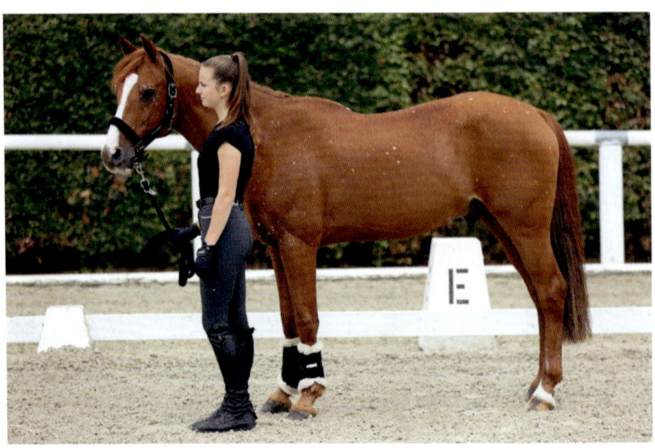

Reduzierte Signale

Das Pferd passt sich dem Tempo des Menschen automatisch an (Ansatz zum Loslaufen = Antraben, Gehen = Schritt, Anhalten = Halten).

➤ Anhalten, Stehenbleiben und Anführen

Ziel/Durchführung

Das Pferd soll auf das Signal, welches möglichst ohne Handeinwirkung bei durchhängendem Strick/Seil/Zügel erfolgt, zum Stehen kommen und dabei ruhig und geschlossen stehen. Die Übung kann in der Ecke durchgeführt werden; dies schafft eine klare Situation und verhindert Stress für das Pferd. Weiterhin kann sie auch aus einer Volte heraus vor der Bande (Bande bietet optische Begrenzung), an der Bande oder im freien Raum durchgeführt werden.

Signale Anhalten

Die Führperson verlangsamt das Tempo, richtet sich auf und nutzt ein Stimmsignal zur Ankündigung, zum Beispiel „und ... Halt". Gegebenenfalls kann ein Impuls am Halfter/Knotenhalfter/Strick/Seil/Zügel gegeben werden oder die Pferdebrust mit dem Gertenknauf oder den Seilschlaufen berührt werden.

Die Führperson bleibt in Bewegungsrichtung auf Höhe zwischen Genick und Schulter neben dem Pferd stehen.

Um das geschlossene Stehen zu erreichen, kann das Pferd durch Vorwärts- (ggf. auch Rückwärts-) Bewegen korrigiert werden. Geübte Führpersonen können auch einzelne Beine in ihrer Position verändern, um die gewünschte Aufstellung zu erreichen. Dies kann zum Beispiel über Einwirkung auf

Strick, Seil oder Zügel sowie mit der Gerte erreicht werden.

Reduzierte Signale Anhalten

Die Führperson hält das Pferd bewusst durch ihre Körpersprache an. Der Mensch bleibt stehen, das Pferd ahmt den Menschen nach und bleibt ebenfalls stehen. Es kann auch einmal die Hand oder Gerte angehoben werden ohne das Pferd zu berühren.

Signale zum Anführen

Die Führperson ist im Oberkörper aufgerichtet (ggf. leicht nach vorn gebeugt) und geht los. Ein Stimmsignal, zum Beispiel „Komm“ und „Scheritt“ kann verwendet werden, ebenso wie gegebenenfalls das Touchieren mit Gerte oder Seil an Flanke, Gurtlage oder Hinterhand.

➤ Gehorsames Stillstehen

Ziel/Durchführung

Jedes Pferd sollte während der Pausen im Bodenarbeitstraining entspannt immer am gleichen Platz neben den gleichen Nachbarn stehen, von wo aus es den anderen Mensch-Pferd-Paaren beim Training zusehen kann. Die Entspannung und Ruhepause zwischen den Übungen bedeuten zugleich Belohnung für das Pferd.

Signale

Die Führperson kann ein Stimmsignal wie zum Beispiel „und ... steeeeh“ verwenden, auf die hin das Pferd stehenbleibt. Der Kopf wird geradeausgestellt, hierzu kann gegebenenfalls mit der Hand ins Halfter/Knotenhalfter gegriffen werden. Bei Bedarf kann durch einen Impuls am Führstrick und/oder mit der Stimme die Aufmerksamkeit zurückgeholt werden. Eine Ruhestellung beim Stehen, wie zum Beispiel Dösen mit halb geschlossenen Augen oder ein ruhendes Hinterbein, darf zugelassen werden.

➤ Vorführen auf der Dreiecksbahn

Ziel/Durchführung

Das Vorführen auf der Dreiecksbahn ist Anforderung bei verschiedenen Abzeichen- und Zuchtprüfungen, es wird geprüft, ob der Prüfling nach folgenden Regeln sein Pferd auf einer Dreiecksbahn vorstellen kann. Geführt wird hierbei auf Trense.

- Beide Zügel werden beim Führen zwei bis drei Handbreit hinter den Trensenringen gegriffen und durch Zeige- und Mittelfinger geteilt. Die Zügelenden werden gefaltet in die rechte Hand gelegt.
- Der Vorführende hält beim Führen die Zügel mit offenen oder geschlossenen Zügelenden nur in der rechten Hand, die ruhig in angemessener Höhe und in jeder Gangart mit dem Pferdekopf mitgeht.
- Das Pferd wird 3 bis 4 Meter vor den Richtern so aufgestellt, dass diese es im Seitenbild „offen“ sehen: die den Richtern zugewandten Pferdebeine geöffnet, die den Richtern abgewandten geschlossen.
- Nach dem Halten und korrekter „offener“ Aufstellung tritt die Führperson von der Schulter aus vor das Pferd; sie beginnt mit ihrem rechten Fuß.
- Sobald die Führperson vor dem Pferd steht, teilt sie die Zügel folgendermaßen: Der rechte Zügel ist in der linken Hand, der linke Zügel mit dem Zügelende liegt in der rechten Hand.
- Die Führperson nennt Informationen zum Pferd, zum Beispiel:

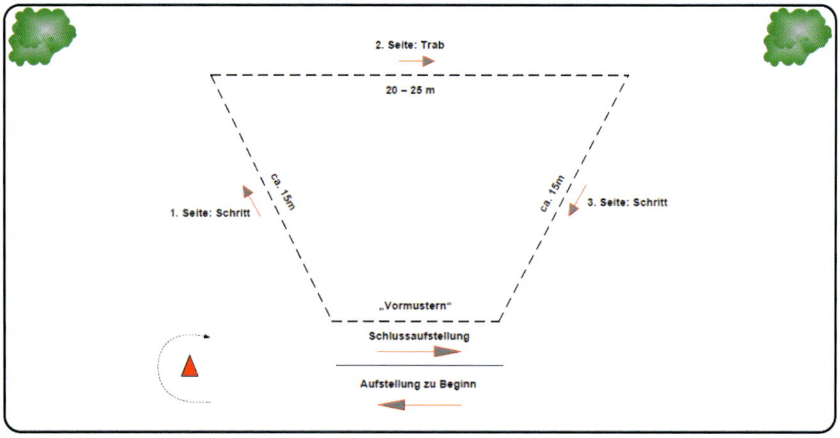

Aufstellung vor den Richtern

Name des Pferdes, Alter, wahlweise Abstammung, Rasse, Farbe.

- Nach Aufforderung durch die Prüfer tritt die Führperson zurück an die Schulter, nimmt die Zügel wieder in die rechte Hand und führt dann ihr Pferd im Schritt von der Richtergruppe weg auf die erste Wendemarke der Dreiecksbahn zu.
- Wendungen werden grundsätzlich nach rechts ausgeführt, unterstützt durch die erhobene linke Hand in Augenhöhe des Pferdes.
- Nach dem Passieren der ersten Wendemarke trabt die Führperson ihr Pferd an. Kurz vor dem Erreichen der zweiten Wendemarke pariert sie ihr Pferd zum Schritt durch und kommt wieder auf die Richtergruppe zu, dort wird das Pferd an der Richtergruppe vorbeigeführt, nach rechts gewendet und zur Schlussaufstellung wieder offen aufgestellt, sodass die Richter das Pferd von der anderen Seite im Seitenbild betrachten können.

Bewertet werden die Korrektheit der Ausführung, die Hilfengebung und die Harmonie zwischen Vorführendem und Pferd. Bei Zuchtprüfungen/Körungen liegt das Hauptaugenmerk auf der Beurteilung der Pferde.

➤ Rückwärtstreten lassen

Ziel/Durchführung

Beim Rückwärtstreten-Lassen soll das Pferd gehorsam, prompt, taktrein und willig auf gerader Linie zurücktreten. Es kann zur Vorbereitung auf das Rückwärtsrichten unter dem Reiter dienen. Zunächst kann das Rückwärtstreten-Lassen an der Bande gegebenenfalls mit einer Stange als Begrenzung geübt werden, um ein Seitwärtstreten zu verhindern. Des Weiteren kann es zwischen zwei parallel angeordneten Stangen durchgeführt werden, zum Beispiel in einer Sackgasse. Außerdem aus der Ecke heraus, dabei ist das Entziehen vor der Hilfengebung eingeschränkt, jedoch hat die Führperson eine schlechte Ausweichmöglichkeit. Pferdekopf und Hals bleiben beim Rückwärtstreten gesenkt, der Rücken wölbt sich auf und die Hinterhand nimmt vermehrt Last auf.

Signale

Die Körperhaltung der Führperson ist aufgerichtet. Dabei kann die Position des Menschen frontal/nach hinten gewandt vor dem Pferd (gegenüber dem Pferd) oder in gleicher Blickrichtung neben dem Pferd zwischen Mitte der Pferdeschulter und dem Pferdekopf sein. Dann tritt man mit dem Pferd zurück. Die Gerte oder das Seil wird vor die Brust des Pferdes gehalten oder die Brust des Pferdes wird mit Hand/Fingern berührt. Mit der Gerte wird das seitliche Ausweichen der Hinterhand an der offenen Seite verhindert. Zusätzlich kann ein Stimmsignal wirkungsvoll sein, zum Beispiel „Zurück“.

Reduzierte Signale

Das Pferd reagiert auf die Körperposition und Laufrichtung der Führperson und passt sich ihr an. Ein leises Stimmsignal kann unterstützend sein.

Variationen

- eine bestimmte Anzahl an Tritten rückwärtstreten lassen
- Schaukel: eine definierte Anzahl Schritte vorwärts und Tritte rückwärts im Wechsel
- rückwärts um die Ecke im Stangen-L oder Labyrinth

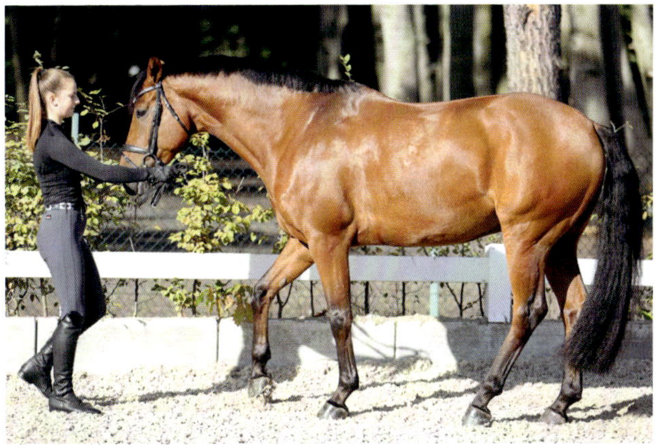

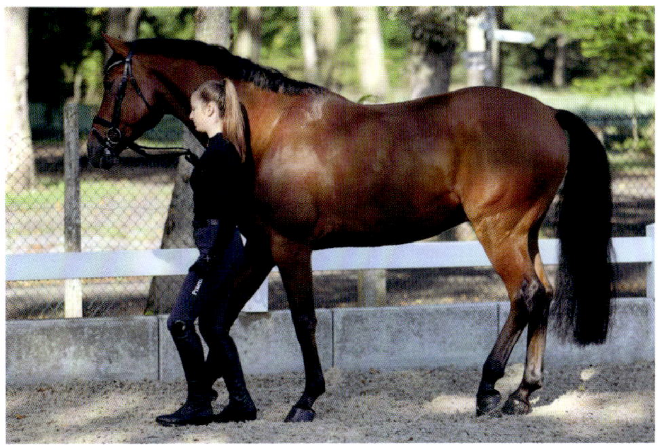

Zum Rückwärtstreten-Lassen kann sich die Führperson zum Pferd drehen (oben) oder mit dem Pferd zurücktreten (unten).

Führen auf gebogenen Linien

➤ Slalom um Pylonen

Diese Übung erfordert eine gute Tempokontrolle und die Bestimmung der Laufrichtung, weil sie ohne Anlehnung an einer Bande durchgeführt wird. Die Wendung in die neue Bewegungsrichtung wird bereits eingeleitet, wenn die vorherige gebogene Linie gerade abgeschlossen ist.

Ziel/Durchführung

Das korrekte Führen durch einen Slalom um Pylonen hat eine gymnastizierende Wirkung durch den sich wiederholenden Wechsel von Stellung und Biegung. Der Abstand der Pylonen ist von Gangart, Grö-

Durch Anheben der äußeren Hand kann die Führperson das Pferd begrenzen.

In der Innenwendung ist die Führperson etwa in Höhe der Pferdeschulter.

Das Pferd soll der Führperson am locker durchhängendem Leitseil/Zügel folgen.

ße und Gymnastizierungsgrad des Pferdes abhängig. Anfangs können die Kegel im Abstand von 9 Metern aufgestellt werden, bei fortgeschrittenen Paaren bis zu 6 Metern.

Signale (Mensch außen)

Die Führposition befindet sich kurz vor der Pferdeschulter. Anfänglich kann die Führperson demonstrativ übertrieben den eigenen Körper wenden und vor allem den Schultergürtel in die neue Bewegungsrichtung drehen. Ein seitwärtsweisender Gertenknauf, die Seilschlaufen vor der Brust oder ein erhobener Arm in Augenhöhe des Pferdes können zur Unterstützung dienen. Eine Schulterkontrolle erfolgt durch Verschieben der Pferdeschulter, gegebenenfalls kann die Schulter touchiert werden. Auch kann eine Temporeduktion durch verhaltende Hilfen anfangs hilfreich sein.

Signale (Mensch innen)

Die Führperson befindet sich zwischen Genick und Widerrist und dreht ihre Schulter in die neue Richtung. Zusätzlich können treibende Signale eingesetzt werden.

Reduzierte Signale

Richtungsänderungen werden über Körperposition und -haltung durchgeführt, insbesondere durch das Drehen des Schultergürtels. Gegebenenfalls gibt die Führperson ein leichte Einwirkung am Halfter/Knotenhalfter (Mensch innen) oder eine seitwärtsweisende Hilfe geben durch die Gerte oder das Bodenarbeitsseil (Mensch außen).

Variationen

- Der Mensch geht ein gleichmäßiges Tempo und das Pferd muss jeweils sein Tempo anpassen, das heißt in der Außenkurve schneller und in der Innenkurve langsamer gehen (Pferd außen = fleißiger; Pferd innen = ruhiger).

- Das Pferd geht um die Pylonen und die Führperson geht mit Abstand zum Pferd außerhalb der Pylonen.
- in Kombination mit Seitwärtsbewegungen (siehe Seitliches Verschieben, Seite 139)

➤ Arbeit in den Ecken

Ziel/Durchführung

Bei der Arbeit in den Ecken steht die Gymnastizierung des Pferdes durch das Führen in einem engen Kreisbogen im Vordergrund. Durch die Nutzung der äußeren Begrenzung einer Ecke innerhalb einer Reithalle oder eines Reitplatzes ist es leichter das Pferd zu stellen und in seiner Längsachse zu biegen. Hilfreich können Pylonen in den Ecken (mindestens zwei, besser vier) sein. Der Abstand der Pylone von der Bande/Umgrenzung beträgt etwa 2 bis 3 Meter bei symmetrischem Aufbau mit gleichmäßigem Abstand von beiden Banden. Der Wechsel zwischen ein bis zwei Volten um eine Pylone und Geradeausführen zwischen den Ecken bietet eine abwechslungsreiche Arbeit. Der Durchmesser des vom Pferd minimal zu beschreitenden Kreises ist von individuellen Voraussetzungen abhängig, wie Größe des Pferdes, Ausbildungsstand und Gymnastizierungsgrad, Motivation und Konzentration. Das Pferd soll sich – soweit anatomisch möglich – vom Genick bis zum Schweif gleichmäßig auf der Kreislinie biegen, auf der es sich bewegt. Als Orientierungswert kann ein Durchmesser von mindestens 6 bis 8 Metern herangezogen werden. Regelmäßige Handwechsel, Erholungsphasen, eine genaue Beobachtung und ein rechtzeitiges Beenden der Übung schützen vor einer Überforderung.

Signale

Die Führposition verlagert sich nach hinten in Richtung Widerrist. Die Führperson kann über einen Impuls am Strick/Seil oder über das Halfter/Knotenhalfter Stellung beim Pferd erfragen. Vorwärtstreibende Signale sind hier zum Beispiel ein Stimmsignal und das Einsetzen der Gerte oder des Bodenarbeitsseils an der Gurtlage des Pferdes.

➤ Führen von Hufschlagfiguren

Bei dieser Übung soll das Pferd ebenso wie beim präzisen Führen willig neben der Führperson gehen, sich dessen Tempo anpassen und auf kleinste Signale hin umgehend reagieren.

Ziel/Durchführung

Das Führen von Hufschlagfiguren wie Volten, Aus-der-Ecke-Kehrt oder Schlangenlinien dient in erster Linie dem Erlernen des sicheren Führens

Führen einer Volte

und dem sich Bekanntmachen mit der korrekten Linienführung dieser Figuren. Hat die Führperson bereits am Boden eine genaue Vorstellung von den Figuren erhalten, werden ihr diese später vom Sattel aus leichter fallen.

Signale

Die Signale, Körperhaltung und Führpositionen im Bewegungsfluss sind passend zur jeweiligen Hufschlagfigur zu wählen. Dabei soll sich die Führperson am zuvor Erlernten (siehe Einzelübungen) orientieren.

Am langen Seil können auch im Trab gerade und gebogene Linie, sowie Handwechsel trainiert werden.

➤ Führen an Kurzlonge/ Bodenarbeitsseil

Die Arbeit mit zunehmendem Abstand zum Pferd ist mit Kurzlonge oder Bodenarbeitsseil möglich und bis zum normalen Longieren ausbaufähig. (Übungen vgl. Münch 2020, S. 90 ff.) Die Ausrüstung variiert nach Abstand vom Pferd und der Aufgabenstellung. In jedem Falle muss das Pferd durch die Ausrüstung unter Kontrolle (Knotenhalfter/Halfter mit Kurzlonge oder Bodenarbeitsseil, bei anschließendem Longieren Longierausrüstung mit Kappzaum und/oder Trense) sowie mit der treibenden Hilfe, wie Bodenarbeitsseil, Bodenarbeits- oder Handarbeitsgerte, Longierpeitsche, gut erreichbar sein.

Ziel/Durchführung

Das Ziel besteht darin, dass Pferd auch aus größerer Entfernung mit minimalen Hilfen zu bewegen. Mit der größeren Distanz können sich Pferd und Mensch gemeinsam durch die gesamte Reitbahn bewegen und abwechslungsreiche Übungen wie zum Beispiel Gangart- und Handwechsel durchführen.

Signale

Die Führperson bewegt sich in mindestens 3 Meter Abstand neben dem geradeaus oder auf einer Kreislinie gehenden Pferd und rahmt es zwischen der Hand mit Kontakt zum Pferdekopf über ein durchhängendes Seil oder eine Kurzlonge und der Gerte oder dem Ende des Bodenarbeitsseils ein.
Der Körper des Menschen ist nach vorn beziehungsweise parallel zur Pferdeachse ausgerichtet. Eine Position vor der Schulter wirkt verhaltend, eine Position Richtung Hinterhand treibend.

Variationen

- Arbeit am langen Seil im Oval in einem kleinen Rechteck (z.B. 14 x 20 m); gegebenenfalls mit Gangartwechsel: an der kürzeren Seite Schritt, an der längeren Seite Trab
- Übergänge zwischen den Positionen mit und ohne Abstand vom Pferd beziehungsweise Kurzlonge und Longieren; fließende Übergänge möglich
- Die meisten Stangenhindernisse und GHP-Hindernisse (siehe Seite 151 ff.) können auch an der Kurzlonge mit Abstand durchgeführt werden.
- Verschiedenste Dressuraufgaben können mithilfe von optischen Hilfsmitteln wie Pylonen und Stangen an der Kurzlonge mit Abstand zum Pferd trainiert werden.

➤ Seitliches Verschieben des Pferdes

Die Übungen, bei denen das Pferd seitlich mit den Vorderbeinen, mit den Hinterbeinen oder mit allen vier Beinen weicht, erfordern eine Stellung im Genick, aber keine Längsbiegung des Rumpfes. Beide Pferdeohren sollten auf gleicher Höhe stehen (kein Verwerfen im Genick). Um die Übungen des seitlichen Weichens korrekt auszuführen, wird der Strick/das Seil eher kurz gefasst. Besonders gut eignet sich für diese Übungen ein Kappzaum. (Übungen vgl. Münch 2020, S. 113 ff.)

➤ „Wendung" (seitliches Weichen) um die Vorhand

Bei der Wendung um die Vorhand bewegt sich die Hinterhand auf einem Halbkreis um die Vorhand. Dabei fußt das innere Hinterbein vor und über das Äußere. Das äußere Vorderbein fußt auf einem Halbkreis um das Innere herum. Danach soll das Pferd ruhig stehen.

Ziel/Durchführung

Das seitliche Weichen fördert das Annehmen der seitwärtstreibenden Hilfen. Außerdem dient diese Übung dem Erlernen und der Vorbereitung der Vorhandwendung unter dem Reiter. Ziel der Übung ist die Wendung des Pferdes um 180 Grad.

Signale

Über die Einwirkung mit Strick/Seil oder Halfter/Knotenhalfter wird das Pferd gegen die Bewegungsrichtung gestellt. Mit dem Ende des Bodenarbeitsseils oder dem Gertenknauf werden einzelne Impulse gegeben. Das Leitseil kann in Richtung der Hinterhand geschwungen werden. Die Körperposition des Menschen wird entsprechend zum Weichen eingesetzt, mit dem Bauch zur Flanke. Geeignet ist eine Stimmhilfe wie zum Beispiel „Geh rum".

➤ „Wendung" um die Hinterhand

Bei der Wendung um die Hinterhand tritt das äußere Hinterbein in einem kleinen Halbkreis um das innere Hinterbein herum. Das innere Hinterbein fußt dabei weiter taktmäßig auf und ab. Die Vorderbeine sollen dabei vorwärts-seitwärts treten und kreuzen.

Ziel/Durchführung

Ziel dieser Übung ist es das Annehmen der seitwärtstreibenden Hilfen zu fördern. Außerdem kann so die Hinterhandwendung unter dem Reiter vorbereitet werden. In der Bodenarbeit ist diese Übung beim Rangieren des Pferdes, beispielsweise bei der Übung „Rückwärts durch das Stangen-L", hilfreich.

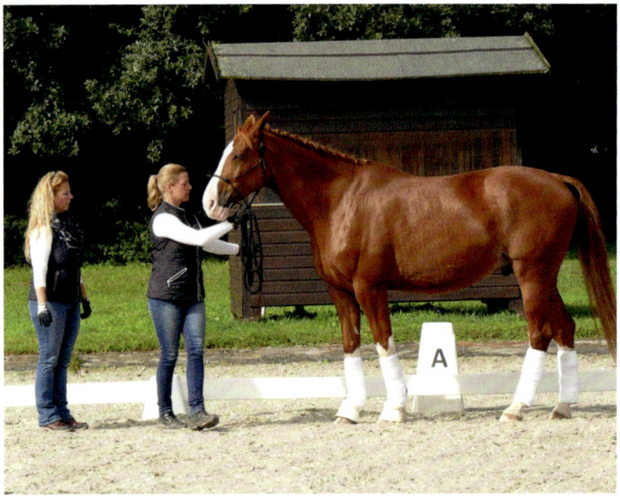

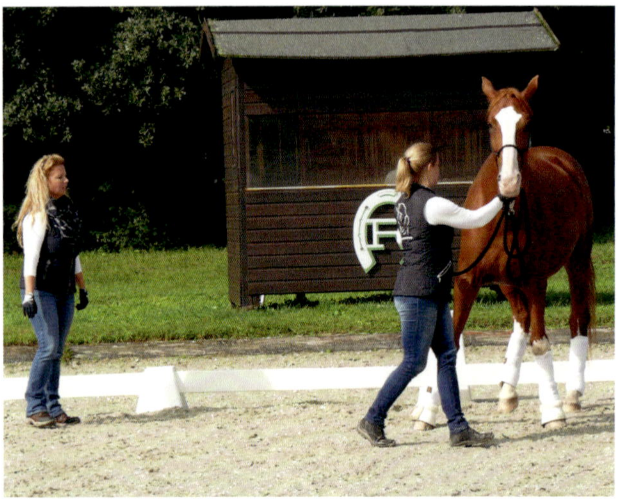

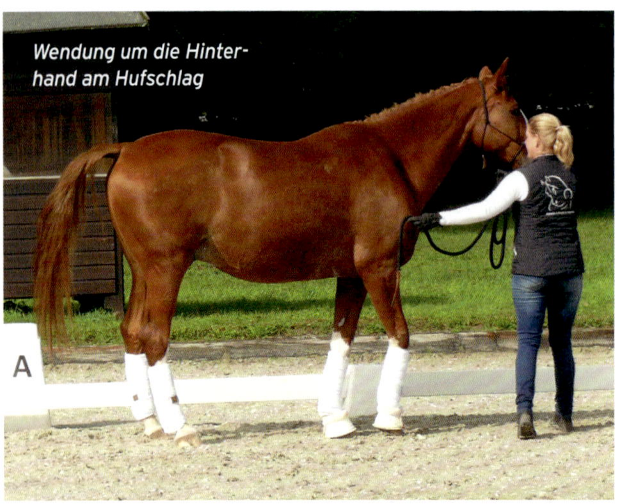

Wendung um die Hinterhand am Hufschlag

Signale

Die Führperson positioniert sich kurz hinter dem Genick mit einem parallel zum Pferd ausgerichtetem Körper. Das Pferd wird in die Bewegungsrichtung gestellt (Einwirken über Strick auf das Halfter oder über das Leitseil auf das Knotenhalfter, ggf. Griff in das Knotenhalfter). Ein Stimmsignal kann zur Hilfe eingesetzt werden. Die seitwärtstreibende taktile Hilfe mit der Gerte, dem Seil oder der Hand kann an der Schulter oder am Vorderfußwurzelgelenk erfolgen.
Das Beenden der Übung wird durch ein Stimmkommando, zum Beispiel „... und Halt“ und das Geradestellen des Pferdekopfes und -halses vollzogen.

Reduzierte Hilfen

Es können ein Stimmsignal, das Antippen an der Schulter oder der seitwärtsweisende Arm als minimierte Signale eingesetzt werden.

➤ Seitwärtsweichen

Beim Seitwärtsweichen des Pferdes ähnlich dem Schenkelweichen ist das Pferd leicht gegen die Bewegungsrichtung gestellt und bewegt sich in etwa 45-Grad-Abstellung an der Bande oder auf einer diagonalen Linie vorwärts-seitwärts.

Ziel/Durchführung

Das Pferd soll vorwärts-seitwärtstreibende Hilfen vom Boden aus auf beiden Händen gehorsam annehmen. Die Übung fördert die Durchlässigkeit und unterstützt das Erlernen des Schenkelweichens unter dem Reiter.

Signale

Die Führposition ist auf Halshöhe kurz hinter dem Genick. Dabei

Seitwärtsweichen im Trab

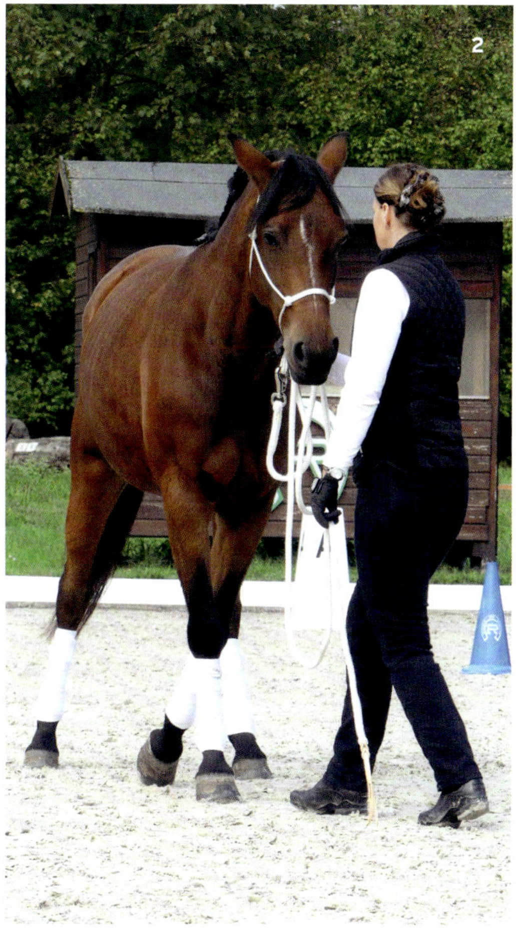

Vorwärts-seitwärts folgen im Slalom

befindet sich die Körperachse im rechten Winkel zum Pferd. Impulse können mit der Gerte an der Hinterhand oder mit dem Leitseil in Höhe der Gurtlage gegeben werden. Zusätzlich kann ein Stimmkommando eingesetzt werden.

Reduzierte Signale

Durch eine schrittweise Verfeinerung der Signalgebung kann das Seitwärtsweichen über die Körperposition, Körperhaltung und Blickrichtung des Menschen ausgelöst und beibehalten werden.

Variationen

- seitliches Weichen im Trab (Foto 1)
- Übung als Viereck verkleinern und vergrößern auf einer diagonalen Linie anlegen
- Erhöhung des Schwierigkeitsgrades: Wechsel im Slalom zwischen vorwärts-seitwärts Folgen und Weichen (Foto 2)
- Erhöhung des Schwierigkeitsgrades: Slalom zwischen Pylonen, dabei Wechsel von einfachen Bögen und vorwärts-seitwärts übertreten lassen
- Abstellung bis 90 Grad (schwer): bei Militär/Polizei (Einrücken), beim Western Trail mit Stange zwischen Beinen

Das Pferd soll zunächst lernen achtsam über Stangen zu treten.

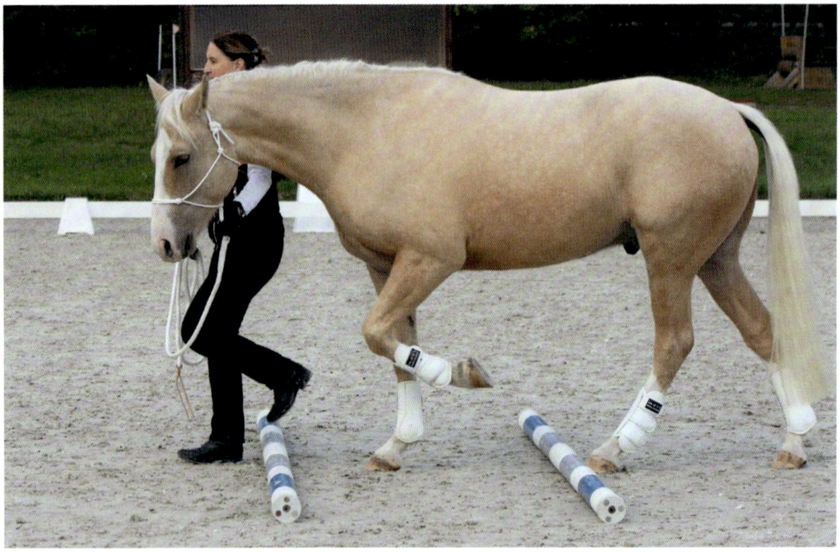

6.4.5 Geschicklichkeits-/ Stangentraining

Das Führen des Pferdes über oder zwischen am Boden liegende Stangen stellt eine Fortführung der Arbeit am Boden dar und wird bereits seit Längerem in den Aktions- und Präzisions-Parcours der Allround-Wettbewerbe (siehe FN-Broschüre „Allround-Wettbewerbe") und in den Gelassenheitsprüfungen (GHP) geführt und auch geritten verlangt. Durch diese abwechslungsreiche Arbeit können Geschicklichkeit, Geschmeidigkeit und Ausgeglichenheit des Pferdes gefördert werden. Die Verwendung von Stangenhindernissen erfordert ein besonders präzises Vorgehen bei geringer Einwirkung durch die Führperson. Das Ziel ist ein harmonisches Miteinander von Mensch und Pferd. Darüber hinaus bringt die Arbeit über Stangen Abwechslung in die geführte Bodenarbeit, fördert die Aufmerksamkeit und motiviert Pferd und Mensch. Ein Berühren der Stangen beziehungsweise Übertreten gilt als Fehler.

Als Grundlage für das Stangentraining sollten die grundlegenden Übungen des Führtrainings wie Tempo- und Gangartkontrolle, Anhalten sowie Führen auf gebogenen Linien beherrscht und in den Aufwärmphasen vor der eigentlichen Stangenarbeit abgefragt und geübt werden. Die Hinweise zum Führtraining (Seite 114 ff.) gelten auch für das Geschicklichkeitstraining. Auch hierbei ist es wichtig, die Hindernisse von beiden Seiten aus zu üben. Dabei soll das Pferd motiviert und konzentriert mitarbeiten und die Stangen beim Überschreiten nicht berühren.

Übungsbeispiele Geschicklichkeitstraining

➤ **Übungen mit einer Stange**

Sinnvoll ist es immer mit dem flüssigen Übertreten einer Stange zu beginnen. Das Pferd soll achtsam über eine Stange treten. In der weiterführenden Arbeit kann das Vorsetzen einzelner Beine durch Berührungen mit der Gerte oder leichte Impulse am Halfter erarbeitet werden. Dies ist vor allem bei der Übung „Stange zwischen Beinen" notwendig, da diese Übung für die Pferde aus dem Schritt heraus recht schwierig ist.

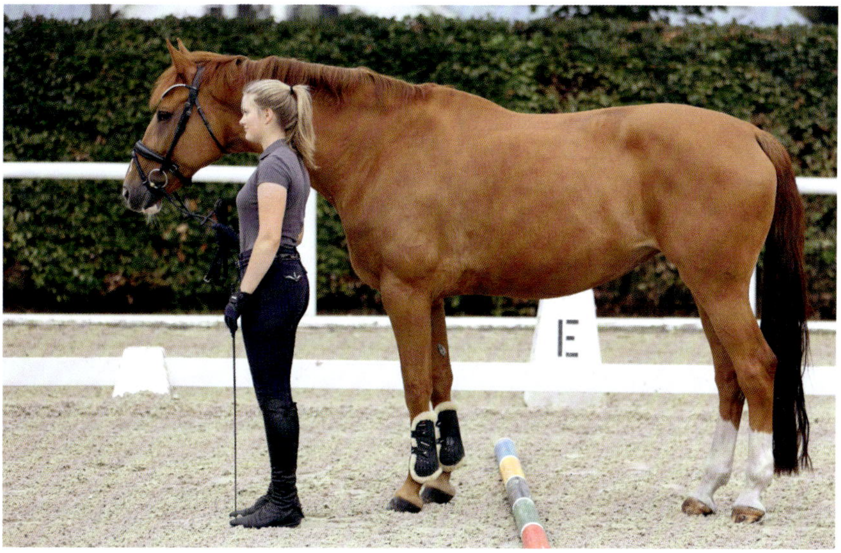

Sieht einfach aus, ist es für manche Pferde aber nicht: Das Halten über einer Bodenstange.

Ziel/Durchführung

Bei Übungen mit einer Stange müssen die Grundlagen des Führtrainings sicher beherrscht werden. Die Übung überprüft die Reaktion des Pferdes auf eine Stange, zum Beispiel gelassen oder ängstlich. Sie macht das Pferd aufmerksam auf die Stangenarbeit und verringert somit die Verletzungsgefahr. Außerdem wird die Trittsicherheit des Pferdes gefördert. Der Aufbau erfolgt mit einer einzeln liegenden Stange, die nach Möglichkeit festliegt.

Signale

Positionen und Signale: Führen, Anhalten, Stehenbleiben, Losgehen (siehe Seite 120 ff.)

Im ersten Schritt wird das Pferd im reduzierten Tempo gerade über die Stange geführt. Anschließend sollte man es vor und nach der Stange anhalten. Wenn diese Übungen gelassen gelingen, beginnt man mit dem Halten über der Stange, indem man kurz vor der Stange hält und dann die Signale zum Antreten über Körpersprache und Stimme gibt. Das Pferd soll nur einen verkürzten Schritt vortreten, um dann wieder zum Halten zu kommen. Auch wenn das Pferd bei den ersten Versuchen ein Vorderbein vor und ein Vorderbein hinter der Stange platziert hat, wird es gelobt und wieder angeführt.

Die Führperson kann ein Stimmsignal verwenden, zum Beispiel „und ... steeeeeh", auf das hin das Pferd stehenbleibt. Der Kopf soll geradeausgestellt werden, dazu kann gegebenenfalls mit der Hand ins Halfter/Knotenhalfter gegriffen werden. Bei Bedarf kann durch einen Impuls am Führstrick und/oder Stimme die Aufmerksamkeit zurückgeholt werden. Die Ruhestellung beim Stehen kann zugelassen werden (Dösen mit halb geschlossenen Augen, ruhendes Hinterbein).

Variationen

- vor der Stange stehenbleiben (aus dem Schritt heraus)
- mit der Stange zwischen Vorder- und Hinterbeinen stehenbleiben (Foto)

Stangen-L vorwärts

- mit der Stange zwischen den Vorderbeinen stehenbleiben
- mit der Stange zwischen den Hinterbeinen stehenbleiben

➤ Stangen-L vorwärts

Der Abstand zwischen den Stangen sollte erst weiter (ca. 1,50 m) gewählt und kann später bis auf einen Meter verringert werden, je nach Erfahrung von Führperson und Pferd.

Ziel/Durchführung

Die Einzelübungen Anhalten, Stehenbleiben, Antreten und Seitwärtstreten werden hier kombiniert. Die Übung erhöht die Aufmerksamkeit und verbessert die Balance und Koordination des Pferdes.

Das Pferd wird möglichst ruhig und konzentriert durch das Stangen-L geführt. Ziel sollte es sein, dass die Führperson innerhalb des Stangen-L nicht die Seite wechselt.

Signale

Die Führperson muss ihre Position den Gegebenheiten anpassen, zum Beispiel die Führperson führt links: in der Linkswendung ist die Führposition kurz vor der Schulter, während die Führperson in der Rechtswendung etwas zügiger gehen muss und sich auf Höhe des Pferdekopfes befindet.
Die Führperson kann innerhalb oder außerhalb des Stangen-L führen, wobei das Führen innerhalb der Stangen den höchsten Schwie-

Stangen-L rückwärts

rigkeitsgrad darstellt. Die Führperson muss dabei darauf achten, dass die Einwirkung auf das Pferd im Timing sehr präzise eingesetzt wird, sodass das Pferd genau auf seiner vorgesehenen Spur bleibt und nicht auf die Linie der Führperson ausweicht und diese möglicherweise heraus drängt.

Variation: Stangen-L rückwärts

Den Abstand zwischen den Stangen sollte anfangs recht weit gewählt werden. Es besteht die Möglichkeit sowohl gemeinsam mit dem Pferd rückwärts durch das Stangen-L zu gehen oder aber die Führperson geht vorwärts und nur das Pferd tritt rückwärts.

Das Rückwärtstreten-Lassen durch das Stangen-L ist immer eine Kombination aus Rückwärtstreten-Lassen, Wendung um die Vorhand und Wendung um die Hinterhand. Alle drei Übungen sollten vorher ohne Stangen sicher beherrscht werden.

Signale

Beispiel: Die Führperson geht links neben dem Pferd, führt also mit der rechten Hand. Die Führposition befindet sich kurz hinter dem Genick des Pferdes. Zunächst führt man das Pferd nur ein Stück zwischen die zwei Stangen und lässt es geradeaus rückwärtstreten, bis es wieder aus den Stangen herausgetreten ist. Dann führt man das Pferd vorwärts bis hinter die Ecke und lässt es ganz langsam in der Mitte der Gasse rückwärtstreten. Nun werden die Hinterhand und die Vorhand des Pferdes in einzelnen Schritten soweit zur Seite verschoben, dass das Pferd wieder auf einer geraden Linie rückwärts aus der zweiten Hälfte des Stangen-L heraustreten kann.

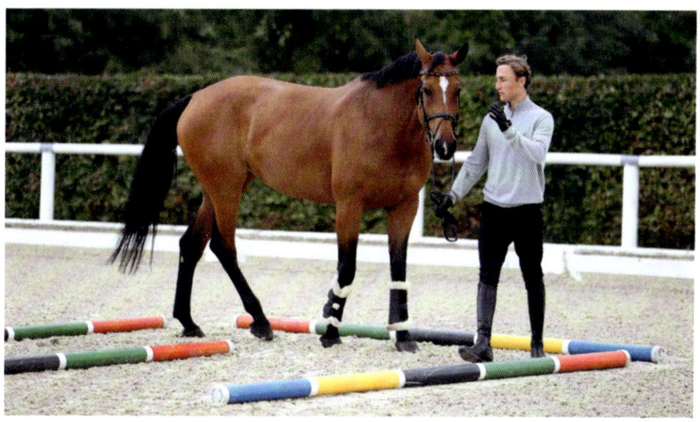

Im Stangenlabyrinth müssen sich Pferd und Mensch sehr konzentrieren.

➤ Stangenlabyrinth

Ziel/Durchführung

Aufbau: Mehrere L-Formationen werden verbunden, sodass sowohl Rechts- als auch Linkswendungen erfolgen müssen und somit ein Stangenlabyrinth entsteht.

Durch die unterschiedlichen Anforderungen wie Wendungen nach rechts und links sowie das Geradeausgehen ist das Stangenlabyrinth eine abwechslungsreiche Übung, die Konzentration und Geschicklichkeit fördert. Ziel in der fortgeschrittenen Ausbildung ist es, dass Stangenlabyrinth ohne Wechsel der Führseite und ohne Verlassen der Stangengasse, später auch ohne Anzuhalten, durchzuführen. Dabei soll das Pferd gestellt und gebogen die Wendungen vollziehen, sodass die Spur der Hinterhufe der der Vorderhufe folgt.

Signale

Zunächst kann die Führperson auch außerhalb der Stangen gehen, damit das Pferd in der Mitte der Gasse gehen kann. Es kann sinnvoll sein, bei ungestümen Pferden anfangs vor jeder Wendung anzuhalten, um so die Übung schrittweise zu erarbeiten. Im weiteren Verlauf ist das Ziel, dass die Führperson innerhalb der Stangen neben dem Pferd geht. Die Wendungen werden eingeleitet durch die Körperposition der Führperson, insbesondere durch das Drehen der Körperachse. Gegebenenfalls können durch eine leichte Einwirkung auf das Halfter/Knotenhalfter/die Trense der Pferdekopf und -hals mit ausgestrecktem Arm in die neue Richtung bewegt werden. In den Wendungen wird das Pferd außen begrenzt; die Führperson läuft außen, hebt seitwärtsweisend die Hand in Augenhöhe neben dem Pferdekopf und lässt die Hinter- beziehungsweise die Vorderbeine schrittweise um die Vor- und um die Hinterhand seitwärtstreten.

Variation: Rückwärts durch das Labyrinth

- wie Stangen-L, aber schwieriger, weil mehr Wendungen

➤ Unregelmäßige Stangenreihe

Ziel/Durchführung

Aufbau: vier bis sechs Stangen in 15 bis 25 Zentimeter Höhe auf einer Seite

Für Schritt: Zu Beginn beträgt der Abstand 80 bis 90 Zentimeter für Pferde oder 60 bis 80 Zentimeter für Ponys, danach können einzelne Stangen ausgelassen werden und zuletzt können Höhen und Abstände variiert werden.

Für Trab: Die Abstände für Trab von 1,20 bis 1,40 Meter für Pferde oder 1,00 bis 1,20 Meter für Ponys sollten generell eingehalten werden. Auch hier können dann einzelne Stangen weggelassen und die Höhen variiert werden.

Die Übung fördert in hohem Maße Aufmerksamkeit und Trittsicherheit der Pferde, da die Stangen in wechselnder Höhe liegen und somit die Schritte und Tritte entsprechend angepasst werden müssen.

Signalgebung

Die Führposition befindet sich in Höhe des Pferdehalses vor der Schulter (Führperson überwindet die Stangen ebenfalls) oder auf Distanz (Führperson läuft außerhalb

Das Durchqueren einer unregelmäßigen Stangenreihe - das Pferd könnte gerader sein.

Beim Aufbau des Stangenkreuzes ist es wichtig, die Stangen so zu legen, dass sie nicht wegrollen können.

der Stangen). Strick oder Seil hängt durch.

Das Pferd wird im ruhigen Tempo an die erste Stange herangeführt, um ihm Zeit zu geben die Situation zu erfassen. Dann soll das Pferd mit tiefer Kopf-Hals-Haltung aufmerksam, mittig und gerade über die Stangen treten.

Variationen

- Stangen in unterschiedlichen Abständen im Schritt überwinden
- einzelne Stangen im Schritt und Trab weglassen

➤ Stangenkreuz

Vier Stangen im Quadrat mit den Enden so übereinanderliegend, dass jeweils das eine Ende über und das andere Ende unter der Nachbarstange liegt. Die Enden müssen sich weit genug überkreuzen, damit das Pferd zwischen die Stangenkreuze treten kann.

Ziel/Durchführung

Das Stangenkreuz stellt einen erhöhten Schwierigkeitsgrad dar. Es fördert die Aufmerksamkeit und Trittsicherheit des Pferdes. Zunächst führt die Führperson ihr Pferd über die Mitte der langen Seiten und erst danach wird durch die Diagonale über die Stangenkreuze geführt.

Signale

Die Führperson geht in Höhe kurz hinter dem Genick des Pferdes und führt am Strick/Seil/Zügel. Das Pferd wird präzise mittig vor die überkreuzten Stangen geführt, die Führperson geht etwas seitlich und übertritt ebenfalls die Stangenkreuze.

➤ Stangenfächer/Stern

Beim Stangenfächer werden mehrere Stangen sternförmig auf einer in der Mitte erhöhten Unterlage (z.B. Hindernisständer, Autoreifen) aufgelegt. Die Anzahl der Stangen, die Abstände zwischen den Stangen und die Höhe der Stangen sind variabel und schrittweise zu steigern.

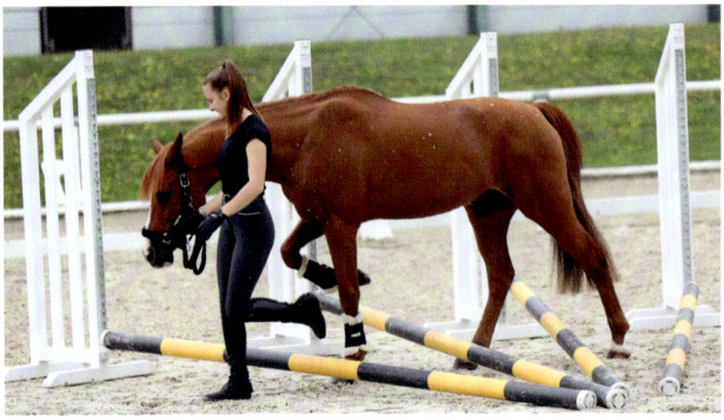

Stangenfächer/ Stern

Ziel/Durchführung

Das Führen über einen Stangenfächer fördert die Aufmerksamkeit, Trittsicherheit und Längsbiegung des Pferdes. Das Pferd wird auf einer gebogenen Kreislinie über die Stangen geführt.

Signale

Geführt werden kann innerhalb oder außerhalb des Kreises. Der Weg innerhalb hat den Vorteil, dass dabei der Fluchtweg des Pferdes nach außen hin nicht versperrt ist; der Weg außerhalb kann dagegen abhängig von der Höhe der Stangen für den Menschen einfacher sein.
Das Pferd wird am Halfter/Knotenhalfter oder auf Trense geführt.
Bei Gelassenheitsprüfungen geht die Führperson an der Außenseite, das Pferd an der Innenseite über die Stangen. Das Pferd soll aufmerksam und willig über die Stangen treten, ohne sie zu berühren.

Variationen

- Führen weiter außen, die Stangen sind niedriger
- Führen weiter innen, die Stangen sind höher

➤ Geschicklichkeitskreuz

Für das Geschicklichkeitskreuz werden sechs Stangen im Karree zueinander kombiniert gelegt (siehe Abbildung). Die Pferde werden in unterschiedlichen Linienführungen in Schritt und/oder Trab auf gebogenen Linien über die Stangen geführt.

Ziel/Durchführung

Die Arbeit im Geschicklichkeitskreuz verbessert die Längsbiegung und fördert die Aufmerksamkeit sowie Trittsicherheit des Pferdes. Sie kann in unterschiedlichen Kombinationen und somit verschiedenen Schwierigkeitsgraden durchgeführt werden. Unterschiedliche Anforderungen sind zum Beispiel Führen auf gerader Linie, Führen auf gebogener Linie, Halten über der Stange, Übertreten von Stangen und fließender Seitenwechsel der Führperson. Die Kombination beziehungsweise Anordnung der gebogenen Linien bei Überwinden der Stangen kann variieren. Möglich sind Ovale über Einzelstangen, zunächst im Schritt, dann im Trab bis hin zur Volte über alle Stangen im Schritt.

Signale

Es kann auf Halfter, Knotenhalfter oder Trense geführt werden. Die Führperson geht neben dem Pferd in Höhe zwischen Genick und Schulter mit lockerer Verbindung

Geschicklichkeitskreuz

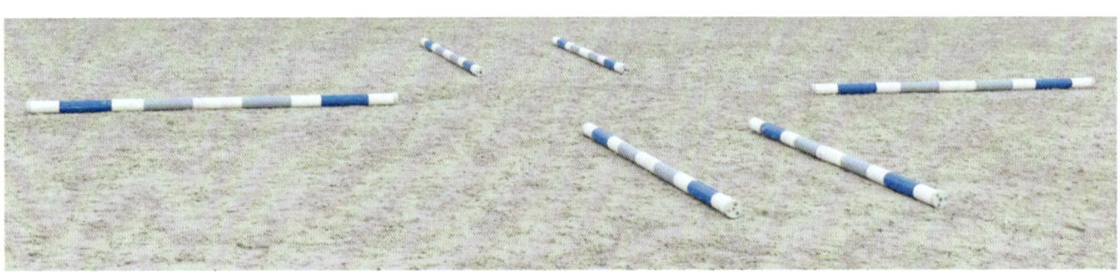

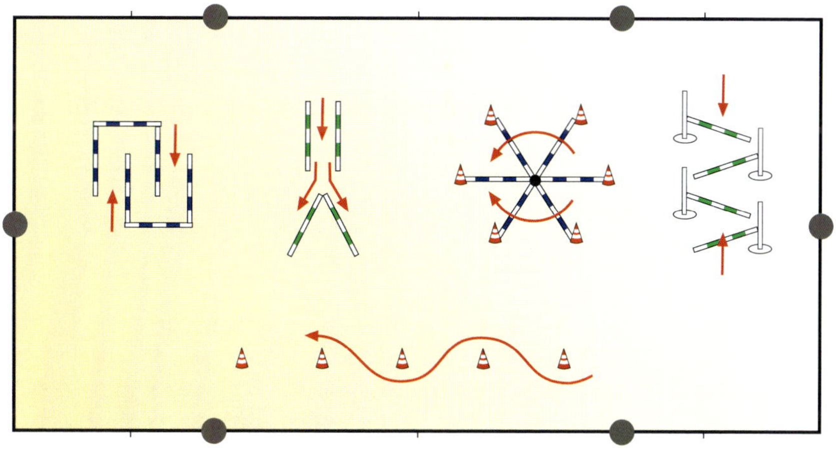

So könnte ein kleiner Stangenparcours mit unterschiedlichen Geschicklichkeitshindernissen aussehen (weitere Beispiele für Trainingsparcours und Prüfungsaufgaben siehe „Merkblatt zum Thema Bodenarbeit" der FN).

zum Strick/Seil/Zügel. Die Stangen werden mittig angeführt. Bei den Volten wird ein fließender Seitenwechsel vor dem Pferd zum Handwechsel durchgeführt. Damit die Pferde achtsam und flüssig über die Stangen treten, kann zum richtigen Zeitpunkt mit Gerte/Seil an der Gurtlage oder der Flanke touchiert werden.

➤ Einparken an einer Aufsitzhilfe

Das Pferd soll leicht versetzt an eine Aufsitzhilfe geführt werden und dort auf minimale Signale an die Aufsitzhilfe herantreten, „einparken", und ruhig warten, während die Führperson möglichst auf der Seite der Aufsitzhilfe bleibt.

Ziel/Durchführung

Das Einparken an der Aufsitzhilfe dient der Vereinfachung eines pferdegerechten und gesundheitserhaltenden Aufsitzens. Es ist eine Gehorsamsübung aus einer Kombination von Heranführen, Anhalten, Teilwendung um die Vorhand, Stillstehen, möglicherweise schon Aufsitzen, Loben und wieder Absitzen.

Signale

Es wird auf Halfter, Knotenhalfter oder Trense geführt. Das Pferd wird mit der rechten Führhand an die Aufsitzhilfe herangeführt, dabei sollte das Pferd so zum Stehen kommen, dass zur Aufsitzhilfe noch Platz zum Herantreten ist. Sobald das Pferd stillsteht, wird mit dem Ende des Leitseils oder der Gerte um den Pferdekopf herum mit der tiefen linken Hand einen Impuls in Richtung Hinterhand gegeben und somit einen Schritt in Richtung Aufsitzhilfe gefordert.

Sicherheitshinweise Geschicklichkeits-, Stangen- und Gelassenheitstraining

- selbst immer ruhig bleiben
- festes Schuhwerk und Handschuhe
- Strick/Seil/Zügel nie um die Hand wickeln; grundsätzlich sind aber große Schlaufen wie die der Longe erlaubt.
- Gamaschen an den Pferdebeinen
- möglichst festliegende Stangen, zum Beispiel Halbstangen
- vorab unbedingt Reaktion auf Stangen prüfen
- Pferd nicht überfordern! Schrittweise vorgehen!
- Bei Gruppentraining ausreichenden Sicherheitsabstand zwischen den Pferden einhalten (3 Pferdelängen)!

6.4.6 Gelassenheitstraining

Das Gelassenheits- oder auch Schrecktraining basiert auf dem Prinzip der Desensibilisierung (siehe Seite 67). Dabei werden Pferd und Führperson mit verschiedenen Alltagssituationen konfrontiert, wobei die Stärke der Schreckreize stufenweise immer nur so weit gesteigert wird, dass keine Fluchtreaktion ausgelöst wird. Zusätzlich wird die Neugier des Pferdes genutzt, damit es sich dem Schreckreiz freiwillig nähert und das unbekannte Objekt untersucht, um schließlich gelassen daran vorbei- oder darüber zu gehen.

Auch wenn zunächst nur die Reaktion auf die jeweilige Aufgabe trainiert wird, verringert das Gelassenheitstraining generell die Schreckhaftigkeit des Pferdes in Alltagssituationen und vergrößert den Einfluss der Führperson auf das Pferd durch die besser eingespielte Kommunikation in Angst auslösenden Situationen. Durch das Training und die Konfrontation mit diesen Herausforderungen wird das Pferd zu einem zuverlässigen Partner des Menschen. Ein nervenstarkes und gelassenes Pferd bedeutet gleichzeitig ein deutlich höheres Maß an Sicherheit, aber auch in Wettbewerbssituationen wird sich ein derart trainiertes Pferd nicht so leicht ablenken lassen.

Zur Überprüfung der Gelassenheit wird seit vielen Jahren die GHP, die Gelassenheitsprüfung, angeboten (siehe FN-Broschüre „GHP – Gelassenheitsprüfung für Sport- und Freizeitpferde“).

Als gelassen gilt ein Pferd, wenn es die in der GHP verlangten Aufgaben aufmerksam, aber trotzdem ruhig und gehorsam mit einer deutlich erkennbaren Bereitschaft zur Mitarbeit bewältigt. Bei der Gelassenheit geht es nicht um die Unterdrückung des natürlichen Fluchtinstinkts des Pferdes, sondern darum, das Vertrauen zum Menschen als ranghöheren Partner zu fördern und das Pferd dadurch zu mehr innerer Ruhe zu bringen.

Die Übungen zur Gelassenheit werden zur Sicherheit zunächst in der Reithalle oder auf einem umzäunten Reitplatz durchgeführt, damit das Pferd im Fall des Erschreckens und Losreißens nicht unkontrolliert davonstürmt und sich oder andere möglicherweise verletzt.

- Als Grundlage des Gelassenheitstrainings sollten die Basisübungen des Führtrainings wie Tempo- und Gangartkontrolle, Anhalten, Führen

auf gebogenen Linien beherrscht und in der Aufwärmphase noch einmal aufgefrischt werden.
- Das Pferd soll mit leicht durchhängendem Zügel oder Strick/Seil fleißig neben der Führperson hergehen.
- Um die Verletzungsgefahr zu verringern, sollten Begrenzungslinien der zu begehenden Gassen besser mit Sägespänen statt Stangen markiert werden.
- Die Führperson sollte immer neben dem Pferd auf der Seite führen, die zwischen Schreckreiz und Pferd liegt, damit der potenzielle Fluchtweg nach vorwärts-seitwärts freigehalten wird! Dies sollte auch in Alltagssituationen berücksichtigt werden!
- Bei ängstlichen Pferden kann die Akzeptanz der Schreckhindernisse beschleunigt werden, wenn sie zunächst andere Pferde beim Kontakt mit dem unbekannten Objekt beobachten können und/oder wenn sie einem sicheren Führpferd folgen können (siehe Kapitel 4.3.1, Seite 56 f.).

Achtung: Beim gemeinsamen Training ist besondere Vorsicht geboten, weil Bewegungen oder Geräusche, beispielsweise beim Betreten einer Plane, auch andere Pferde erschrecken können.

Übungsbeispiele Gelassenheitstraining

Hier eine kleine Auswahl möglicher Hindernisse für die GHP:

- **Regenschirm (GHP)**
  Das Pferd soll gelassen ohne Scheuen durch eine Gasse direkt an mehreren Personen mit Regenschirmen entlanggehen, auch wenn diese aufschnappen. Dadurch wird das Pferd an einen optischen Schreckreiz gewöhnt, mit dem es auch im Alltag konfrontiert sein kann.

Aufbau

Als Markierung dient eine Sägespänegasse (in GHP). Das Pferd darf bis zu dieser Linie beim Vorbeigehen an dem Schreckhindernis ausweichen. Es sollten möglichst keine Stangen (auch keine befestigten Bodenstangen) für die Gasse verwendet werden, aufgrund der Verletzungsgefahr. Mindestens zwei Regenschirme liegen aufgespannt auf dem Boden.

Ziel/Durchführung

Das Pferd wird zunächst an die Sägespänegasse am Boden gewöhnt.

Beim Üben darf das Pferd sich den Schirm bei Bedarf erst einmal anschauen (oben), bevor es dann vorbeigeht (unten).

Über den Rappelsack wird das Pferd an seltsame Geräusche gewöhnt. Hier beäugt das Pferd den Rappelsack noch skeptisch.

Die Führperson geht zwischen den Regenschirmen und dem Pferd. Die Führperson gibt dem Pferd Zeit die Schirme zu erkunden. Wenn das Pferd entspannt an den auf den Boden liegenden Schirmen vorbeigeht, kann der Helfer einen der Schirme in sicherer Entfernung aufspannen. Als nächstes soll das Pferd in die Nähe des einzelnen aufgespannten Schirmes geführt werden. Wird dieses sicher absolviert, können weitere Schirme aufgespannt werden, an denen vorbeigeführt wird. Der Reiz, dem das Pferd ausgesetzt wird, sollte immer unter dem Fluchtreflex liegen.
Weitere Steigerungen sind das Aufschnappen-Lassen von Schirmen unter Beobachtung aus sicherer Entfernung sowie das Öffnen beziehungsweise Aufschnappen-Lassen von Schirmen während des Vorbeiführens.

➤ Rappelsack, Klapperkarre (GHP)

Durch das Training mit dem Rappelsack wird das Pferd daran gewöhnt, einen unbekannten akustischen Reiz am Boden zu akzeptieren.

Aufbau

Als Rappelsack eignet sich ein mit Konservendosen gefüllter Jutesack an einem Seil zum Ziehen. Der Rappelsack wird zunächst über den Boden neben dem Pferd gezogen, später über eine Stangen, Holzklötze oder Backsteine.

Ziel/Durchführung

Das Pferd wird mit großem Abstand um einen auf dem Boden liegenden Rappelsack herumgeführt. Die Führperson unternimmt eine Annäherung an den Rappelsack und kann das Pferd den Rappelsack erkunden lassen. Dabei sollte der Rappelsack ruhig auf dem Boden liegen. Als nächstes wird der Rappelsack mit großem Abstand zum

Das Überschreiten der Plane sollte zügig und ohne zögern stattfinden.

Pferd bewegt. Hierfür wird eine Hilfsperson benötigt. Wird dies vom Pferd mit Gelassenheit akzeptiert, kann die Hilfsperson mit Abstand zum Pferd mit dem Rappelsack hin und her laufen. Dann kann die Führperson das Pferd dem Helfer mit Rappelsack folgen lassen, bevor allmählich die Hilfsperson mit Rappelsack in Schulterhöhe mit einem Sicherheitsabstand (ca. 4 m) neben dem Pferd hergeht. Mit zunehmender Gelassenheit kann die Hilfsperson dann in Höhe der Sattellage und schließlich hinter dem Pferd mit genügend Abstand hergehen.

Die Hilfsperson soll sich dem Pferd immer weiter nähern und am Ende um das Pferd herumlaufen. Steigerungsmöglichkeiten sind zum Beispiel mit Rappelsack in der einen und dem Pferd am Strick/Seil in der anderen Hand herumlaufen, das Geräusch verstärken, indem man den Rappelsack über eine unebene Fläche zieht, sowie das Pferd mit dem Rappelsack berühren, am besten an der Schulter.

In der GHP wird zusätzlich der Weg, den das Pferd nicht verlassen darf, mit Sägespänen markiert.

➤ Plane am Boden

Durch das Überschreiten einer Plane wird das Pferd an einen unbekannten Untergrund gewöhnt, der durch seine Konsistenz und die Geräusche beim Betreten zunächst furchteinflößend wirkt. Durch Training mit Planen werden Pferde auch besser auf Alltagssituationen vorbereitet, wie zum Beispiel beim Verladen oder beim Ausreiten (Siloplanen, Futtersäcke, Plastiktüten).

Aufbau

- große, feste Planen (am besten Lkw-Planen oder Ähnliches, die sich nicht zwischen Huf und Hufeisen einklemmen können) auf den Boden legen

1

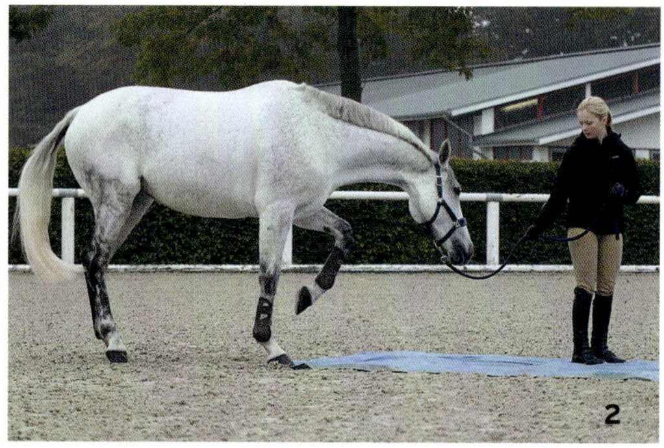
2

3

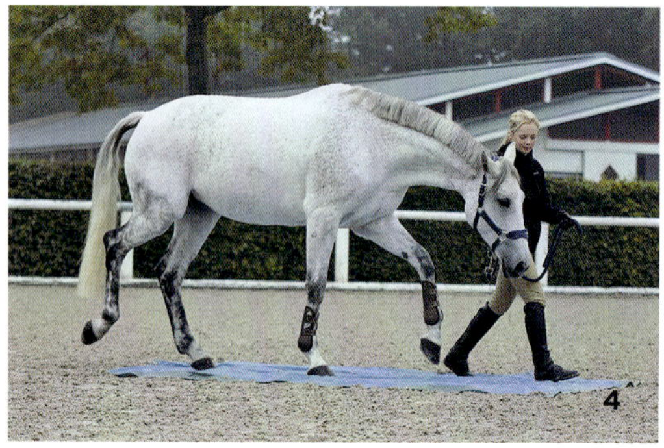
4

So geschieht Gewöhnung richtig: Das Pferd erst schauen/schnuppern lassen (1), den ersten mutigen Schritt abwarten (2) und dann neben dem Pferd über die Plane gehen (3, 4)

Ziel/Durchführung

Die Führperson geht nicht vor, sondern neben dem Pferd, falls das Pferd über die Plane springt.

Anfangs bietet es sich an, die Plane zu falten und erst einmal schmal hinzulegen. Das Pferd darf die Plane erkunden, gegebenenfalls wird es versuchen mit dem Huf daran zu scharren. Man kann das Pferd um die schmale Plane herumführen (die Führperson bleibt zwischen Plane und Pferd) oder, wenn zwei Planen vorhanden sind, zwischen zwei weit auseinandergezogenen Planen durchführen, die dann immer weiter zusammen gezogen werden. Die Führperson kann zunächst auf der Plane hin und her gehen, damit sich das Pferd an das Geräusch gewöhnt. Wenn das Pferd einen gelassenen Eindruck macht, versucht man Schritt für Schritt über die Plane zu gehen. Die Führperson sollte genügend Sicherheitsabstand einhalten, da das Pferd eventuell versucht, die Plane mit einem großen Sprung zu überwinden. Je gelassener das Pferd dabei wird, desto ruhiger und selbstverständlicher wird es die Plane überwinden. Wichtig ist es, dem Pferd immer wieder zu erlauben, die Plane zu untersuchen. Typisch ist Riechen und Schnauben mit langem Hals, Berühren der Plane sowie Untersuchen mit dem Huf.

➤ Flatterbandvorhang (GHP)

Beim Durchschreiten des Flatterbandvorhangs muss das Pferd einen unbekannten optischen Schreckreiz akzeptieren, der sich zudem noch über seinem Kopf befindet und seinen Körper berührt.

Aufbau

- ein Vorhang, der circa 2,30 Meter hoch und 2,50 bis 3,00 Meter breit ist; die Flatterstreifen

Kurz & knapp zusammengefasst

- Eine gründliche und konsequente Erziehung vom Boden sowie Bodenarbeitstraining ermöglichen eine gute Kommunikation zwischen Pferd und Mensch und verbessern das Miteinander. Probleme, die beim täglichen Umgang eventuell vorhanden sind, lassen sich so meist nachhaltig lösen.
- Zur Bodenarbeit gehört auch der tägliche und allgemeine Umgang des Menschen mit dem Pferd vom Boden aus, sowie das Annähern, Aufhalftern, Führen, Anbinden und auch die Pflege.
- Beim Führtraining des Pferdes an der Hand werden die Grundtechniken Geradeausschreiten, Anhalten, Stillstehen, Rückwartstreten, seitliches Weichen sowie Führen auf gebogenen Linien geübt.
- Die Arbeit über Stangen fördert die Raum-Lage-Wahrnehmung, die Koordination, das Selbstvertrauen sowie das Gleichgewicht des Pferdes.
- Durch Gelassenheitstraining wird das Pferd an Schreckreize gewöhnt und lernt mit Gefahrensituationen umzugehen (Desensibilisierung).
- Bodenarbeit hat positive Auswirkungen auch auf andere Pferdesportdisziplinen, unter anderem durch ein besseres Verständnis der Hilfengebung, als Unterstützung reiterlicher Lektionen oder als willkommene Abwechslung/Ergänzung zum restlichen Training.
- Bei der geführten Bodenarbeit kommen unterschiedliche Ausrüstung wie Trense, Halfter, Knotenhalfter, Stricke, Seile, Führketten und Gerten/Peitschen zum Einsatz.
- Geführt wird je nach Anforderung aus unterschiedlichen Positionen heraus und gegebenenfalls mit unterschiedlichen Seillängen.
- Die Gerte/Peitsche wird grundsätzlich nicht zur Bestrafung eingesetzt!

enden etwa 50 Zentimeter über dem Boden

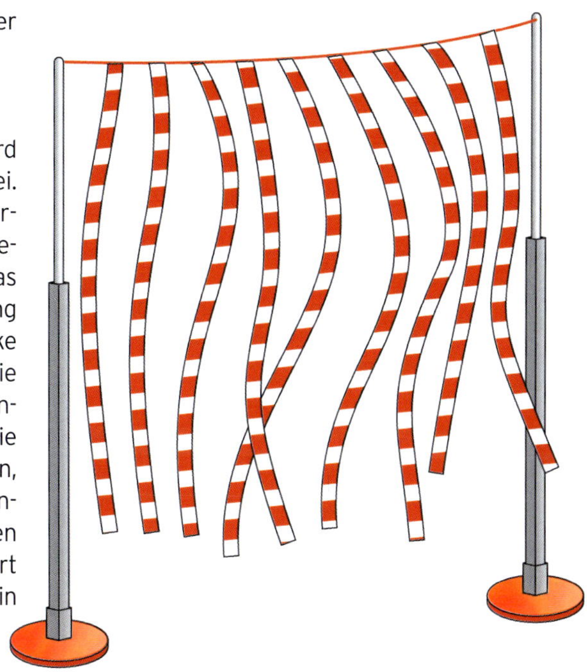

Ziel/Durchführung

Die Führperson führt das Pferd am Flatterbandvorhang vorbei. Nähert sich das Pferd dem Vorhang vertrauensvoll an, kann dieser untersucht werden. Um das Pferd erstmalig durch den Vorhang zu führen, sollte eine große Lücke gewählt werden, dazu können die Flatterbänder zusammengebunden werden. Anschließend kann die Lücke langsam verkleinert werden, indem man einzelne Streifen hängen lässt, bis das Pferd durch den geschlossenen Vorhang geführt werden kann. Hilfreich ist hier ein erfahrenes Führpferd.

Longieren gehört im weiteren Sinne ebenfalls zur Arbeit vom Boden aus.

7 Weiterführende Ausbildung in der Bodenarbeit

Die in Kapitel 6 beschriebenen Inhalte und Übungen stellen nicht die ganze Bandbreite der Bodenarbeit dar, sondern letztlich ihre Grundlagen. Wer tiefer in die Thematik einsteigen möchte, findet eine Fortführung und Vertiefung in der hier in Kapitel 7 vorgestellten weiterführenden Ausbildung in der Bodenarbeit.

7.1 Grundlagen des Longierens

Das Longieren ist eine Tätigkeit mit dem Pferd vom Boden aus, die irgendwo zwischen geführter Bodenarbeit und Freiarbeit (siehe Kapitel 7.2, Seite 159 ff.) liegt und deshalb an dieser Stelle erwähnt werden soll. In der pferdesportlichen Ausbildungsarbeit ist das Longieren in seiner Vollendung (Doppellonge) eine wahre Kunst, die viel Erfahrung durch den Longenführer erfordert. Zum Longieren gibt es verschiedene Abzeichen (siehe FN-Broschüre „Die Longierabzeichen" sowie „Ausbildungs- und Prüfungs-Ordnung" und „Longieren, Richtlinien für Reiten und Fahren, Band 6").

7.1.1 Allgemeine Grundsätze und Ziele

Longieren gehört im weiteren Sinne zur Arbeit vom Boden aus, ist aber immer auch eine gute Ergänzung beziehungsweise zeitweise Alternative zum Reiten und/oder Fahren sowie eine Fortführung der geführten Bodenarbeit. Tauchen beim Longieren Probleme auf, ist es sinnvoll, wieder einen Schritt zurück zu machen und sich vermehrt der geführten Bodenarbeit zu widmen.

Longiert werden kann:

1. als Vorbereitung auf das Anreiten
2. als Teil der Bodenarbeit
3. als Abwechslung in der täglichen Arbeit
4. als Aufwärmphase vor dem Reiten (vor allem bei „kernigen" Pferden)
5. zur Förderung der Losgelassenheit
6. zur Verbesserung der Arbeit „über den Rücken" ohne Gewicht
7. zur Muskulaturentwicklung
8. in Rekonvaleszenz-Phasen, zum Beispiel bei Abschürfungen in der Sattellage, bei Muskelverspannungen u.Ä.

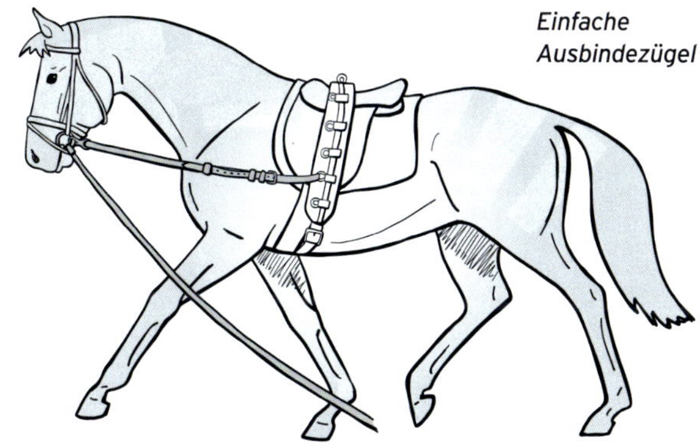

Einfache Ausbindezügel

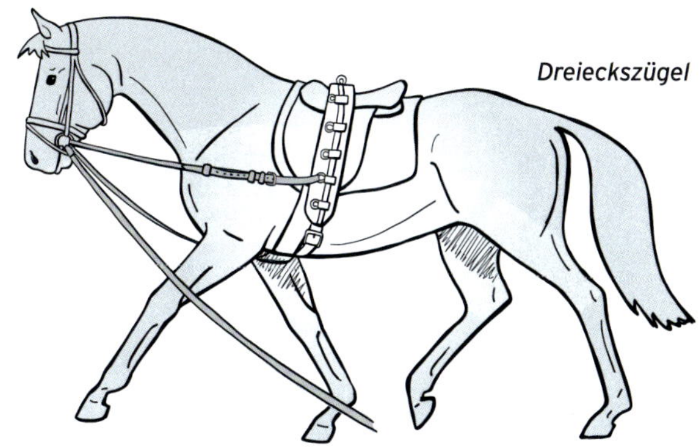

Dreieckszügel

7.1.2 Trainingsort und Ausrüstung

Der Longierplatz

Am besten eignet sich ein eingezäunter Platz wie eine Longierhalle oder ein Longierzirkel beziehungsweise ein Round Pen mit einem Durchmesser von mindestens 16 Metern. Longiert man auf einem offenen Platz, ist es vor allem für junge Pferde hilfreich, mit Cavaletti (ohne Holz- oder Metallkreuze), Hindernissen oder Ähnlichem eine äußere Begrenzung zu schaffen und so ein seitliches Ausbrechen zu verhindern.

Die Ausrüstung

Zum Longieren braucht man eine Longe (mind. 8,50 m bis 9,50 m), Trense, einen Sattel und/oder Longiergurt, Ausbinder oder Dreieckszügel, im Idealfall einen Kappzaum und eine Longierpeitsche (mindestens 7,50 m mit Schnur).

7.1.3 Ausführung

Vor dem Longieren sollte das Pferd auf langen, geraden Linien geführt werden, um es im Schritt aufzuwärmen.

Das Ausbinden

Zum Longieren selbst stellt man sich mit dem zum Longieren vorbereiteten Pferd (Trense, Longiergurt, ggf. Kappzaum) zunächst im Mittelpunkt des Zirkels auf und bindet es auf beiden Seiten etwa in Höhe des Buggelenks aus. Die Länge der Ausbinder/Dreieckszügel/Laufferzügel richtet sich dabei nach der Größe und dem Ausbildungsstand des Pferdes sowie der Gangart. Pferde werden stets individuell so ausgebunden, dass die Stirn-Nasen-Linie an oder leicht vor die Senkrechte kommen kann. Großrahmige Pferde benötigen daher länger geschnallte Ausbinder, noch nicht aufgewärmte und junge Pferde sowie Pferde in der Schrittarbeit ebenfalls. Sie brauchen ihren Hals als Balancierstange, zu eng ausgebunden würde man ihnen dieses Instrument nehmen und sie damit an der freien Bewegung und an einem schwingenden Rücken hindern. Bei zu lang verschnallten Ausbindern/Dreieckszügeln/Laufferzügeln neigen manche Pferde dazu,

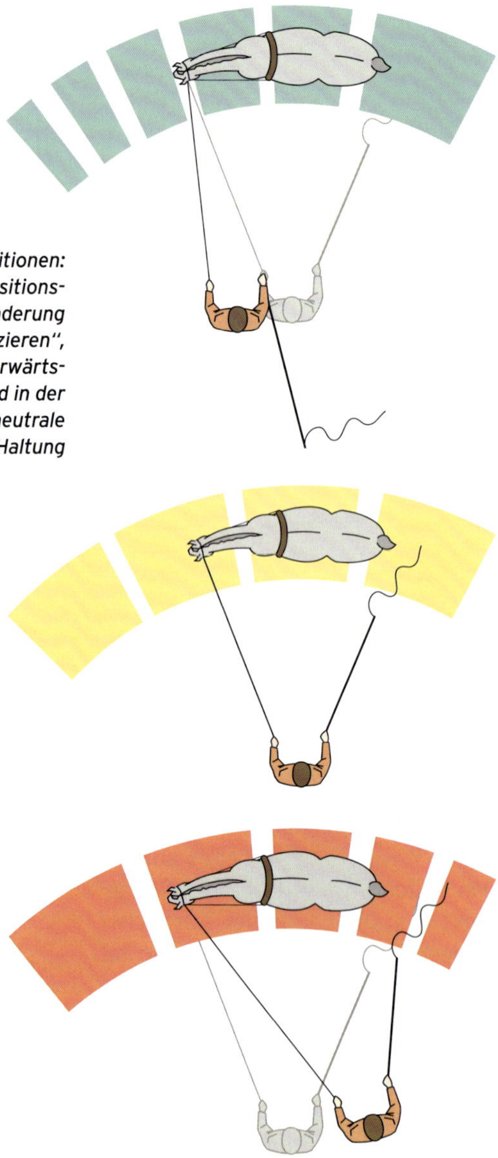

Longier-Positionen: Oben die Positionsveränderung „Tempo reduzieren", unten „Vorwärtstreiben" und in der Mitte die neutrale Haltung

sich weit nach oben herauszuheben und dabei den Unterhals zu betonen und den Rücken zu verspannen. Zur Längenkontrolle der Hilfszügel stellt man sich vors Pferd, fasst in beide Gebissringe und hebt den Kopf des Pferdes ein wenig an. Kommt seine Stirnlinie problemlos leicht vor die Senkrechte, ist die Länge der Ausbinder/Dreieckszügel richtig. Eine Einschätzung zur korrekten Einstellung der Hilfszügel kann aber nur in der jeweiligen Gangart erfolgen.

Das Longieren gänzlich ohne Hilfszügel sollte vermieden werden. Die Pferde haben dann wenig Orientierung und lassen sich nur schwer auf der gewünschten Linie halten. Sie können dann vermehrten und damit schädlichen Zentrifugalkräften ausgesetzt sein.

Die Longierpeitsche

Die Longierpeitsche wird während des Einrichtens der Hilfszügel mit dem langen Ende nach hinten zeigend unter dem Arm festgeklemmt. Während der ganzen Zeit sollte die Longe bereits im inneren Gebissring unterhalb von Zügel und Hilfszügel oder im vorderen Ring des Kappzaums eingehängt sein, und zwar so, dass der ungebrauchte Teil in losen, etwa 30 Zentimeter großen Schlaufen in einer Hand liegt und sich durch Öffnen der Hand leicht verlängern lässt, ohne dabei zu verknoten.

Der Vorteil der Verwendung eines Kappzaums liegt bei jungen oder ungestümen Pferden vor allem darin, dass die Longe nicht im Gebissring eingehängt ist und so bei einem seitlichen Ausweichen oder bei einem ungestümen Herumbuckeln das Gebiss weder zur Innenseite herausgezogen werden noch ein unangenehmer Zug aufs Gebiss entstehen kann. Das Vertrauen in eine beidseits gleichmäßige Anlehnung bleibt erhalten. Auch beim Longieren auf einem Zirkel ohne Begrenzung ist die Verwendung eines Kappzaums aus wie zuvor beschriebenen Gründen absolut vorzuziehen.

Das Longieren

Ist alles eingerichtet, tritt der Longenführer seitlich in Richtung Hinterhand zurück und lässt das Pferd nach vorn aus der Mitte heraus von sich weg an-

Für die Freiarbeit muss die Kommunikation zwischen Pferd und Mensch bereits sehr gut abgestimmt sein.

treten. Genau wie bei der Bodenarbeit wird durch die Bewegung in Richtung der Hinterhand ein vorwärtstreibender Effekt erreicht, der durch Weisen der Longierpeitsche in Richtung Sprunggelenk noch verstärkt wird. Das Pferd bewegt sich nun auf dem äußeren Hufschlag und dort im Kreis um den Longenführer herum, eingerahmt in Longe und Longierpeitsche. Durch Veränderung der Körperposition (siehe Zeichnung) und Haltung der Peitsche (heben, senken) lassen sich Tempo und Gangart bestimmen. Hinzu kommen feinste Einwirkungen über die Longe beziehungsweise mittels Stimmkommandos. Auch beim Longieren sollte die Intensität der Signale mit der Zeit minimiert werden.

Das Tempo beim Longieren sollte frisch, aber nicht eilig oder stürmend sein. Ein Herumscheuchen im Longierzirkel oder Round Pen ist grundsätzlich abzulehnen.

7.2 Freiarbeit und seillose Bodenarbeit

Im Folgenden werden auf der Basis der bisher zur Bodenarbeit erlernten Grundlagen die Freiarbeit sowie die seillose Bodenarbeit vorgestellt. Bei dieser Arbeit mit dem Pferd handelt es sich um weiterführende Bodenarbeit, bei der insbesondere die Verfeinerung von Körpersprache und Stimmsignalen im Vordergrund steht.

7.2.1 Allgemeine Grundsätze und Ziele

Freiarbeit ist eine besondere Form der Arbeit mit dem Pferd am Boden. Im Gegensatz zur geführten Bodenarbeit besteht keine Verbindung zum Pferd etwa durch Zügel, Strick, Longe oder Seil. Zu unterscheiden sind dabei die Freiarbeit im Longierzirkel/Round Pen und die seillose Bodenarbeit. In beiden Fällen ist die solide Grunderziehung

Durch die Arbeit am Boden entsteht ein inniges Vertrauensverhältnis.

am Boden eine notwendige Voraussetzung. Einer der wesentlichen Unterschiede zwischen diesen Trainingsmethoden ist die räumliche Distanz des Menschen zum Pferd. Während bei der Freiarbeit die Entfernung von der Größe des eingezäunten Bereiches bestimmt wird, befinden sich bei der seillosen Bodenarbeit Mensch und Pferd in der Regel in unmittelbarer Nähe und können so sämtliche Übungen machen, die es auch bei der geführten Bodenarbeit gibt.

Wie bereits ausführlich beschrieben, sind Pferde Profis im Lesen von Körpersprache. Beim Menschen sind dagegen sowohl der Einsatz als auch das Deuten von nonverbaler Kommunikation immer mehr in den Hintergrund gerückt. Eine eindeutige Körpersprache des Menschen ist bei der Freiarbeit und seillosen Bodenarbeit allerdings noch viel wichtiger als bei der geführten Bodenarbeit. Die freie Arbeit funktioniert nur, wenn die Verständigung zwischen Mensch und Pferd gelingt. Da es kein Seil oder keine Zügel gibt, über die im Zweifelsfall eingewirkt werden kann, muss der Mensch für das Pferd eindeutig „lesbar" sein. Das führt dazu, dass sich der Mensch intensiv mit seiner verbalen und mit seiner nonverbalen Wirkungsweise auseinandersetzen muss. Freiarbeit und seillose Bodenarbeit erfordern somit ein hohes Maß an Reflexionsvermögen. Der Mensch muss zunächst wissen, welches Manöver er durchführen möchte, um dann Körpersprache und Stimmkommandos effektiv einsetzen zu können. Die feine und sensible Kommunikation ist das Ziel. Ihr zugrunde liegen Vertrauen, Geduld, Konsequenz, Gradlinigkeit und Fairness.

Über die Freiarbeit und die Bodenarbeit ohne Seil wird das Gespür des Menschen für den passenden Moment

seiner Einwirkungen geschult. Ebenso werden richtiges Timing und Dosierung von Einwirkung, Lob und Korrektur trainiert, was auch für das Reiten und die Dosierung der reiterlicher Hilfen große Vorteile hat.

Pferde, die die seillose Kommunikation beherrschen, sind oft weniger schreckhaft, da sie gelernt haben, sich intensiv auf den Menschen zu fokussieren. Durch die kommunizierende Arbeit am Boden wird außerdem die Auffassungsgabe der Pferde trainiert. Die Aufmerksamkeit wird immer wieder geweckt und muss gehalten werden. Dies führt dazu, dass sich die Konzentrationsfähigkeit insgesamt verbessert.

Die Freiarbeit selbst offenbart den Gemütszustand des Menschen wie kaum eine andere Trainingsmethode. Ist der Mensch ungeduldig, ärgerlich oder ängstlich, wird ihm das Pferd nicht folgen. Somit bilden die innere Entspannung und Losgelassenheit des Menschen erst das Fundament, auf dem Kommunikation entstehen kann. In der Boden- und Freiarbeit kann der Mensch also lernen, sich selbst zu entspannen – letztlich auch eine Grundvoraussetzung für erfolgreiches und harmonisches Reiten.

Praktisch für den Alltag: Das Pferd lernt auf Pfiff zum Menschen zu kommen.

Pferde werden durch die Bodenarbeit gelassener und weniger schreckhaft

Das Pferd orientiert sich auch ohne Seil am Tempo des Menschen.

7.2.2 Trainingsort und Ausrüstung

Das Freiarbeitstraining sollte auf einem runden, eingezäunten Platz, zum Beispiel einem Round Pen, mit griffigem, nicht zu tiefem Boden durchgeführt werden. Die Einzäunung des Round Pen muss stabil sein und darf keine Verletzungsgefahr für das Pferd bergen.

Grundsätzlich ist darauf zu achten, dass der Round Pen einen Mindestdurchmesser von rund 16 Metern aufweist. Ein zu kleiner Zirkel würde auf Dauer die Gelenke des Pferdes zu stark belasten. Ein größerer Zirkel oder ein eingezäunter Reitplatz beziehungsweise eine Reithalle sind als Trainingsort zwar denkbar, allerdings erschwert insbesondere zu Beginn der Ausbildung eine zu große Distanz die Ausbildung des Pferdes.

Bei fortgeschrittenen Pferden spielt der Abstand zum Menschen in der seillosen Bodenarbeit keine maßgebliche Rolle mehr. Sie haben gelernt, auf Körpersprache und Stimmkommandos zu reagieren, und gehorchen auch aus größerer Entfernung. Um dieses Ziel zu erreichen, sollte daher stets mit Freiarbeitstraining in einem Zirkel begonnen werden.

Hilfsmittel für die Freiarbeit können eine Peitsche oder ein Bodenarbeitsseil sein. Das Pferd sollte idealerweise ein Knotenhalfter tragen. Es empfiehlt sich, die Beine des Pferdes durch Gamaschen oder Bandagen zu schützen. Je nach Temperament und Ausbildungsstand des Pferdes sind Handschuhe empfehlenswert, da gerade zu Beginn der Ausbildung das Pferd immer wieder an das Seil genommen werden muss, um einzelne Übungen aus der führenden Position heraus zu festigen. Festes Schuhwerk im Umgang mit Pferden sollte eine Selbstverständlichkeit sein.

Literaturtipp

Dr. Claudia Münch
Die Kunst der feinen Signale
Ausbildung am Boden
FN*verlag* Warendorf, 2020

7.2.3 Ausführung

Freiarbeit

Bei der Freiarbeit im Round Pen soll das Pferd kontrolliert in allen drei Grundgangarten bewegt werden. Die Freiarbeit baut auf der geführten Bodenarbeit auf. Das Pferd ist also bereits am Boden ausgebildet und soll nun lernen, auch bei größerer Distanz auf die Stimmkommandos und die Körpersprache des Menschen zu reagieren, um verschiedene Übungen wie Gangart- und Richtungswechsel durchzuführen.

Grundregeln

- Die Basis für Freiarbeit ist eine solide Erziehung des Pferdes am Boden. Das Pferd hat gelernt, auf den Menschen zu achten, ihn zu respektieren, seine Körpersprache zu lesen und auf bestimmte verbale Kommandos zu reagieren.
- Bei der Freiarbeit im Round Pen handelt es sich nicht um ein „Laufenlassen". Das Ziel der Freiarbeit besteht in der Kontrolle des Pferdes aus der Entfernung heraus. Eine Trainingseinheit darf also nicht mit unkontrolliertem Losrennen beginnen, bei dem das Pferd Richtung und Gangart bestimmt. Die „Aufwärmphase" sollte je nach Ausbildungsstand des Pferdes mit geführten Übungen im Round Pen beginnen. Empfehlenswert sind hier punktgenaues Führen, Anhalten, Stehenbleiben und Rückwärtstreten-Lassen auf beiden Händen.
- Falls eine Tempokontrolle des Pferdes noch nicht zuverlässig sichergestellt ist, sind die ersten Trabeinheiten am langen Seil oder an der Longe durchzuführen. Wenn das Pferd noch nicht warm ist, könnte ein plötzliches Losrennen zu Verletzungen führen. Grundsätzlich ist eine Trainingseinheit im Round Pen nach maximal 30 Minuten zu beenden, da auch bei dieser Art der Arbeit vom Boden aus die Konzentrationsfähigkeit des Pferdes dann meist nachlässt. Dabei sind immer wieder Pausen, beispielsweise durch Stillstehen, einzulegen. Die Hand ist mehrfach zu wechseln, damit die Gelenke nicht einseitig belastet werden. Das Training auf beiden Händen sollte stets ausgewogen sein.

Stimmkommandos

Selbstverständlich müssen bei der Freiarbeit die gleichen Stimmkommandos zum Einsatz kommen wie bei der Bodenarbeit. Dabei spielt es keine Rolle, für welche Kommandos man sich entscheidet. Entscheidend ist nur, dass immer die gleichen Kommandos für die gleichen Übungen verwendet werden.

Wichtig sind auch die Abstufungen, abhängig davon, ob beispielsweise nur durchpariert oder aber angehalten werden soll. Für beide Manöver sollten unterschiedliche Stimmkommandos ausgewählt werden. Auch wenn der Einsatz der Körpersprache bei der Freiarbeit die wesentliche Signalgebung ist, kann auf verbale Kommandos nicht gänzlich verzichtet werden. Schaut ein Pferd einmal in eine andere Richtung, muss durch die Stimmkommandos wieder die Aufmerksamkeit auf den Menschen und das Training gelenkt werden.

Trainingsprinzipien

Das Freiarbeitstraining funktioniert wie die geführte Bodenarbeit nach dem gleichen Muster:

Signal – Umsetzung – Lob/Korrektur

Das Signal muss eindeutig sein. Nach der prompten Umsetzung durch das Pferd wird verbal gelobt. Dies macht aber nur Sinn, wenn dieses Lob zuvor als sekundärer Verstärker eingerichtet wurde. Das Lob kann je nach Übungseinheit zusätzlich durch eine kurze Pause unterstützt werden, um dem Pferd quasi die Zeit zum Verstehen zu geben. Bei einer notwendigen

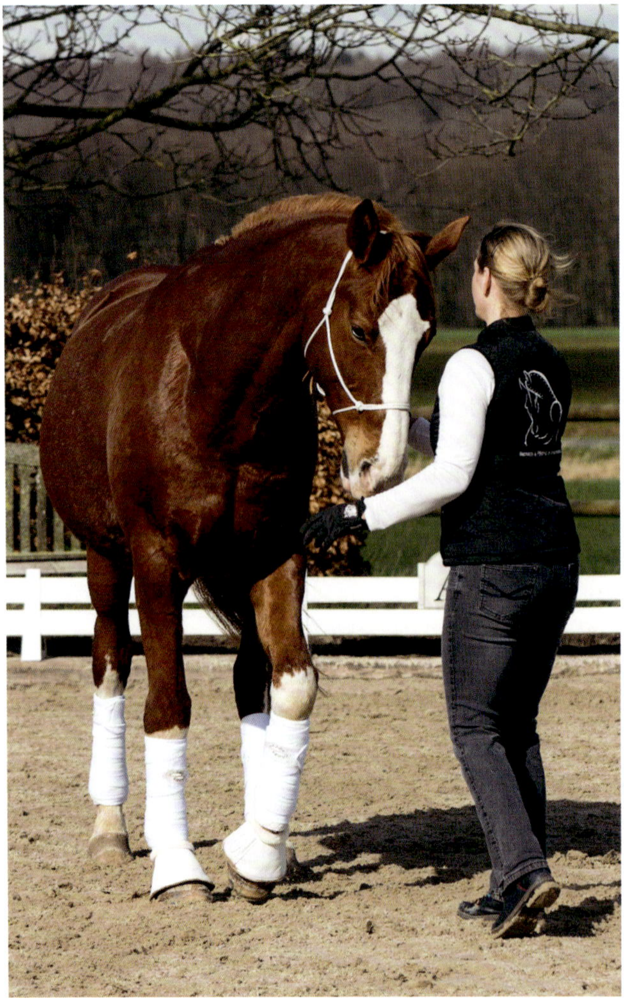

Seillose Bodenarbeit: Höchste Konzentration bei anspruchsvollen gymnastizierenden Lektionen

Korrektur ist zu beachten, dass diese immer zeitnah eingeleitet wird, damit das Pferd den direkten Zusammenhang zu der Übung herstellen kann.

Das „Lernen lernen" ist ein wesentlicher Bestandteil der Erziehung am Boden. Ohne diese Grundregeln lassen sich Pferde gerade in der Freiarbeit schlecht motivieren und die notwendige Lernbereitschaft und Freiwilligkeit stellt sich nicht ein.

Ein weiteres Prinzip in der Freiarbeit ist – wie auch beim Reiten, Longieren oder Fahren – die Reduktion der Signale beziehungsweise Hilfen. Um den Pferden ein bestimmtes Manöver beizubringen, sind anfangs vielleicht deutlichere Hilfestellungen notwendig. Beispielsweise ist es beim Rückwärtstreten-Lassen im Anfangsstadium üblich, dass die Hilfen noch relativ nah am Pferd gegeben werden. Mit der Zeit lässt sich der Abstand zum Pferd vergrößern, bis es sogar im Abstand von mehreren Metern auf ein Stimmkommando hin rückwärtstritt.

Eine feine Kommunikation und ein punktgenaues Reagieren können nur erreicht werden, wenn die richtige Balance zwischen Lob und Korrektur besteht. Wenn ein Manöver nicht zufriedenstellend umgesetzt wurde, sollte es unter Einsatz einer intensiveren Signalgebung wiederholt werden. Geschieht dies dann wie erwartet, sollte dem Pferd noch einmal die Gelegenheit gegeben werden, die Übung wieder bei weniger Einwirkung durchzuführen.

Versucht man beispielsweise, ein nicht so lauffreudiges Pferd immer mit dem gleichen Peitscheneinsatz zum Angaloppieren zu bewegen, ohne eine Reaktion konsequent einzufordern, wird sich auch nach wiederholtem Training keine unmittelbare Reaktion auf das Signal einstellen, da es bereits zur Abstumpfung gekommen ist (siehe Seite 67, Desensibilisierung). Der Einsatz von Hilfsmitteln wie Seil und Peitsche ist natürlich wesentlich vom Pferdetyp abhängig. Ein lauffreudiges oder sogar ängstliches Tier benötigt einen völlig anderen Trainingsstil als ein eher bequemes Pferd. Auch bei der Freiarbeit bewahrheitet sich der reiterliche Grundsatz, dass jedes Training typgerecht sein muss.

Typgerechtes Training bezieht sich immer auf Mensch und Pferd. Gerade bei jungen, temperamentvollen oder charakterlich schwierigeren Pferden ist der Sicherheit größte Bedeutung beizumessen. Zu beachten ist, dass

Erst auf ein entsprechendes Signal darf das Pferd ins Bahninnere abwenden.

während des Trainings im Round Pen immer ein ausreichend großer Abstand zur Hinterhand gehalten werden muss.

Grundsätzlich sollten die ersten Übungen mit dem freien Pferd im Round Pen nicht im Alleingang erfolgen. Je nach Pferdetyp können bestimmte körperliche Signale des Menschen auch als Drohung aufgefasst werden. Deshalb sollte, wie bei der Bodenarbeit und beim Reiten, auch bei der Freiarbeit ein erfahrener Trainer herangezogen werden. Lässt sich das Pferd im Round Pen nicht kontrollieren, ist das entsprechende Ausbildungsniveau noch nicht erreicht und es muss wieder verstärkt Bodenarbeit insbesondere am langen Seil trainiert werden.

Seillose Bodenarbeit

Die seillose Bodenarbeit bezieht sich ebenfalls konkret auf das Führtraining aus der geführten Bodenarbeit. Anspruchsvollere Übungen wie Gangartwechsel, Anhalten, seitliches Verschieben oder Elemente aus dem Geschicklichkeits- beziehungsweise Gelassenheitstraining sollen ohne eine Verbindung zum Pferd durchgeführt werden. Freiarbeit und seillose Bodenarbeit sind nicht zu verwechseln mit der Freiheitsdressur, bei der es ausschließlich um das Erlernen von zirzensischen Lektionen geht.

Grundsätzlich können nahezu alle Lektionen in der Bodenarbeit ab einem bestimmten Ausbildungsstand auch ohne Seil, Strick oder Zügel durchgeführt werden. Bei der „seillosen Bodenarbeit" soll die Kommunikation zwischen Mensch und Pferd verfeinert und der Schwierigkeitsgrad der Lektionen erhöht werden.

Die seillose Form der Kommunikation stellt erhöhte Anforderungen an den Menschen und den Einsatz seiner Körpersprache. Es gilt, die richtige Balance zu finden zwischen Konsequenz, Korrektur und Lob. Funktionieren bestimmte Übungen nicht, sollte in der Ausbildung immer wieder ein Schritt zurückgegangen und das Pferd ans Seil genommen werden.

Das Pferd hat sich auf diesem Ausbildungsniveau daran gewöhnt, den Menschen zu „lesen". Der Mensch sollte sich dessen stets bewusst sein und sein Handeln danach ausrichten.

Die Pferde werden durch diese Arbeit in der Regel wacher und neugieriger. Der Spieltrieb wird aktiv gefordert. Die Auffassungsgabe wird trainiert. Allerdings ist unbedingt darauf zu achten, dass das Spielen nicht unkontrolliert und das Pferd nicht übermütig wird. Viele Pferde neigen dazu, bestimmte Übungen vorwegzunehmen. Aber auch in diesem Fall sollte korrigiert und darauf geachtet werden, dass das Pferd ein klares Signal abwartet.

7.2.4 Übungen

Freiarbeit

➤ **Tempokontrolle und punktgenaue Gangartwechsel**

Die wichtigste Basis für alle Lektionen im Round Pen ist die Kontrolle der Geschwindigkeit. Das Pferd sollte auf das entsprechende Signal (Körpersprache, Stimmkommando und/oder Einsatz von Peitsche/Seil) die jeweils gewünschte Gangart zeigen. Die Übergänge zwischen den Gangarten sollten punktgenau und unmittelbar nach Erteilung des Kommandos vom Pferd umgesetzt werden.

Die Ausgangsposition des Menschen befindet sich in der Mitte des Round Pen. Er hat stets Blickkontakt zum Pferd und dreht sich um die eigene Achse auf der Stelle mit. Für das Verlangsamen, das Halten des Tempos und das Beschleunigen muss die Ausgangsposition leicht verändert werden. Der Körper des Pferdes kann für die Tempokontrolle in drei Zonen untergliedert werden. Befindet sich der Mensch auf Kopfhöhe oder leicht davor, hat er eine verlangsamende Wirkung. Schaut der Mensch auf die Körpermitte des Pferdes (siehe Zeichnung), soll das Tempo beibehalten werden. Nimmt der Mensch eine Position auf Höhe der Hinterhand oder leicht dahinter ein, hat dies eine treibende Wirkung.

Die exakte Position beziehungsweise der Winkel zum Pferd können je nach Ausbildungsstand und Pferdetyp variieren. Wichtig ist, dass der Mensch immer wieder an seine Ausgangsposition zurückkehrt. Vermieden werden sollte das stetige „Mitlaufen" auf einem kleineren Zirkel.

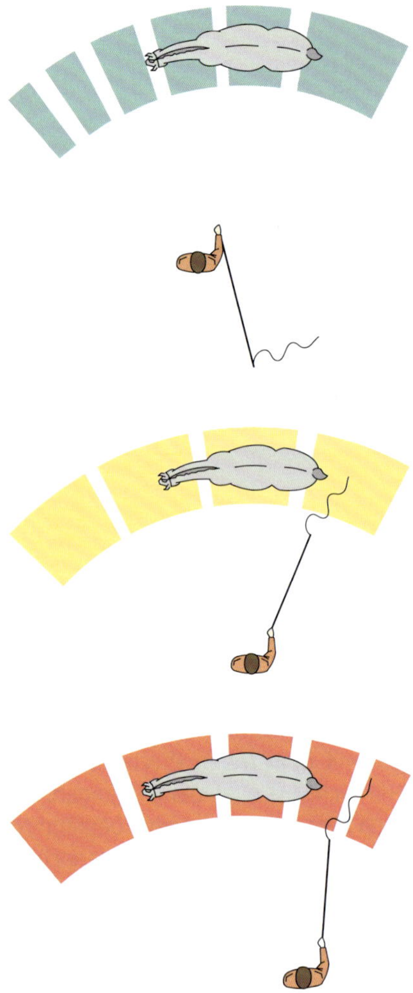

Die Körperpositionen bei der Freiarbeit variieren beim Treiben und Parieren.

➤ Richtungswechsel

Das eben erläuterte Schema der Tempokontrolle des Pferdes findet auch beim einfachen Richtungswechsel Anwendung. Der einfache Richtungswechsel sollte immer dadurch erfolgen, dass sich das Pferd nach außen abwendet und die Hand wechselt. Dazu muss sich der Mensch vor dem Kopf des Pferdes befinden und durch ein Stimmkommando und/oder den Einsatz von Peitsche oder Seil das Pferd zum Abwenden auffordern. Soll das Pferd von der linken auf die rechte Hand wechseln, muss der Mensch dazu Peitsche oder Seil in die linke Hand nehmen.

Zum Richtungswechsel muss sich der Mensch in einigen Metern Abstand vor den Pferdekopf begeben und ein eindeutiges Signal mit dem Arm beziehungsweise dem Seil/der Peitsche zum Abwenden geben.

Hat das Pferd das Wendemanöver eingeleitet, sollte die Hilfe sofort weggenommen und gelobt werden. Es ist darauf zu achten, dass das Pferd nach dem Richtungswechsel nicht selbstständig die Gangart wechselt. Die Wechsel sind im Schritt durchzuführen.

➤ Nach-außen-Schicken und Hereinholen

Weitere Basisübungen in der Freiarbeit sind das Auf-den-Hufschlag-Schicken und das Hereinholen. Das Pferd muss auf ein Signal auf den Hufschlag gehen und auch auf dem Hufschlag bleiben. Es darf nicht abkürzen oder selbstständig nach innen kommen. Auch hier ist unwesentlich, welches Stimmkommando verwendet wird. Es muss nur jedes Mal in Verbindung mit Körpersprache und Einsatz von Peitsche und/oder Seil gebraucht werden, wenn das Pferd unaufgefordert den Hufschlag verlässt. Der Mensch befindet sich zur Korrektur auf Schulterhöhe des Pferdes und schickt es wieder nach außen.

Das Hereinholen muss ebenfalls kontrolliert und punktgenau erfolgen. Signalisiert der Mensch durch ein verbales Kommando und/oder durch seine Körpersprache, dass das Pferd in die Mitte des Round Pen kommen darf, soll das Pferd unmittelbar vom Hufschlag abwenden und zum Menschen kommen. Der Mensch dreht sich dazu so ein, dass sein Rücken zum Pferd zeigt. Unterstützen kann er die Aufforderung zum Reinkommen bei-

Zum Richtungswechsel wird ein eindeutiges Signal mit dem Arm beziehungsweise dem Seil/der Peitsche gegeben.

spielsweise durch einen Ruf oder Pfiff. Diese Übung kann am Anfang einige Zeit dauern. Hier sind Geduld und Ruhe gefragt. Unsichere Pferde zögern mehr und benötigen immer wieder Ermunterungen, bis sie schließlich Vertrauen fassen. Es sollte auf jeden Fall vermieden werden, das Pferd direkt anzuschauen, da dies für einige Pferde bedrohlich wirken könnte. Allerdings zeigt sich gerade beim Hereinholen, wie individuell verschieden Pferde reagieren. Ihre Reaktionen hängen vom Grad der Sozialisierung, dem Charakter und dem Verhältnis zum Menschen ab.

➤ Anhalten und Stillstehen

Das Pferd soll lernen, auf ein Signal des Menschen auf dem Hufschlag stehenzubleiben und so lange stillzustehen, bis es wieder ein Signal zum Antreten erhält. Das Signal besteht aus einer Kombination aus Stimmkommando, Körpersprache und Position zum Pferd. Das verbale Kommando sollte bereits bei der geführten Bodenarbeit sicher erlernt worden sein. Im Round Pen ist das Anhalten zunächst aus dem Schritt heraus zu üben. Der Mensch muss sich dazu in angemessener Distanz deutlich vor dem Kopf des Pferdes befinden, das Stimmkommando für das Anhalten geben, selbst stehen bleiben und gegebenenfalls den Arm zur deutlicheren Begrenzung ausstrecken. Die Peitsche oder das Seil sollten in einer neutralen Position gehalten werden.

Entscheidend für das Gelingen ist das richtige Maß der Hilfengebung. Wird das Pferd zu wenig gebremst, geht es einfach weiter. Ist die Hilfe zu stark, könnte sich das Pferd plötzlich abwenden. Das Abwenden muss ruhig korrigiert werden, indem das Pferd mithilfe eines einfachen Richtungswechsels wieder auf die ursprüngliche Hand gebracht wird und erneut zum Anhalten aufgefordert wird.

Das Stillstehen wird trainiert, indem die Phasen bis zum Antreten immer länger werden. Geht das Pferd eigenmächtig los, muss es erneut angehalten werden.

➤ Rückwärtstreten-Lassen

Das Rückwärtstreten-Lassen gehört zu den elementaren Übungen der Erziehung am Boden. So soll auch ein Pferd im Round Pen frei auf ein Stimmkommando und die richtige Positionierung (siehe Seite 134 ff., geführte Bodenarbeit) zum Pferd auf dem Hufschlag rückwärtstreten. Im fortgeschrittenen Ausbildungsniveau sollte sich der Mensch in der Mitte des Round Pen befinden. Um diese Lektion zu trainieren, müssen allerdings zunächst Positionen etwas näher am Pferd eingenommen werden. Wenn sich das Pferd dem Rückwärtstreten durch Abwenden entzieht, sollte es wieder auf die ursprüngliche Hand zurückgeschickt werden und die Übung neu begonnen werden.

➤ Wechsel durch die Diagonale

Zu den fortgeschrittenen Übungen zählt der Wechsel durch die Diagonale. Dieser Wechsel setzt voraus, dass das Pferd zunächst auf ein Signal hereinkommt. Der Mensch begibt sich dazu rückwärts in Richtung Hufschlag, um das Pferd zum Abbiegen nach innen aufzufordern. Wendet das Pferd ab, wird es durch treibende Hilfen dazu angehalten, die Hand durch die Diagonale des Round Pen zu wechseln. Der Mensch muss dazu seine Position je nach Laufrichtung des Pferdes anpassen. Ist diese Lektion im Schritt erlernt, können die Wechsel durch die Diagonale auch im Trab durchgeführt werden.

Seillose Bodenarbeit (Beispiele)

Die seillose Bodenarbeit baut auf dem Führtraining auf. Daher ist die Hilfengebung beziehungsweise die Führposition gleich der geführten Bodenarbeit mit Seil.

➤ Tempoanpassung

Ein Lernziel besteht in der Tempoanpassung. Das Pferd soll lernen, in den Gangarten Schritt, Trab und Galopp seine Position neben dem Menschen beizubehalten. Der Mensch gibt das Tempo vor und das Pferd richtet sich freiwillig nach dieser Geschwindigkeit. Das Pferd lernt also „bei Fuß“ zu gehen.

➤ Anhalten und Stillstehen

Ebenso sollte das Pferd bereitwillig, ohne äußere Einwirkung, mit dem Menschen anhalten. Dies kann sowohl aus dem Schritt als auch aus Trab und Galopp erfolgen. Das Stehenbleiben ist im Rahmen der seillosen Arbeit besonders wichtig und muss verlässlich eingeübt werden.

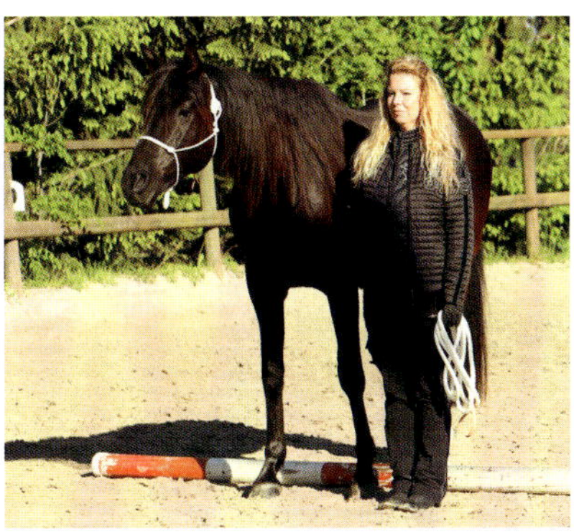

Gesteigerter Schwierigkeitsgrad: Stillstehen über einer Stange ohne Seil

➤ Rückwärtstreten-Lassen

Auch beim Rückwärtstreten soll das Pferd lediglich auf Körpersprache und Stimmkommando reagieren und exakt in der Position an der Seite des Menschen bleiben. Falls notwendig, könnten zu Anfang Seil, Gerte oder Peitsche unterstützend eingesetzt werden.

Das Rückwärtstreten-Lassen sollte auch frei immer prompt und flüssig sein.

➤ Flexibilisierung der Führposition

Werden die zuvor genannten Lektionen sicher beherrscht, kann die Führposition weiter variiert werden. So kann Rückwärtstreten verlangt werden, wenn sich der Mensch seitlich neben der Hinterhand befindet oder wenn er einige Meter direkt vor dem Pferd steht und dieses anschaut.

➤ Gymnastizierende Übungen

Im Bereich der gymnastizierenden Arbeit kann seitliches Verschieben oder seitliches Folgen trainiert werden. Zudem ist es möglich sogar Seitengänge ohne Seil durchzuführen. Werden die Position und Körpersprache variiert, kann das Pferd Wendungen um die Vor- und die Hinterhand ausführen.

Training einer Traversale

Geschicklichkeits- und Gelassenheitsaufgaben

Selbstverständlich können auch verschiedene Geschicklichkeits- oder Gelassenheitsaufgaben frei bewältigt werden. Beispiele sind das Halten über der Stange, das vielseitige Stangenkreuz sowie das seitliche Verschieben oder Folgen über einer Stange. Ist das Vertrauen zwischen Mensch und Pferd hergestellt, folgen Pferde auch bereitwillig in vermeintlichen Gefahrensituationen. Wenn der Mensch Ruhe ausstrahlt und signalisiert, dass keine Gefahr droht, lassen sich auch Hindernisse wie Planen, Flatterband, Bälle, Regenschirme und vieles mehr problemlos frei bewältigen.

Der Vielfalt sind kaum Grenzen gesetzt. Bei einer harmonischen Verständigung zwischen Mensch und Pferd, kann ein abwechslungsreiches Programm zusammengestellt werden, das beiden viel Freude bereitet. Besonders schöne motivationssteigernde Lektionen in der seillosen Bodenarbeit sind das Kommen im Trab oder Galopp oder auch das vertrauensvolle Ablegen der Pferde.

Letztendlich entsteht eine wirklich nachhaltige und enge Bindung durch die Freiarbeit nur, wenn der Mensch die typischen Charaktermerkmale des Flucht- und Herdentieres berücksichtigt, lernt, das Ausdrucksverhalten des Pferdes zu deuten und es schafft, seine eigene Körpersprache so zu perfektionieren, dass er stets unmissverständlich lesbar ist.

Gemeinsamer Galopp und zum Abschluss ein Kompliment

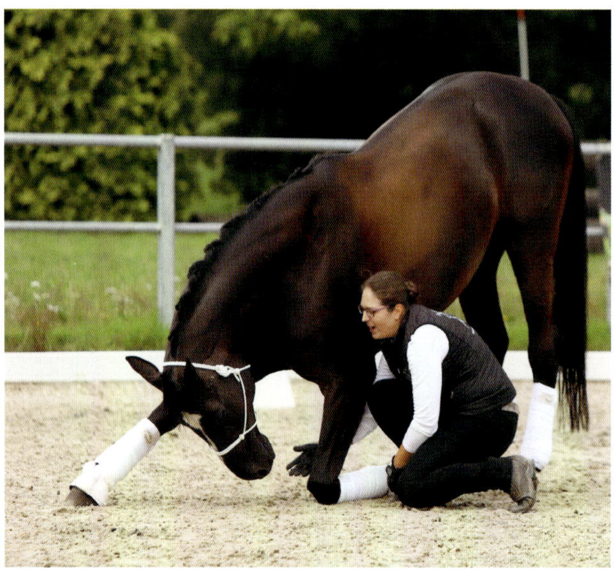

7.3 Langzügelarbeit

Unter Langzügelarbeit versteht man das Gehen des Menschen etwa drei Meter hinter dem Pferd. Dabei wird das Pferd durch deutlich längere Zügel „gelenkt" und soll außerdem auf die treibenden Einwirkungen des Menschen reagieren. Zunächst wird nur im Schritt gearbeitet. Im Verlauf der weiteren Ausbildung in die Richtung „Arbeit an der Hand" kann auch der versammelte Trab und der versammelte Galopp entwickelt und mit einbezogen werden. Die Langzügelarbeit wird auch als „Fahren am Boden" („Reiten vom Boden") bezeichnet. Besonders in der Ausbildung der Fahrpferde wurde diese Art der Arbeit schon immer eingesetzt. Heutzutage findet sie auch in der Arbeit von Therapiepferden große Beachtung, dient als Abwechslung in der Ausbildung und als Unterstützung bei der Korrektur von Reitfehlern.

Bei der Langzügelarbeit geht die Führperson hinter dem Pferd.

7.3.1 Allgemeine Grundsätze und Ziele

Die Reaktionen und Bewegungen des Pferdes sind für den Ausbilder bei der Langzügelarbeit sichtbarer als beim Reiten. Als Führperson hat man das Pferd vor sich genau im Blickfeld und kann seine Reaktionen gut erkennen. Ohrenspiel, Kopfstellung sowie Bewegung des Schweifes geben Aufschluss über die Losgelassenheit des Pferdes. Aufkommende Anspannung, die sich durch Außeneinflüsse auf das Pferd entwickelt und die Aufmerksamkeit des Pferdes vom Menschen ablenkt, kann von der Führperson optisch wahrgenommen werden. Für Reiter, die auf dem Pferd eher zu Verspannungen neigen, kann diese Art der Wahrnehmung hilfreich sein, um Pferdeverhalten besser einschätzen zu können.

Da die Hilfengebung nicht so komplex ist wie beim Reiten, ist es wichtig, die Zügelhilfen und die unterstützenden treibenden Hilfen besonders gut aufeinander abzustimmen, um so zu verhindern, dass sich das Pferd durch Ausweichen und Umdrehen entziehen kann. Je feiner und genauer die Hilfen eingesetzt werden, desto sicherer lässt das Pferd sich „lenken und leiten". Es entwickelt zu einer ruhig und sicher einwirkenden Person schneller ein gutes Vertrauen als zu einem verkrampft sitzenden und mit unsicherer und undeutlicher Hilfengebung einwirkenden Reiter. Auch der Mensch kann durch die optische Wahrnehmung von unten und seinen eigenen sicheren Stand am Boden leichter ein

Literaturtipp

Waltraud Böhmke
Die Grundschule des Pferdes
Vom Fohlen zum Reitpferd
Vom Boden in den Sattel
FNverlag Warendorf, 2018

Korrekte Ausrüstung von Pferd und Mensch für die Langzügelarbeit. Unerfahrene Paare sollten auf einem umgrenzten Platz oder in der Halle arbeiten.

positives Vertrauensverhältnis zu seinem Pferd entwickeln, wenn er merkt, wie gut sich das Pferd auf seine richtige Hilfengebung und Einwirkungen einlässt und auch in neuen Situationen kontrolliert reagiert.

Durch eine gute Beobachtung des Pferdes und die im Vorfeld aufgebauten Lern- und Verhaltensabläufe wie ruhiges Halten und kontrolliertes, in kleinen Schritten Vorwärtsgehen entwickelt die Führperson viel Vertrauen zu ihrem Pferd und lässt sie dadurch auch ruhiger und bestimmt agieren. Wie in der gesamten Pferdeausbildung sollten junge Pferde allerdings nur von erfahrenen Pferdemenschen gearbeitet werden und unerfahrene Menschen nur mit geeigneten, routinierten Pferden unter Anleitung von erfahrenen Ausbildern trainieren. Dadurch können viele Probleme in der Ausbildung eines Pferdes vermieden werden und sogenannte Korrekturpferde entwickeln sich nur sehr selten.

7.3.2. Trainingsort und Ausrüstung

Als Trainingsort eignet sich am besten eine Halle oder ein geschlossener Platz. Erst mit deutlich fortgeschrittener Ausbildung und einem sehr guten gegenseitigen Vertrauensverhältnis kann auch durch erfahrene Pferdeausbilder und -ausbilderinnen die Arbeit im Außenbereich entwickelt werden.

Als Ausrüstung werden für das Pferd eine Trense, zwei lange Zügel (etwa 5 bis 7 m je Seite), ein gepolsteter Longiergurt mit seitlichen Ringen, eine Fahrpeitsche oder kurze Longierpeitsche benötigt. Das Material der Zügel kann aus Leder, Biotane oder aus festem Seil (Bodenarbeitsseil) bestehen. Wichtig sind ein guter Griff für den Menschen und die Haltbarkeit.

Die seitlichen Ringe am Longiergurt sollen den Zügel leicht gleiten lassen und sich besonders für den Anfang knapp oberhalb der Buggelenkshöhe befinden. Außerdem können Gamaschen zum Schutz der Beine besonders bei ungestümen Seitwärtsbewegungen sinnvoll sein.

Große seitliche Ringe am Longiergurt ermöglichen ein ungehindertes Gleiten der Zügel (links).

Korrekt aufgenommene Seile/Zügel (rechts)

Die Führperson trägt feste Schuhe und Handschuhe sowie enganliegende Kleidung (um ein Verheddern in weiten Hosenbeinen oder langen Mänteln zu verhindern).

7.3.3 Ausführung

Grundregeln

Gerade für die Arbeit am Langzügel ist die Vorarbeit durch das Führtraining in der Bodenarbeit als Grundlage der Entwicklung des Vertrauens vom Pferd dem Menschen gegenüber immens wichtig. Ansonsten sind Missverständnisse und Fehlschläge vorprogrammiert. Ein „Ungehorsam" des Pferdes hat als Ursache meist eine mangelnde Vorbereitung und fehlendes Vertrauen des Pferdes. Folgende Punkte sollten bereits durch die geführte Bodenarbeit (siehe Kapitel 6.4, Seite 114 ff.) erreicht sein:

Das Pferd

- lässt sich an allen Körperteilen ohne Scheu anfassen, besonders auch an den Hinterbeinen;
- bleibt im Führtraining auf Anweisung ruhig und gelassen stehen bis die Aufforderung zum Weitergehen kommt;
- lässt sich gerade und ohne Ausweichen der Hinterhand sicher anhalten;
- bleibt entspannt stehen, wenn der Mensch am Pferd entlang bis zur Hinterhand geht (auf beiden Seiten);
- lässt sich durch Außenreize nicht ablenken;
- reagiert willig auf treibende Stimmsignale.

Auf Grundlage dieser Vorübungen gelingt der Start in die Langzügelarbeit in der Regel problemlos. In dieser Anfangsphase ist allerdings ein erfahrener Helfer von Vorteil, da das Pferd im ersten Schritt lernen muss, dass der Mensch hinter ihm steht beziehungsweise geht. Die Hilfsperson begleitet das Pferd am Führseil und greift bei

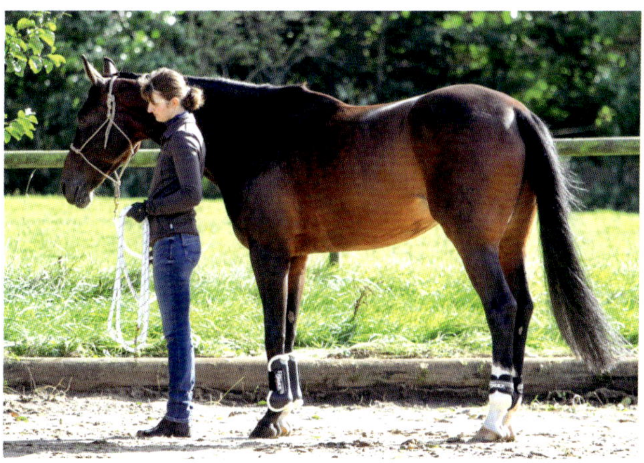

Die Hilfengebung der Führperson muss klar und eindeutig sein.

Unsicherheiten oder Irritationen des Pferdes beruhigend und sichernd ein, damit das Pferd nicht umdreht oder wegstürmt. Im nächsten Schritt wird es mit der Hilfengebung vertraut gemacht.

➤ Hilfengebung

Mit der Langzügelarbeit wird das Vertrauen des Pferdes in die Umsetzung der Hilfengebung des Menschen gefördert. Dadurch, dass die Führperson fast im toten Winkel des Blickfeldes eines Pferdes geht, kann es sich nicht mehr, wie in der geführten Bodenarbeit, an dem Menschen und seiner Körpersprache orientieren. Das Pferd muss sich nun auf die Einwirkung des Menschen einlassen, diese umsetzen und dabei vorausgehen, im weiteren Verlauf der Ausbildung auch auf weniger bekannten oder unbekannten Wegen. Das erfordert viel Vertrauen und zugleich Mut vom Pferd sowie eine gute Verständigungsbasis zwischen Mensch und Pferd. Die Führperson sollte über eine sichere, eindeutige Hilfengebung und Einwirkung verfügen und die Reaktionen des Pferdes gut und vorausschauend deuten können.

➤ Treibende Hilfen

Durch Stimmsignale fordert der Langzügelführende das Pferd dazu auf, aus dem ruhigen Halten heraus vorwärts anzutreten. Dazu setzt er ein Vorbereitungssignal und ein Ausführungssignal ein. Das kann jeweils ein Wort oder ein Schnalzer sein, sollte dann allerdings immer in gleicher Reihenfolge eingesetzt werden, damit das Pferd ein gleichbleibendes System erkennen und verstehen kann. Zunächst wird mit dieser Einwirkung begonnen. Sollte das Pferd darauf nicht genügend reagieren, wird die Einwirkung wiederholt, gegebenenfalls gesteigert beziehungsweise dann mit Anlegen der Peitschenschnur unterstützt. Die Peitschenschnur soll das Pferd an der seitlichen Hinterhand zwischen Sitzbeinhöcker und Sprunggelenk oder an der Bauchseite im Bereich der Schenkellage touchieren. Dabei darf sich das Pferd nicht erschrecken oder ängstlich reagieren.

➤ Verhaltende Hilfen

Die Vorbereitung erfolgt mit einem beruhigenden Stimmsignal, gefolgt von einer leicht durchhaltenden Zügeleinwirkung. Reagiert das Pferd nicht oder nur sehr verzögert, wird die Einwirkung wiederholt und gegebenenfalls durch eine annehmende Zügeleinwirkung ergänzt bis zum Erreichen des gewünschten Zieles. Hier gilt genau wie beim Reiten der Grundsatz: Auf jede annehmende Zügelhilfe folgt eine nachgebende.

➤ Stellung

Das Pferd soll sich sowohl bei den Übungen im Halten als auch auf allen Hufschlaglinien im Genick in die gewünschte Richtung stellen lassen (siehe „Grundausbildung für Reiter und Pferd, Richtlinien für Reiten und Fahren, Band 1"). Dabei können zwar nicht die komplexen reiterlichen Hilfen eingesetzt werden, aber ein leichtes Abbeugen des Genicks in die Bewegungsrichtung des Pferdes und ein Abkippen des Mähnenkammes ist möglich und wird angestrebt. Die Stellung wird durch leichtes Annehmen und Nachgeben des inneren Langzügels erarbeitet. Der äußere Langzügel lässt die Stellung zu und behält dabei aber eine leichte Verbindung zum Pferdemaul.

➤ Biegung

Eine Längsbiegung des Pferdes kann nur bedingt erreicht werden und ist stark abhängig von der Losgelassenheit des Pferdes und der gefühlvollen Einwirkung durch den Menschen. Jede zu starke Einwirkung durch die Leine verändert die Balance des Pferdes, sodass die Hinterhand auf gebogenen Linien ausweichen würde. Am Langzügel gibt es keine Gewichts- und Schenkelhilfen, die beim Einrahmen des Pferdes unter dem Reiter genutzt werden. Durch den gefühlvollen Einsatz der Leinenhilfen in der Einleitung von Wendungen in Verbindung mit einer treibenden Peitsche je nach Bedarf auf der Innen- oder Außenseite der Wendung und Beachtung der natürlichen Balance des Pferdes kann trotzdem ein gewisser Grad von Biegung erarbeitet werden. Hilfreich sind hierbei auch optische Begrenzungen wie Pylone oder die Erarbeitung von Stangenlabyrinthen.

Der innere Langzügel kann die Stellung durch leichtes Annehmen und Nachgeben erfragen, der äußere Langzügel lässt die Stellung zu.

7.3.4 Übungen

➤ Gehen und Anhalten

Im ersten Schritt wird mit dem Pferd auf großen, meist geraden Linien gearbeitet. Dadurch kann es sich behutsam mit der seitlichen Begrenzung durch die Langzügel vertraut machen. Es muss lernen, diese vertrauensvoll zu akzeptieren. Die nächsten Schritte sind dann das Anhalten des Pferdes, zunächst auf dem Hufschlag mit der einseitigen seitlichen Begrenzung, die ein Umdrehen des Pferdes erschwert. Im weiteren Verlauf sollte das Pferd unbedingt lernen, auch ohne Begrenzung sicher auf gerade Linie anzuhalten.

Zur Vorbereitung des Haltens wird aus dem mittleren (fleißigen) Tempo der Schritt durch beruhi-

Auch beim Halten am Langzügel soll das Pferd geschlossen zum Stehen kommen.

gende Stimmhilfen etwas eingefangen beziehungsweise verkürzt und dann folgt erst die Hilfe zum Halten. Dabei gilt der Grundsatz der Hilfengebung – halbe Paraden entwickeln sich aus dem feinen Zusammenspiel der treibenden und verhaltenden Hilfen. Im Verlauf der Arbeit soll der Mensch die Hilfen so gut abstimmen können, dass das Pferd geschlossen zum Stehen kommen kann.

➤ Tempounterschiede

Aus den Paraden am Langzügel entwickelt sich die nächste Übung, das Erarbeiten von Tempounterschieden. Im Schritt geht es dabei um den Wechsel zwischen verkürztem – gelassenem regelmäßigem – und fleißigem (Mittel-)Schritt. Wichtig bleibt die Beachtung des taktmäßigen, losgelassenen Schreitens.

Im Trab wird die Aufgabe deutlich schwieriger und ist stark abhängig von der Kondition und den läuferischen Möglichkeiten der führenden Person und einem Pferd, das die Hilfengebung schon sehr gut annimmt und ohne Taktverlust sehr ruhig, verkürzt traben kann.

Deshalb gehört diese Aufgabe erst in die fortgeschrittene Arbeit.

➤ Hufschlagfiguren

Sobald das Pferd auf die Einwirkungen zur Temporeduzierung mit verkürzten, fleißigen Tritten gut reagiert, gehören die verschiedensten Hufschlagfiguren mit zum Trainingsprogramm. Hier gilt es, mit einfachen großen Linien zu beginnen wie Zirkel, aus der Ecke kehrt, aus dem Zirkel wechseln oder einfache Schlangenlinie. Erst wenn diese großen gebogenen Linien gelingen, beginnt man mit den engeren Wendungen, wie durch den Zirkel wechseln, Schlangenlinie durch die Bahn oder Volten und Kehrtvolten. Hilfreich sind hier optische Markierungen durch Pylonen oder Stangen, die sowohl dem Pferd als auch dem Menschen als Orientierungspunkte dienen.

Zirkel verkleinern und vergrößern sind hervorragende Übungen zum Abstimmen der inneren und äußeren Hilfengebung. In der Langzügelarbeit fehlen die begrenzenden Schenkelhilfen des Reiters, deshalb ist es sehr wichtig, die annehmende, richtungsweisende innere Zügelhilfe nur so viel wie notwendig einzusetzen, das heißt, mit dem leicht annehmenden inneren Zügel wird die Wendung eingeleitet, dabei gibt der äußere Zügel entsprechend auch genauso viel nach, behält aber die führende und begrenzende Einwirkung. In dieser Einstellung wird das Pferd auf der Kreislinie geführt und soll sich in der Längsachse auch dieser Biegung anpassen. Die Zügeleinwirkung wird dabei auf leicht rich-

Beim Führen auf gebogenen Linien wird über den inneren Zügel gestellt und über den äußeren begrenzt, der Mensch geht versetzt auf der Innenseite der Linie.

tungsausgleichende Maßnahmen beschränkt. Zur Unterstützung der Längsbiegung kann der Mensch deutlich versetzt auf der Zirkelinnenseite gehen statt direkt hinter dem Pferd.

Beim Zirkel-Vergrößern leitet der äußere Zügel die Linienveränderung ein und führt das Pferd. Dabei darf keine Außenstellung entstehen. Dazu muss die Abstimmung zwischen dem inneren Zügel und äußeren Zügel möglichst optimal sein und zur Unterstützung bleibt auch der Mensch versetzt neben dem Pferd auf der inneren Pferdeseite.

➤ Rückwärtsrichten

Ein weiterer Arbeitsschritt ist die Entwicklung des Rückwärtsrichtens. Dazu muss das Pferd sicher anhalten, ruhig stehen und die verhaltenden Hilfen willig annehmen. Außerdem ist ein schon sehr williges Rückwärtstreten in der Führarbeit (siehe Seite 134 ff.) ausgesprochen hilfreich. Für manche Pferde kann ein Halten auf dem Hufschlag gut sein, andere fühlen sich dadurch eingeengt und lernen es einfacher im freien Raum.

Nach dem Halten an entsprechend geeigneter Stelle soll das Pferd zunächst ruhig stehen bleiben. Dann wird durch ein Stimmsignal die Aufmerksamkeit des Pferdes gefordert und ein für das Rückwärtsgehen bekanntes Stimmkommando wird eingesetzt. Dazu wirkt auch die Zügelhilfe verhaltend ein. Sobald das Pferd die Balance verändert und rückwärts tritt, gibt die Zügelhilfe nach.

In den ersten Übungen des Pferdes oder auch des Menschen reicht dieser eine Tritt aus und das Pferd wird sofort mit der Stimme gelobt. Erst wenn diese einzelnen Tritte leicht umgesetzt werden können, verlangt man vom Pferd mehrere Tritte hintereinander. Danach kann eine genaue Trittzahl gefordert werden. Wird diese Aufgabe fließend und leicht ausgeführt, ist als nächste Steigerung ein Wechsel zwischen Vorwärts- und Rückwärtsgehen, wie in einer Schaukel, als eine Aufgabe in der deutlich fortgeschrittenen Arbeit möglich.

➤ Seitwärtstreten

Vorhandwendung

Das Pferd wird auf dem zweiten Hufschlag angehalten. Die Führperson entwickelt durch eine leicht annehmende Zügelhilfe mit dem inneren Zügel und entsprechend abgestimmtem Vorgehen mit dem äußeren Zügel eine geringe Stellung des Pferdes gegen die Bewegungsrichtung. Dann treibt sie mit schnalzenden Stimmkommandos und unterstützendem Touchieren mit der Peitschenschnur Schritt für Schritt die Hinterhand des Pferdes um die Vorhand herum. Der innere Zügel muss in der Bewegung des Pferdes nachgeben und darf das Pferd nicht herumziehen. Der äußere Zügel begrenzt die Stellung des Pferdes und verhindert ein Vortreten und seitliches Ausweichen der Vorhand beziehungsweise Schulter des Pferdes. Ziel ist eine kreuzende Bewegung der Hinterbeine des Pferdes. Zum Abschluss der Vorhandwendung wird das Pferd wieder geradeaus gestellt.

Hinterhandwendung/ Kurzkehrtwendung

Die Hinterhandwendung beziehungsweise die aus der Bewegung erfolgende Kurzkehrtwendung erfordern schon ein sehr gutes Zusammenspiel in der Hilfengebung und eine fortgeschrittene Ausbildung des Pferdes. Aus einem ruhigen Stehen (beim Kurzkehrt aus dem Schritt) wird die Wendung (z.B. nach rechts) durch den inneren (rechten) Zügel und ein treibendes Stimmsignal eingeleitet. Mit der Peitsche (Richtung seitliche linke Kruppe) verhindert man ein seitliches Ausweichen der Hinterhand und ein Rückwärtstreten. Der äußere Zügel begrenzt die linke Schulter des Pferdes und verhindert eine zu starke Stellung des Pferdes nach rechts und ein übermäßiges Vortreten. Die Hilfengebung ist ein stetiger, gut abgestimmter Wechsel zwischen den beschriebenen Hilfen. Man beginnt zunächst mit einer Viertelwendung und steigert dann mit mehr Routine bis zu einer 180-Grad-Wendung. Beim Abschluss der Wendung soll das Pferd geschlossen stehen (bzw. im Kurzkehrt geradeaus taktrein weiterschreiten). Zu beachten ist, dass die Kurzkehrt- und die Hinterhandwendung versammelnde Übungen sind, bei denen die Hinterbeine fleißig mitfußend weiter unter den Körperschwerpunkt fußen sollen.

„Schenkelweichen"

Für die Entwicklung des Schenkelweichens kann die vorherige Erarbeitung der Vorhandwendung sehr hilfreich sein. Die Abfolge der Hilfengebung ist sehr ähnlich nur etwas schneller aufeinanderfolgend. Das Pferd geht dabei auf einer gedachten Linie in einem Winkel, der sogenannten Abstellung, von etwa 45 Grad vorwärts-seitwärts auf zwei Hufschlägen. Es hat wie bei der Vorhandwendung eine geringe Stellung im Genick entgegen der Bewegungsrichtung. Der äußere Zügel führt das Pferd in die Bewegungsrichtung, die treibende Stimmhilfe löst die Bewegung aus, die seitlich eingesetzte Peitschenhilfe in Höhe der Schenkellage und Bauchseite des Pferdes unterstützt die Vorwärts-seitwärts-Bewegung und damit das Seitwärtsfußen der Vorder- und Hinterbeine des Pferdes. Zum Abschluss der Übung wird das Pferd in die Vorwärtsbewegung geführt und geradeaus gestellt.

Viereck verkleinern/vergrößern

Das Viereck verkleinern/vergrößern ist eine Weiterentwicklung des Schenkelweichens ohne Anlehnung an den Hufschlag und die Bande. Das Pferd geht an einer gedachten Linie in einer Vorwärts-seitwärts-Bewegung schräg vom Hufschlag weg beziehungsweise wieder zurück. Dabei ist es gegen die Bewegungsrichtung gestellt und bewegt sich fast parallel zum Hufschlag. Die Hilfengebung gleicht der beim Schenkelweichen, nur die Führung durch die Zügelhilfen muss genauer sein, da die optische Begrenzung fehlt.

In weit fortgeschrittener Ausbildung kann diese Übung auch im verkürzten, aber fleißig abfußenden Trab ausgeführt werden.

➤ Aufgaben mit Pylonen

Zur Verbesserung der Linienführung sind Aufgaben mit Pylonen sehr hilfreich. Mehrere Pylonen, zum Beispiel als Slalom im Abstand von etwa 9 Metern aufgestellt, dienen als gute Orientierung für das Erarbeiten leicht gebogener Linien und die Entwicklung und Verbesserung von Stellung und Biegung des Pferdes.

Die Führperson muss ihr Pferd und die Linienführung gut beobachten, damit sie im richtigen Timing die Hilfen geben kann. Es entsteht ein Wechselspiel von annehmenden und nachgebenden Zügelhilfen in Verbindung mit der treibenden inneren Peitschenhilfe. Das Einleiten der Wendung durch den inneren Zügel muss unmittelbar mit einem Nachgeben des äußeren Zügels abgestimmt sein. Dabei darf der äußere Zügel nicht durchhängen und die Führung des Pferdes aufgeben, weil dann keine liniengenaue Ausführung der Aufgabe durch das Pferd möglich ist. Durch eine Verkürzung der Abstände zwischen den Pylonen auf bis zu 6 Meter wird die Aufgabe deutlich anspruchsvoller und bedarf schon einer routinierteren Hilfengebung.

Das Durchschreiten eines Slaloms am Langzügel fördert Stellung und Biegung und erfordert von der Führperson eine genaue Abstimmung ihrer Zügel- und Peitschenhilfen.

Statt Pylonen bilden hier zwei Tonnen als Trainingshindernis einen Durchgang.

Pylonentore dienen als Unterstützung und optische Markierung zum präzisen Einhalten von Linien und Halten an bestimmten Punkten auch im freien Raum (etwa 0,80 bis 1,20 m Zwischenraum).

Die Verletzungsgefahr ist auch beim Umwerfen der Pylonen oder Wegspringen der Pferde sehr gering und dient damit auch zur Vorbereitung auf Stangenhindernisse. Hierbei sollen die Pferde schon sicher in der Linienführung sein, damit sie nicht über die Stangen ausweichen.

➤ Aufgaben mit Stangenhindernissen

Stangenhindernisse erfordern viel Aufmerksamkeit und Geschicklichkeit des Pferdes sowie eine sichere Linienführung und eine gute Tempokontrolle:

Stangengasse

(Zwischenraum etwa 1,20 bis 1,50 m)

- sicheres Durchgehen wie in einem Engpass
- Anhalten in der Gasse nur mit einem gelassenen Pferd
- Rückwärtsrichten

Zur Steigerung der Schwierigkeit dient das Stangen-L und dann das Stangenlabyrinth

- sicheres Durchgehen
- Anhalten nur mit einem gelassenen Pferd
- Rückwärtsrichten

Stangenkreuz

- erfordert viel Erfahrung
- sehr sichere Linienführung
- gelassen mitarbeitendes Pferd

Cavalettis

- in unterschiedlichen Höhen
- unterschiedliche Abstände

Desensibilisierung in der Langzügelarbeit

Bevor man mit dem Pferd in die engere oder weitere Umgebung hinaus geht, sollte man schon eine gewisse Routine und Sicherheit in der bis hier beschriebenen Arbeit entwickelt haben. Außerdem sollte man auch Aufgaben aus der Desensibilisierung in die Arbeit miteinbeziehen, die man zunächst im Führtraining der Bodenarbeit vorbereitet (siehe Kapitel 6.4, Seite 114 ff.). Durch die Entwicklung und Steigerung des Vertrauens zwischen Pferd und Mensch können dann auch neue, dem Pferd fremde Aufgaben miteinbezogen werden. So wird außerdem in der gewohnten, sicheren Umgebung die Reaktion des Pferdes getestet.

Aufgaben aus der GHP (Gelassenheitsprüfung, siehe Seite 151 ff.) dienen als Vorlage:

- ➤ Vorbeigehen an Schirmen
- ➤ Überqueren einer Plane
- ➤ Überqueren einer Plane in einer Pylonengasse
- ➤ Vorbeigehen an einer wehenden Plane/Flattervorhang
- ➤ heranrollende Bälle
- ➤ Vorbeigehen an Plastiksäcken/Mülltonnen

- Vorbeigehen am bewegten Rappelsack
- u.Ä.

Als Steigerung der Anforderungen in diesem Bereich gilt das Anhalten neben den Desensibilisierungsaufgaben - zunächst nur für kurze Augenblicke, dann länger halten lassen. Das Pferd soll durch richtiges Timing des am Langzügel Arbeitenden lernen, nach und nach auch in diesen Situationen gelassen und ruhig stehenzubleiben.
In der Desensibilisierungsarbeit muss unbedingt auf die Sicherheit von Mensch und Pferd geachtet werden. Besonders wichtig ist auch der Vertrauensaufbau und die Arbeit in kleinen Schritten. Wenn noch wenig Routine vorhanden ist, muss unbedingt ein Ausbilder mitgehen, der das Verhalten des Pferdes richtig einschätzen und dem am Langzügel Arbeitenden die entsprechende Anleitung geben kann. Jeder Rückschlag, jedes Wegspringen oder Erschrecken unterbricht das Vertrauensverhältnis und bedeutet unter Umständen einen Rückschritt in der Ausbildung. Das bedeutet: Diese Aufgaben nur mit einem gelassen mitarbeitenden Pferd erarbeiten.

Aufgaben im Gelände

(Besonders in der Anfangszeit sollte ein Ausbilder oder mindestens ein Helfer zur Unterstützung und Sicherheit dabei sein.)

- ruhige Wege rund um den Stall erkunden
- an stehenden Hindernissen vorbei gehen, zum Beispiel Mülltonne
- möglichst erst an einem stehenden Trecker oder Auto vorbeigehen, dann erst bei laufendem Motor
- Begegnung von sich bewegenden Fahrzeugen möglichst erst im geschützten Hofbereich (mit Helfer)
- Wegstrecke langsam ausdehnen
- an Weiden mit Pferden, Rindern, Schafen vorbeigehen (mit Helfer)
- u.Ä.

Das Überschreiten einer Plane ist auch am Langzügel möglich.

Wird außerhalb des Trainingsplatzes am Langzügel gearbeitet, wie hier bei der Erkundung des Hofes mit unterschiedlichen Außenreizen, sollte anfangs ein Helfer am Kopf des Pferdes dabei sein.

In der klassisch-barocken Reitausbildung ist die Handarbeit ein fester Bestandteil.

All diese Übungen dienen der Vertrauensbildung, der Gymnastizierung des Pferdes und der Geraderichtung eines Pferdes. Die ruhige Arbeit am Langzügel kann als Abwechslung beziehungsweise Ergänzung zum Reiten sehr wertvoll sein. In den verschiedenen Aufgaben mit Pylonen und Stangenhindernissen wird das Pferd in seiner seitlichen Beweglichkeit und in seinem Bewegungsablauf gefördert. Für Reiter mit wenig Routine in der Ausbildung von Pferden oder einem noch nicht so ausbalancierten, geschmeidigen Sitz kann deshalb die Langzügelarbeit eine sehr gute Ergänzung sein. Letztendlich bildet sie auch die Grundlage für die versammelnde Arbeit an der Hand und unter dem Reiter.

7.4. Handarbeit

Die Arbeit an der Hand ohne Reitergewicht, kurz Handarbeit genannt, und die kombinierte Arbeit an der Hand und unter dem Reiter ist vor allem bei der Ausbildung des Dressurpferdes eine gern genutzte Trainingsergänzung. In den Ausbildungsgängen für klassisch-barocke Reiterei ist sie sogar fester Bestandteil. Dabei steht neben bereits erörterten Aspekten zur Kommunikation von Mensch und Pferd die Gymnastizierung des Pferdes im Mittelpunkt der Betrachtungen. Sie kann, systematisch vorbereitet, unter dem Reiter schon die Abstimmung des jungen Pferdes auf feine Hilfen erleichtern. Das gilt in der Folge auch für die Erarbeitung von Lektionen mit höherem Schwierigkeitsgrad. So lassen sich, wenn auch nicht von jedem Menschen und nicht mit jedem Pferd, alle Lektionen der klassischen Dressur und der Hohen Schule an der Hand vorbereiten und verfeinern.

7.4.1 Allgemeine Grundsätze und Ziele

Für eine feine Reitweise braucht man ein feines Pferd - und einen feinen Reiter! Deshalb ist es für Menschen, die mit Pferden umgehen, vorteilhaft, die eigenen Wünsche zu konkretisieren und auszuloten, ob sie sich mit den jeweiligen Talenten von Pferd und Reiter bei hinreichendem Fleiß realisieren lassen. Das gilt schon für die ersten Übungen an der Hand. Ein Beispiel: Viele Menschen haben schon im täglichen Leben Schwierigkeiten, teils auch nur geringfügig, gleichmäßig zu gehen und aufzutreten. Man sieht eine Art „kurz-lang", bei dem ein Fuß minimal schneller aufsetzt als der andere. Dies beim Führen eines Pferdes auszugleichen ist ein Muss, für die meisten Menschen jedoch erlernbar. Wenn das mithilfe eines Trainers sowie häufiger Videoüberwachung gelingt, werden Taktstörungen des Pferdes vermieden und es kann sich dem Menschen in seiner Art zu gehen vertrauensvoll anpassen. Das gilt nicht nur für den Schritt, sondern auch für das Halten, Rückwärtsrichten und Antraben. So kann die Arbeit an der Hand sowohl helfen, das Verhalten des Pferdes zu erkunden und zu bestimmen, als auch sich selbst und seine Ausstrahlung zu erkennen und zu verbessern.

7.4.2 Trainingsort und Ausrüstung

Für die Handarbeit, vor allem für ihre Anfänge, eignen sich eine Halle oder ein geschlossener Platz am besten. Bande beziehungsweise Umzäunung geben dem Pferd zunächst eine äußere Begrenzung und erleichtern die ersten Schritte auf dem Weg zur Handarbeit. Erst mit fortgeschrittener Ausbildung lassen sich die meisten Übungen an der Hand auch im freien Raum absolvieren.

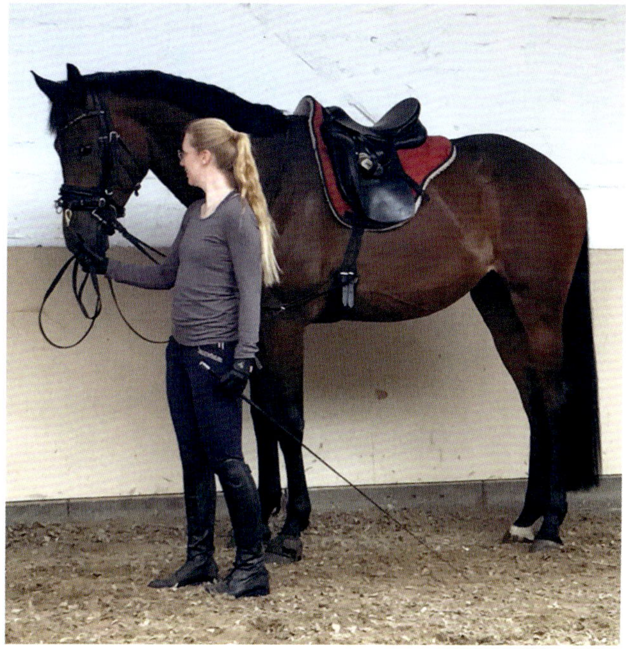

Ein zur Handarbeit vor dem Reiten ausgerüstetes Pferd im geschlossenen Stand.

Das Pferd wird bei der Handarbeit mit Trense, Kappzaum (auch Kappzaum über der Trense möglich), später auch auf Kandare gearbeitet. Vor allem zu Anfang können die meisten Pferde nach behutsamer Vorbereitung über einen Ausbinder in der Anlehnung stabilisiert werden. Sinnvoll ist zum Schutz der Pferdebeine auch das Anlegen von Gamaschen oder Bandagen, bei fortgeschrittener Ausbildung kann darauf verzichtet werden. Eventuelles leichtes Touchieren der Pferdebeine ist dann noch feiner möglich.

Als Handarbeitsgerte empfiehlt sich eine Touchiergerte von mindestens 1,40 Meter Länge (mit kurzem Gertenende). Mit dieser Gerte wird, wie der Name schon sagt, touchiert, also berührt - nicht geschlagen! An welcher Stelle des Pferdekörpers eine Touchierhilfe gesetzt wird hängt davon ab, welchen Effekt der Ausbilder erzielen möchte. Das Foto zeigt die unterschiedlichen Touchierpunkte am Pferd.

Touchierpunkte

1 und 2:
Leichtes Berühren des Hinterbeins am Kronrand kann vermehrtes Vortreten bewirken.

3: Touchieren am hinteren Röhrbein kann bewirken, dass das Hinterbein vermehrt in Richtung unter den Schwerpunkt angehoben wird.

4: Berühren des Sprunggelenks von oben nach unten kann die Hankenbeugung verbessern.

5: Touchieren an der Vorderseite des Sprunggelenks kann vermehrtes Anheben und Beugen des Hinterbeins in den Gelenken auslösen.

6: Ruhiges Anlegen der Gerte mit sanftem, stetigem Druck am Rumpf des Pferdes etwa waagerecht auf Kniegelenkshöhe kann ein seitliches Ausweichen und Kreuzen der Hinterbeine auslösen. Vibrationen mit der Gerte in diesem Bereich können dazu führen, dass das Pferd sich mit der Hinterhand auf die Gerte zu bewegt, bei unpassender Einwirkung auch gegen sie wirft.

7 und 8:
Andrücken oder Vibrieren der Gerte von hinten etwa auf Höhe zwischen Sprunggelenk und Kniegelenk und im unteren Bereich der Schweifrübe in waagerechter Richtung können den Vorwärtszug des Pferdes verbessern.

9: Berühren des Pferdes mit der Gerte auf der Kruppe kann vermehrte Aktivität der Hinterbeine bis zum Ausschlagen bewirken. Wird an dieser Stelle in der Piaffe übertrieben, kann jedoch eine fehlerhaft hüpfende Bewegung des Pferdes mit hoher, unruhiger Kruppe die Folge sein.

10: Touchieren des Vorderbeins von vorn im Bereich zwischen Fesselkopf und Vorderfußwurzelgelenk kann ein angewinkeltes Anheben des Beins auslösen.

11: Berühren des Vorderfußwurzelgelenks mit der Gerte von hinten kann ein angewinkeltes Anheben des Vorbeins bewirken, bei manchen Pferden auch eine reflexartige Verbeugung.

12: Touchieren des Vorderbeins im Brustbereich kann – nach einer Vorbereitung wie bei 10 beschrieben – zu einem Anheben und Strecken des Vorderbeins führen.

7.4.3 Ausführung

Voraussetzungen für eine harmonische Zusammenarbeit von Mensch und Pferd auch bei der Handarbeit sind eine gemeinsame Vertrauensbasis und Gehorsam des Pferdes gegenüber seinem Ausbilder. Beides kann schon bei der im vorigen beschriebenen geführten Bodenarbeit und der Langzügelarbeit hergestellt werden. Für ein souveränes Führen ist neben dem gleichmäßigen Gehen die genaue Bestimmung der Bewegungsrichtung, der genaue Abstand zum Pferd und die Position am Pferd erforderlich (siehe Kapitel 6.4.4, Seite 127 ff.). Dieser Hinweis mag selbstverständlich klingen, die Praxis zeigt aber, dass es bei Unsicherheiten der Führperson schwierig sein kann, für das Pferd exakt erkennbar einzuwirken.

Das zeigt sich schon bei der Bestimmung der Richtung. Die auf den Seiten 137 f. und 176 erläuterten Übungen zum Führen von Hufschlagfiguren und um Stangen herum erleichtern vielen Menschen, die gewünschte Bewegungsrichtung selbst genau zu finden und sie damit auch das Pferd finden zu lassen. Ohne klare Vorgaben des Menschen kann das Pferd in der Handarbeit die gewünschte Richtung nicht finden.

Neben der geführten Bodenarbeit ist es deshalb zu empfehlen, vor Beginn der Handarbeit auch Grundelemente der seillosen Bodenarbeit (siehe Kapitel 7.2, Seite 159 ff.) zu üben. Zur Vorbereitung ist das Führen im Schritt, verkürztes Trabtempo, Halten, Rückwärtsrichten und wieder Antraben so zu üben, dass das Pferd allein auf die Körpersprache des Menschen reagiert, ohne dass eine aktive Einwirkung mit dem Zügel notwendig ist. Dabei kann man das Pferd durch eine feine Abstimmung von treibenden und verhaltenden Hilfen bereits daran gewöhnen, sich in der später unter dem Reiter gewünschten Körperhaltung zu bewegen, also mit gewölbtem Mähnenkamm und Stirn-Nasenlinie an der Senkrechten. Ob diese Aufgaben danach auch ohne Anfassen des Zügels ausgeführt werden können, hängt von der Geschicklichkeit des Ausbilders und den Eigenschaften des Pferdes ab.

Die Sicherheit hat Vorrang vor dem Showeffekt. Zunächst muss der Mensch lernen, dem Pferd durch eine klare, eindeutige Körpersprache, insbesondere seine Art zu gehen, zu signalisieren, was es tun soll. Erst wenn dessen prompte Reaktionen abgesichert sind, ist es vertretbar, den Zügel zeitweise wie in der seillosen Bodenarbeit loszulassen. Andernfalls könnte ein temperamentvolles, ängstliches oder schreckhaftes Pferd in einer kritischen Situation am Menschen vorbeispringen und dabei nach ihm schlagen. Mit konsequenter Übung bei immer geringerer Einwirkung und sofortigem Lob für positive Ansätze lassen sich in der Regel schnelle Fortschritte erreichen. Bewährt hat es sich dabei, Zwischenlob und abschließendes Lob sprachlich zu differenzieren: Zwischenlob, zum Beispiel mit den Worten „Fein", „Gut", „Schön", soll dem Pferd signalisieren, dass es etwas gut gemacht hat und die Arbeit fortgesetzt wird. Ein „Endlob", zum Beispiel mit dem Wort „Brav", soll die Wertschätzung für die gezeigte Reaktion und die Unterbrechung der Anforderung durch eine Pause erkennbar machen. Anfangs empfinden viele Pferde jedes Lob als Endlob und zeigen danach die Tendenz, die Arbeit unterbrechen zu wollen. Schon nach kurzer Zeit kann man bei konsequenter Differenzierung der lobenden Worte auch den gewünschten Effekt feststellen, dass Zwischenlob nicht zu einem Nachlassen der Arbeitsbereitschaft des Pferdes führt. Gelingt es dem Ausbilder, die Pferde stolz auf ihre Leistung zu machen, können einige geradezu „gefallsüchtig" erscheinen. Das ist die beste Voraussetzung für die weitere Zusammenarbeit, basierend auf Vertrauen und Gehorsam.

7.4.4 Übungen

Lösende Übungen

➤ Vorhandwendungen

Die Vorhandwendungen sind bei der geführten Bodenarbeit bereits auf Seite 178 beschrieben. Schon beim jungen Pferd an der Longe kann man mit einer Vorhandwendung bei weich waagerecht auf Kniegelenkshöhe ruhig seitwärtstreibender Peitsche den Handwechsel einleiten. Das Körpergefühl des Pferdes für die Wünsche des Ausbilders im Hinblick auf differenzierte Reaktionen können verbessert werden, wenn dabei der innere Vorderfuß, um den herum mit beliebig langen Pausen gewendet werden soll, absolut ruhig und ohne Ortsveränderung am Boden bleibt. Später kann das nicht nur in einer Wendung um 180 Grad, sondern auch um 360 Grad bewirkt werden. Diese Übung gelingt so nur in entspannter Atmosphäre mit einer feinen Kommunikation von Ausbilder und Pferd und kann auch dessen Freude an feinen Hilfen verstärken.

Wendung um die Vorhand

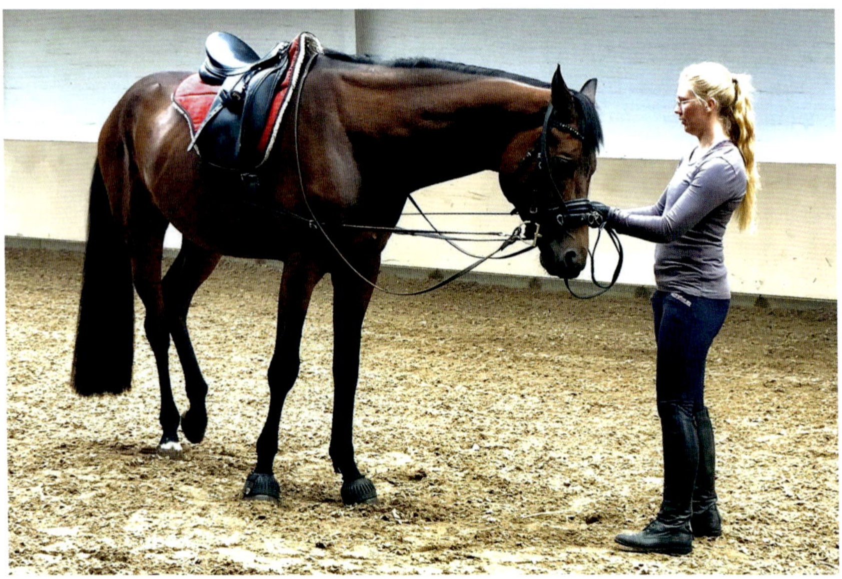

➤ Seitliches Übertreten

Das seitliche Übertreten ist bereits auf Seite 178 ff. beschrieben. Im folgenden Abschnitt werden darüber hinaus einige Aspekte aufgezeigt, die für die weiterführende Handarbeit und das Reiten von Bedeutung sein können. Wie die Vorhandwendung ist es eine primär lösende Übung, die, langsam, anfangs im Schritt-Zeitlupentempo ausgeführt, das Bewusstsein des Pferdes für seinen Körper und die Möglichkeiten der Bewegung einzelner Körperteile verbessern kann. Aus Sicherheitsgründen ist diese Übung mit etwa einen Schritt nach innen gerichteter Vorhand in der Vorwärts-seitwärts-Bewegung auf vier Hufschlaglinien mit an der Bande bleibender Hinterhand zu empfehlen.

Bei mangelnder Erfahrung mit dieser Aufgabe ist zunächst die Zäumung mit Kappzaum, Trense und seitlich eingeschnallten Ausbindezügeln zu empfehlen, wenn das Pferd daran vorher bereits gewöhnt wurde. So kann auch der Ungeübte dem Pferd den gewünschten Rahmen vorgeben, ohne am Kopf des Pferdes herumzuziehen. Der übende Mensch ist anfangs hinreichend damit beschäftigt, mit gleichmäßig ruhigen, weiten Schritten und weich waagerecht auf Kniegelenkshöhe des Pferdes seitwärtstreibender Gerte die Bewegungsrichtung zu bestimmen.

Ein Beginn der Übung an der Bande ist einem ungeregelten Kreiseln irgendwo in der Bahn vorzuziehen, auch wenn letzteres dem Anfänger zunächst einfacher erscheint. Schwierigkeiten bei der Richtungsbestimmung entstehen häufig, wenn das Pferd distanzlos wird und gegen den Menschen vom Hufschlag weg nach innen drängt. Ursächlich dafür ist häufig ein zu geringer Abstand bei wechselnder Position des Menschen

Seitliches Übertreten an der Bande

zum Pferd. Vielen Anfängern fällt es schwer, den führenden Arm konstant lang zu machen. Gelingt das nicht und winkeln sie ihn in der Bewegung an, ziehen sie das Pferd zu sich heran und provozieren damit ungewollt starke Richtungsänderungen nach innen und Rangstreitigkeiten. Diese werden noch verstärkt, wenn die die Gerte haltende und damit treibende Hand an die Schulter des Pferdes gedrückt wird. Stattdessen hat es sich bewährt, das Gertenende als „Abstandshalter" näher an das Pferd heranzuhalten als die gertenführende Hand.

Bei fortgeschrittener Ausbildung und empfindlich reagierenden Pferden kann das Übertreten bei Zäumung auf Trense ohne Hilfszügel zur Sensibilierung des Pferdes für das Zusammenwirken treibender und verhaltender Hilfen genutzt werden. Bei dieser Führung kann die Körperhaltung des Pferdes genau bestimmt und passend variiert werden. Dazu wird der innere Zügel in Nähe des Trensenringes mit

Seitliches Übertreten unter Verzicht auf Ausbindezügel

der inneren Hand geführt, ausnahmsweise auch mit dem Zeigefinger im Trensenring, um die Kopf-Hals-Haltung und damit die Reaktion des Pferdes auf feine Zügelhilfen ganz genau bestimmen zu können. Der äußere Zügel verläuft nahe dem Widerrist über den Hals nach innen in die gertenführende Hand. Der äußere Zügel mit seiner Auflage und Reibung am Mähnenkamm kann bewirken, dass das Pferd einen stärkeren Druck im Maul empfindet als der Ausbilder in der Hand. Wird der Druck am äußeren Zügel zu stark, weicht das Pferd mit der Kruppe auch gegen die Gerte nach innen aus. Dieser Effekt kann sich auch ergeben, wenn die Gerte nicht ruhig parallel zum Pferdekörper gehalten und seitwärtstreibend weich andrückend gehalten wird: Wird die Gerte unruhig gehalten und vibrierend an den Pferdekörper geklopft, bewegt das Pferd die Kruppe in Richtung auf die Gerte zu, statt ihr auszuweichen. (Diese Ursache-Wirkungsbeziehung kann später bei Traverslektionen auch gezielt genutzt werden.)

Eine weitere Schwierigkeit besteht darin, die Abstellung des Pferdes von der Bande genau zu bestimmen. Manche Pferde beginnen nach einer Phase zu großer Abstellung um die Führperson zu kreiseln. Sie ist meistens dafür ursächlich, wenn sie sich nicht genau parallel zur Bande bewegt und, statt das ganze Pferd und insbesondere dessen Kopf im Blick zu behalten, nur dessen Hinterbeine anschaut. Die Bewegung des Pferdes beginnt im Kopf. Oft kann man es den Pferden schon an der Mimik ansehen, wenn sich ihr Spannungszustand ändert, und damit auch eine Änderung ihres Bewegungsverhaltens prognostizieren.

Darüber hinaus ist es für einige Menschen schwierig, Raumgewinn und Schrittfrequenz der Bewegung zu bestimmen. Beides ist nur möglich, wenn das Pferd feinste Zügelhilfen umsetzt, allein durch festeres Schließen und wieder Entspannen der Hand, bedarfsweise im Zusammenwirken mit der weich treibenden Gerte. Voraussetzung dafür ist wiederum, dass das Pferd sich annähernd auf Zügelgewicht leiten lässt. So kann man auch leichter verhindern, dass das Pferd ungeregelt über die äußere Schulter ausfällt. Wenn das Pferd gern die feinen Hilfen an der Hand durchlässig umsetzt, kann man diese Grundhaltung leichter auf das Reiten übertragen.

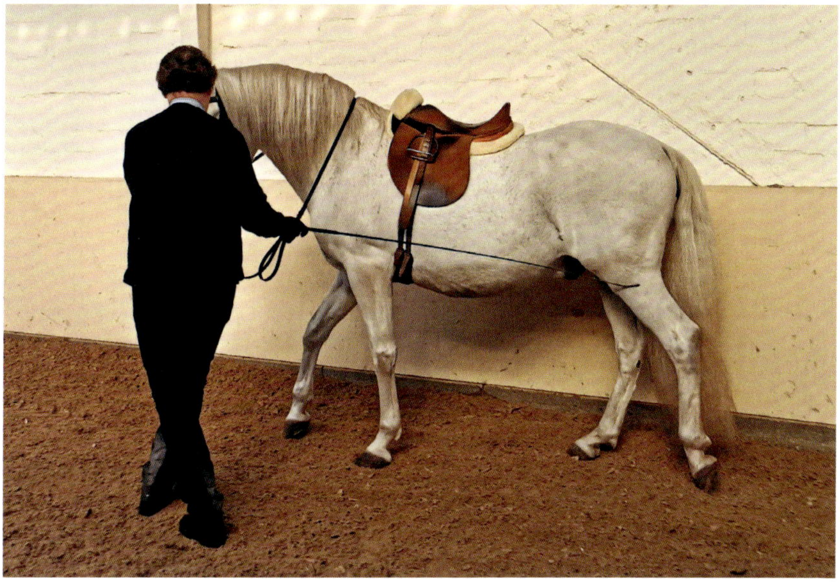

Schulterherein im Schritt an der Hand

Versammelnde Übungen

➤ Schulterherein

Anders als beim seitlichen Übertreten nach Art des Schenkelweichens in Stellung, aber ohne Biegung, ist diese beim Schulterherein an der Hand erwünscht. Sie kann nur dann genau bestimmt werden, wenn das Pferd zuvor gelernt hat, sich in der Körperhaltung auf feine Impulse genau bestimmen zu lassen. Die Geschicklichkeit des Pferdes im Gebrauch seines Körpers für die zunehmende Versammlung lässt sich durch Schulterherein in taktreinem, regulierbarem Bewegungsfluss im Schritt und in kurzen Reprisen im verkürzten Trabtempo fördern. Übergänge Schritt-Trab-Schritt im Schulterherein fördern Aufmerksamkeit und Elastizität des Pferdes. Die Übung kann auch auf der kleinen Volte ausgeführt werden, wenn dabei Tempo und Richtung genau bestimmt werden. Stürmt das Pferd zu sehr vorwärts, kann zur Korrektur angehalten und im Einzelfall auch einmal rückwärtsgerichtet werden (siehe Seite 134, Rückwärtstreten lassen).

➤ Renvers

Die beim Reiten angestrebte Geraderichtung und Durchlässigkeit des Pferdes kann an der Hand durch die Verbindung von Schulterherein und Traverslektionen gefördert werden. Zur Vorbereitung des Renvers hält man das Pferd im Schrittschulterher-

Renvers an der Hand

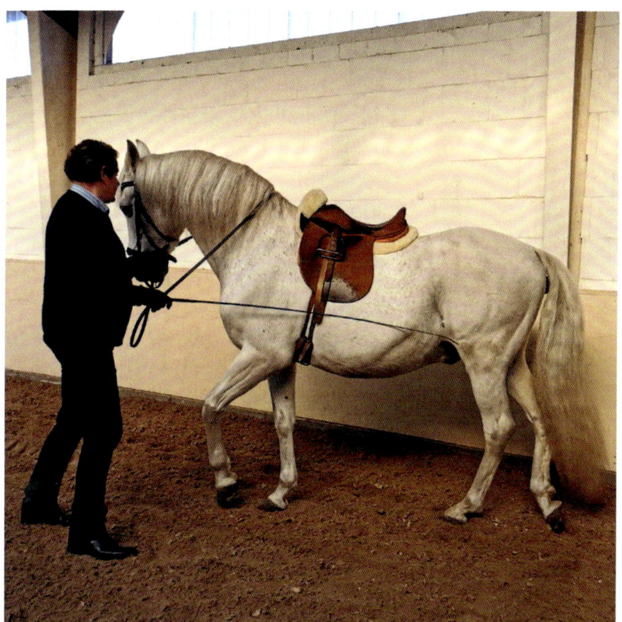

ein an, stellt es in die Gangrichtung um und lässt beim erneuten Angehen im Schritt die Biegung der neuen Stellung des Pferdes folgen. Für Ungeübte ist es in diesem Moment schwierig, in hinreichend großer Entfernung parallel zur Bande zu bleiben und die Abstellung des Pferdes zu erhalten.

➤ Travers/„Kruppeherein"

Die Traverslektion „Kruppeherein" kann bewirkt werden, indem man mit dem Pferd zunächst an der Bande in einer Position vor dessen innerem Vorderbein geht und das Pferd mit der Gerte vibrierend auf Kniegelenkshöhe berührt. Stattdessen an der Außenseite zwischen Pferd und Bande zu gehen und die Kruppe mit am Pferdekörper angelegter Gerte nach innen zu treiben ist möglich, kann aber mit einem Sicherheitsrisiko verbunden sein.

Um die Aufmerksamkeit und Feinmotorik zu verbessern, empfiehlt es sich, Travers beziehungsweie „Kruppeherein" mit Schulterherein und Renvers abzuwecheln. Sind diese Aufgaben im Schritt abgesichert, kann man aus dem Kruppeherein heraus auch einen Sprung im Innengalopp anfordern und, bei vorsichtiger Steigerung der Sprungzahl, allmählich den stark versammelten Galopp entwickeln. In der Folge kann man das Pferd aus dem Schritt-Kruppeherein im Innengalopp und aus dem Schritt-Renvers in den Kontergalopp einspringen lassen.

Wenn das in Ruhe gelingt, kann man an der Hand Schritt-Innengalopp-Schritt-Außengalopp auf der Geraden verlangen und später daraus auch fliegende Galoppwechsel entwickeln. Diese Vorbereitung kann besonders für Pferde hilfreich sein, die in der Lernphase des Angaloppierens und der fliegenden Galoppwechsel unter dem Reiter vorwärts wegstürmen wollen.

➤ Traversalen

Traversalen können im Schritt, wie bereits beim „Kruppeherein" erläutert, auf der Innen- oder auf der Außenseite des Pferdes geführt werden. Besonders wichtig ist bei den ersten Versuchen, die Bewegungsrichtung genau vorzugeben. Manche Pferde zeigen anfangs die Tendenz, die Aufgabe schnell beenden zu wollen und bieten an, sehr stark seitwärts und nur wenig vorwärts zu gehen, um schnell wieder an der Bande anzukommen. Weich korrigieren lässt sich das, indem man immer wieder anhält und danach das Pferd in leichter Innenstellung einige Schritte geradeaus gehen lässt, bevor man die Traversale fortsetzt.

➤ Pirouetten

Wird in der Traversale im Schritt auf der Außenseite des Pferdes geführt, lassen sich damit auch Pirouetten einleiten. Dazu wird das Pferd aus der Traversale heraus an einem genau bestimmten Punkt, zum Beispiel der Mittellinie, mit dem ruhig geführten äußeren Zügel der Raumgewinn der Bewegung nach vorn begrenzt, während kleine, gefühlvolle Handeinwirkungen, so genannte Arrêts, am inneren Zügel in Verbindung mit der weich seitwärtstreibenden Gerte die Wendung der Vorhand um die Hinterhand bewirken. Dabei ist darauf zu achten, dass die seitwärtstreibende Hilfe in dem Moment gegeben wird, in dem der innere Vorderfuß in der Luft ist und nicht in dem Moment, in dem der äußere Vorderfuß kreuzt. Andernfalls könnte ein prompt reagierendes Pferd sich auf den am Boden befindlichen inneren Vorderfuß treten und danach die weitere Mitarbeit verweigern.

Wer auf diese Weise Pirouetten entwickelt, muss an der Außenseite des Pferdes sehr zügig vorwärtsgehen, weil er einen längeren Weg hat als

Galopp-Pirouette an der Hand

das auf kleinerem Kreis um die Hinterhand wendende Pferd. Bei dieser Aufgabe bekommt man auch ein Gefühl dafür, wie viel oder wie wenig man am äußeren Zügel gegenhalten muss, um den Raumgewinn nach vorn zu begrenzen, ohne die Bewegung absterben zu lassen. Realisiert sich dieser Fehler und will man ihn durch starkes Treiben mit der Gerte ausgleichen, weicht das Pferd mit der Hinterhand nach innen seitlich aus. Damit kann der innere Hinterfuß als Drehpunkt der Bewegung nicht mehr am Ort gehalten werden. Bei der Pirouette an der Hand merkt man auch, wie leicht und beweglich die innere Hand sein muss, um die Bewegungsrichtung nach innen bei gleichbleibender Stellung zu bestimmen. Wird eine zu starke Anlehnung am inneren Zügel genommen, weicht das Pferd mit der Hinterhand nach außen aus.

Wenn der stark versammelte Galopp bereits wie beschrieben an der Hand gelingt, kann man auch ihn auch auf einem Quadrat, eventuell durch Pylonen gekennzeichnet, führen und die Ecken als Viertelpirouetten gestalten. Das ist eine gute Vorbereitung für die halben und später für die ganzen Pirouetten.

Das Üben der Pirouetten an der Hand schult damit die Feinmotorik des Pferdes – und das innere Bild und das Gefühl des Reiters für die Hilfengebung im Sattel.

➤ Piaffe

Es gibt viele verschiedene Möglichkeiten für den Beginn der Piaffe. Manche Pferde sind so talentiert, dass sie diese Lektion geradezu von selbst ausführen, nachdem sie verstanden haben, was sie tun sollen – nämlich sich in diagonaler Fußfolge mit wenig oder später ganz ohne Raumgewinn schwingend zu bewegen. Ebenso gibt es begnadete Reiter, die Pferde, mit denen sie besonders gut harmonieren, auch ohne vorhergehende Handarbeit in qualitativ hervorragenden Piaffen präsentieren können. Wer nach eigener Einschätzung nicht zu dieser

Gruppe gehört und mit einem Pferd die Piaffe erarbeiten möchte, das nicht dafür geboren zu sein scheint, kann es aber an der Hand schon über Ansätze zur Piaffe wirkungsvoll gymnastizieren, wenn das Pferd dabei lernt, die Hinterbeine in den Gelenken zu beugen. Das kann durch die am folgenden Beispiel beschriebenen Zusammenhänge erleichtert werden:
Mit zunehmender Versammlung sollen sich die Hinterbeine vermehrt den Vorderbeinen annähern und einen größeren Teil des Gewichts von Reiter und Pferd tragen. Zu den Lektionen mit dem höchsten Versammlungsgrad im internationalen Turniersport gehören Pirouetten und Piaffe, in der klassischen Hohen Schule auch sogenannte Schulen über der Erde, wie die Levade.
Das Pferd lässt sich für die zunehmende Versammlung an der Hand wie unter dem Reiter motivieren, wenn es die Aufgabe nicht als anstrengend empfindet. Am einfachsten gelingt das, wenn man in der Lernphase zunächst nur an eine Trabbewegung mit wenig Raumgewinn (halbe Tritte) denkt. Aus dieser Einstellung heraus kann man das Pferd, je nach Geschicklichkeit des Ausbilders und Struktur des Pferdes, mit oder ohne Kappzaum und Ausbindezügel, aus dem Halten oder dem Rückwärtsrichten, wenige Tritte in den verkürzten Trab vorlassen, danach zum Schritt durchparieren und dann anhalten.
Wenn das gelingt, kann man das Pferd im Halten durch Kommando, anfangs gefolgt von einer Gertenberührung am Hinterbein unterhalb des Sprunggelenks, einen Hinterfuß abfußen lassen, zum Beispiel auf das Kommando „Eins“. Danach fordert man das Pferd auf, den anderen Hinterfuß abfußen zu lassen, zum Beispiel auf das Kommando „Zwei“. Nach jeder Reaktion des Pferdes loben! Mit hinreichender Konsequenz kann man erreichen, dass das Pferd auf „Eins-Zwei“ mit beiden Hinterbeinen immer zügiger abfußt, ohne dass dazu mit der Gerte die Hinterbeine berührt werden müssen. Daraufhin lässt man das Pferd im verkürzten Tempo antraben und ruft ihm in den Trab hinein „Eins-Zwei“ zu, bedarfsweise unter leichter Berührung der Hinterbeine unterhalb des Sprunggelenks, wenn man allein mit dem Pferd arbeitet, auch an deren Vorderseite. Nach zwei verkürzten Tritten lässt man die Reprise im Schritt ausklingen und hält an.
Viele Pferde können so darauf konditioniert werden, innerhalb kürzester Zeit nur im verkürzten Trab auf den Zuruf „Eins-Zwei“ die Hinterbeine jeweils einmal ohne großen Raumgewinn anzuheben und dann stehenzubleiben. Die Übung erfordert zunehmende Koordinationsfähigkeit des Pferdes, ist aber nicht körperlich anstrengend. Umgesetzt wird so ein Prinzip, das sich im Sport allgemein bewährt hat: erst Koordinationsschulung, dann Krafttraining!
Das Pferd soll die beiden verkürzten Tritte nicht als anstrengend empfinden. Gelingen sie allein auf Zuruf ohne Berührung mit der Gerte, kann man die Anforderung erweitern auf „Eins-Zwei-Eins-Zwei“, also vier Tritte. Das passend vorbereitete Pferd wird auch diese vier verkürzten Tritte nicht als anstrengend empfinden. Aber schon durch Wiederholung dieser Anforderung wird die Spannkraft der Muskulatur für diese Anforderung verstärkt und damit eine Voraussetzung geschaffen, dass man mit „Eins-Zwei-Zwei-Zwei-Drei-Zwei“ die Reprisen ohne stärkeres Treiben allmählich verlängern kann. Das gelingt, wenn das Pferd in den Zweierketten, ohne sich zu verspannen, immer „Licht am

Abfußen lassen eines Hinterbeins

Ende des Tunnels" sieht. Besonders wirkungsvoll gelingt das, wenn man am Ende der verkürzten Tritte das Pferd in den freien Arbeitstrab vorlässt. Da das aber an der Hand wegen der menschlichen Trägheit meist unterbleibt, empfiehlt sich in diesem Stadium der Übergang zur kombinierten Arbeit an der Hand und unter dem Reiter: Der Ausbilder unterstützt einen aufgesessenen Reiter beim Antreten aus dem Halten zur Piaffe und im Übergang zum freien Arbeitstrab: Damit wird die Übung so aufgebaut, dass das Pferd die Vorwärtsbewegung als angenehmes Ende der Versammlungsübung erwartet und damit von sich aus anbietet. Zu beachten ist, dass bei diesem Vorgehen nicht zuvor aus der Schubkraft zunehmend die Tragkraft entwickelt wird, dennoch kann das erlernte Abfußen die Entwicklung der Versammlung erleichtern und unterstützen.

In der Praxis sieht man auch die umgekehrte Reihenfolge: Es wird an der Hand oder im Sattel damit begonnen, den Raumgewinn des Pferdes im Trab in kurzen Reprisen zu verkürzen, ohne die Aktivität zu verlieren, um daraus zunächst verkürzte und später piaffeartige Tritte zu entwickeln. Das alleine gelingt jedoch meistens nur bei Pferden, die Talent zum Piaffieren mitbringen. Pferde, die von Natur aus mit nur normaler oder geringerer Begabung ausgestattet sind, könnten bei diesem Ansatz Ausweichbewegungen suchen, blockieren oder gar widersetzlich werden.

Wie bereits eingangs ausgeführt kann man bei der Handarbeit, anders als vom Sattel aus, an der Mimik der meisten Pferde schnell erkennen, wenn sie sich überfordert fühlen. Dann sollte umgehend eine kurze Pause gemacht und dem Pferd eine Aufgabe mit geringerer Anforderung, die es erfüllen kann, gestellt werden, um die Ausbildungseinheit harmonisch abzuschließen und die nächste mit einem neuen Plan an einem Folgetag ebenso wieder beginnen zu lassen.

Levade an der Hand

Förderung der Kreativität durch Handarbeit

Es würde den Rahmen dieses Buches sprengen, wenn man hier alle Möglichkeiten der Handarbeit aufzeigen wollte. Denken könnte man hier auch an die Ausbildung der Passage an der Hand oder an die sogenannten „Schulen über der Erde", wie Levade, Courbette und Capriole. Alle diese Übungen können gymnastizierende Effekte bewirken.

Die Levade etwa, eine Hebung der Vorhand bei annähernd waagerechter Rückenlinie bei tiefer Hankenbeugung des Pferdes, kann bewirken, dass ein vorher nur schüchtern ausdruckslos piaffierendes Pferd nunmehr in dieser Lektion selbstbewusst seine Vorderbeine anhebt. Oder die Capriole, ein Sprung, bei dem das Pferd in der Luft mit beiden Hinterbeinen „streicht", das heißt ausschlägt, kann lösend wirken wie das Freispringen und damit das Pferd in allen seinen Bewegungen schöner und ausdrucksvoller werden lassen.

Unabhängig davon, welche Ziele man bei der Handarbeit verfolgt, ist neben einer klaren Systematik auch immer wieder Kreativität des Ausbilders gefragt. Durch kreative Ideen und deren Umsetzung kann man erreichen, dass das Pferd den Eindruck vermittelt, freudig mitzuarbeiten und stolz auf seine Leistung zu sein. Gelingt das, hat man mit ihm am Boden und auch unter dem Sattel einen Partner, der sich immer wieder für seinen Menschen einsetzt – und auf den man nicht mehr verzichten möchte.

Kurz & knapp zusammengefasst

Longieren

- Longieren gehört im weiteren Sinne zur Arbeit vom Boden aus, ist aber immer auch eine gute Ergänzung beziehungsweise zeitweise Alternative zum Reiten und/oder Fahren sowie eine Fortführung der geführten Bodenarbeit.
- Als Longierplatz eignet sich ein eingezäunter Platz wie eine Longierhalle oder ein Longierzirkel/Round Pen mit einem Durchmesser von mindestens 12, besser 16 m.
- Zum Longieren braucht man eine Longe (mind. 7 bis 8 m), eine Trense, einen Sattel und/oder Longiergurt, Ausbinder oder Dreieckszügel, im Idealfall einen Kappzaum und eine Longierpeitsche (4 bis 8 m lang, inklusive Schnur).

- Pferde werden stets individuell so ausgebunden, dass die Stirn-Naselinie an oder leicht vor die Senkrechte kommen kann. Enger ausgebunden ist fehlerhaft!

Freiarbeit/seillose Bodearbeit

- Freiarbeit ist eine besondere Form der Arbeit mit dem Pferd am Boden. Im Gegensatz zur geführten Bodenarbeit (Kap. 6) besteht keine Verbindung zum Pferd durch Zügel, Strick, Longe oder Seil. Das Ziel besteht in der Kontrolle des Pferdes aus der Entfernung heraus durch klare Körpersprache und Signale.
- Das Freiarbeitstraining sollte auf einem runden, eingezäunten Platz (Durchmesser etwa 16 m) mit griffigem, nicht zu tiefem Boden durchgeführt werden.
- Auch in der seillosen Bodenarbeit wird ohne körperliche Verbindung zum Pferd gearbeitet, dies aber nun auch auf einem großen Platz und der theoretischen Möglichkeit, dass sich das Pferd weit vom Menschen wegbewegen könnte. Ab einem bestimmten Ausbildungsstand können grundsätzlich nahezu alle Lektionen der geführten Bodenarbeit auch in der Freiarbeit durchgeführt werden.

Langzügelarbeit

- Unter Langzügelarbeit versteht man das Gehen des Menschen etwa drei Meter hinter dem Pferd. Dabei wird das Pferd durch deutlich längere Zügel „gelenkt" und soll außerdem auf die treibenden Einwirkungen des Menschen reagieren.
- Die Langzügelarbeit fördert das Vertrauen des Pferdes in die Umsetzung der Hilfengebung des Menschen.
- Als Trainingsort für die Langzügelarbeit eignet sich eine Halle oder ein geschlossener Platz. Erst mit deutlich fortgeschrittener Ausbildung und einem guten Vertrauensverhältnis kann auch die Arbeit im Außenbereich entwickelt werden.
- Die Ausrüstung für die Langzügelarbeit: Trense, zwei lange Zügel (etwa 6 bis 7 m, aus Leder, Biotane oder festem Seil), ein gepolsterter Longiergurt mit seitlichen Ringen, eine Fahrpeitsche oder kurze Longierpeitsche.
- Voraussetzung für die Langzügelarbeit ist neben einem erfolgreichen Führtraining die Akzeptanz des Pferdes, sich an allen Körperteilen ohne Scheu anfassen zu lassen, besonders an den Hinterbeinen.

Handarbeit

- Vor allem bei der Ausbildung des Dressurpferdes sind die Arbeit an der Hand ohne Reitergewicht, kurz Handarbeit genannt, sowie die kombinierte Handarbeit mit Reiter eine gern genutzte Trainingsergänzung zu Erarbeitung/Verbesserung der Versammlung.
- Handarbeit kann helfen, das Verhalten des Pferdes zu erkunden und auch sich selbst und seine Ausstrahlung im Umgang mit dem Pferd zu verbessern.
- Vor allem für die Anfänge eignen sich eine Halle oder ein geschlossener Platz am besten, da die Bande beziehungsweise Umzäunung dem Pferd zunächst eine äußere Begrenzung geben und so die ersten Schritte auf dem Weg zum Verständnis erleichtern.
- Das Pferd wird bei der Handarbeit mit Trense, Kappzaum (auch Kappzaum über der Trense möglich), später auch auf Kandare gearbeitet.
- Bei der Handarbeit wird das Pferd mit der Handarbeitspeitsche an unterschiedlichen Stellen seines Körpers berührt (Touchierpunkte), um gezielte Reaktionen hervorrufen zu können.

Anhang

Das sagt die APO 2020

Prüfungsinhalte in den Reitabzeichen (Stationsprüfung Bodenarbeit)

Abzeichen	Prüfungsinhalte Bodenarbeit
RA 10	➤ Ansprechen und Annähern an das Pferd (siehe Seite 103) ➤ Führen und Halten an einem vorgegebenen Punkt (siehe Seiten 104 ff., 116 ff.) ➤ Anbinden (siehe Seite 106 f.) ➤ Sicherheit auf der Stallgasse (siehe Seite 107 ff.)
RA 9	➤ Alle Inhalte des RA 10 ➤ Führen geradeaus und von beiden Seiten (siehe Seite 127 ff.) ➤ Das angebundene Pferd zur Seite weichen lassen (siehe Seite 107 f.) ➤ Passieren anderer Pferde (siehe Seite 108 f.)
RA 8	➤ Alle Inhalte von RA 10 und 9 ➤ Slalom (siehe Seite 135 ff.) ➤ Gangmaßwechsel im Schritt (siehe Seiten 129 f., 132)
RA 7	➤ Alle Inhalte von RA 10, 9 und 8 ➤ Führen auf Trense (siehe Seite 118 ff.) ➤ Führen von Hufschlagfiguren (siehe Seite 137 f.) ➤ Traben auf gerader Linie (siehe Seite 130) ➤ Rückwärtstreten lassen (siehe Seite 134 f.)
RA 6	➤ Alle Inhalte von RA 10, 9, 8 und 7 ➤ Vorführen auf der Dreiecksbahn (siehe Seite 133 f.) ➤ Mithilfe und Grundsätze beim Verladen von Pferden (siehe Seite 110 ff.)
RA 5	➤ Alle Inhalte der RA 10, 9, 8, 7 und 6 ➤ Geschicklichkeitstraining/Training mit Stangen (siehe Seite 142 ff.) ➤ Gelassenheitstraining/Systematische Desensibilisierung (Umweltreize) (siehe Seite 150 ff.) ➤ Praktischer Umgang mit dem Pferd in Alltagssituationen (siehe Seite 102 f.)

Abzeichen Bodenarbeit (detaillierte Ausführungen, siehe Seite 197 f.)	➤ Entwicklungsgeschichte des Pferdes (siehe Seite 10 ff.) ➤ Ethologie des Pferdes (siehe Seite 16 ff.) ➤ Sinneswahrnehmung des Pferdes (siehe Seite 32 ff.) ➤ Lernen des Pferdes (siehe Seite 52 ff.) ➤ Kommunikation Mensch-Pferd (siehe Seite 80 ff.) ➤ Praktischer Umgang mit dem Pferd (siehe Seite 100 ff.) ➤ Durchführung von Übungen zur Bodenarbeit (siehe Seite 114 ff.)

Pferdeführerschein Umgang mit dem Pferd

Praktischer Umgang mit dem Pferd, Bodenarbeit, Führen im eingezäunten Bereich

- Dreiecksvorführung (Anforderungen Bodenarbeit siehe RA 6 und 7) (siehe Seite 133 f.)
- Führen geradeaus und von beiden Seiten (siehe Seite 127 ff.)
- Gangmaßwechsel im Schritt
- Slalom (siehe Seite 135 ff.)
- Traben auf gerader Linie (siehe Seite 130)
- Rückwärtstreten lassen (siehe Seite 134 f.)

Praktischer Umgang mit dem Pferd in Alltagssituationen, aus dem öffentlichen Raum im öffentlichen Raum

- Mithilfe/Grundsätze/Sicherheit beim Verladen/Transportieren (siehe Seite 110 ff.)
- Führen des Pferdes zur Weide (siehe Seite 109 f.)
- Entlassen des Pferdes auf die Weide oder den Paddock (siehe Seite 109 f.)
- Führen in Alltagssituationen aus dem öffentlichen Raum (siehe Seite 106)
- Sicherheitsaspekte und Unfallverhütung (siehe Seite 111)

Ergänzungsqualifikation für Trainer im Pferdesport

Zusätzlich zur Trainerausbildung können Trainer durch entsprechende Lehrgänge Ergänzungsqualifikationen erwerben, die weitere Kompetenzen vermitteln (siehe auch www.pferd-aktuell.de/trainerportal/trainerfortbildung/ergaenzungsqualifikationen).

Ergänzungsqualifikation (EQ) Bodenarbeit

Die Ergänzungsqualifikation „Bodenarbeit" zielt darauf, das Wissen der Trainer zu vertiefen, um ihren Reitschülern die Bodenarbeit als Grundlage für die Verständigung zwischen Mensch und Pferd vermitteln zu können.

Zulassung

Um zur Prüfung zugelassen zu werden, müssen folgende Voraussetzungen erfüllt sein:

- bestandene Prüfung zum Trainer C oder zum Pferdewirt beziehungsweise Pferdewirtschaftsmeister Fachrichtung Klassische Reitausbildung; Zucht, Haltung und Service oder Spezialreitweisen
- Abzeichen Bodenarbeit Stufe 1
- mindestens einjährige Ausbildertätigkeit nach der Trainer C-Prüfung
- Nachweis eines Vorbereitungslehrgangs mit 30 LE

Prüfung

Die Prüfung findet in folgenden Fächern statt:

- Natur des Pferdes
- Umgang mit Ausrüstungsgegenständen
- praktische Bodenarbeit
- Dreiecksvorführung
- Verladen
- weiterführende Bodenarbeit

Abzeichen Bodenarbeit

Abzeichen Bodenarbeit Stufe 1

Prüfungsinhalte
Teil 1: Theoretische Einführung und Grundlagen der Bodenarbeit

- Definition, Trainingsmethoden
- Formen und Inhalte der Bodenarbeit
- Ziele und Nutzen der Bodenarbeit für Pferdehalter, Pferdesportler und Pferd
- Verhalten, Wahrnehmung, Lernfähigkeit des Pferdes
- praktische Bodenarbeit (Grundlagen, u.a. Ausrüstung für Mensch und Pferd, Führposition, Führtechnik, Hilfengebung, Körpersprache),
- Sicherheitsaspekte im Basis-, Geschicklichkeits- und Gelassenheitstraining

Teil 2: Führtraining
(siehe Kapitel 6.4, Seite 114 ff.)

- präzises Führen von beiden Seiten
- Anhalten, Stehenbleiben
- gehorsames Stillstehen
- Rückwärtstreten lassen
- Tempowechsel, Gangartwechsel
- Handwechsel/Seitenwechsel der Führperson
- Hufschlagfiguren

Teil 3: Gelassenheitstraining
(siehe Kapitel 6.4.6, Seiten 150ff.)

- Kurzlonge (Tempo- und Gangartwechsel)
- Engpässe
- Hindernisse aus der Gelassenheitsprüfung (GHP)

Teil 4: Geschicklichkeitstraining
(siehe Kapitel 6.4.5, Seiten 142 ff.)

- seitliches Verschieben des Pferdes
- Arbeit in Ecken
- Stangen am Boden
- Pylonenarbeit

Abzeichen Bodenarbeit Stufe 2

Prüfungsinhalte
Teil 1: Theoretische Inhalte
(siehe Kapitel 2 bis 5)
(vertiefende Kenntnisse im Bereich der Verhaltensbiologie und dem Zusammenhang von Ethologie und Ausbildung am Boden), insbesondere:

- individuelles Lernverhalten
- Deutung von Ausdrucksverhalten
- Sozialverhalten
- Zusammenhang von Pferdetyp und Trainingsstil
- kognitive Fähigkeiten
- praktischer Nutzen der Bodenarbeit für das Reiten/Fahren/Voltigieren
- Betrachtung unterschiedlicher Ausbildungsmethoden
- verschiedene Umweltreize/ Möglichkeiten der Desensibilisierung

Teil 2: Praktische Bodenarbeit
(siehe Kapitel 6, Seite 100 ff.)
Geschicklichkeit und Arbeit am Leitseil/Arbeit an der kurzen Longe

- gymnastizierende Lektionen, wie seitliches Verschieben und seitliches Folgen des Pferdes
- Wendung um die Hinterhand
- vorwärts-seitwärts übertreten lassen im Schritt und im Trab
- Pylonenarbeit mit punktgenauen Übergängen
- Geschicklichkeitshindernisse mit Stangen („Geschicklichkeitskreuz", L-Labyrinth) im Schritt und Trab
- Halten über einer Stange mit Seitenwechsel der Führperson im Halten
- Stangengasse: Trab - Rückwärtstreten lassen - Trab
- Arbeit am langen Seil, Acht im Schritt und im Trab, Führen am langen Seil auf geraden und gebogenen Linien und Volten

- Einparken des Pferdes an einer Aufstiegshilfe, Stillstehen des Pferdes und Besteigen der Aufstiegshilfe
- Übertragbarkeit der Erfahrungen am Boden auf das Reiten/Fahren/Voltigieren
- verschiedene Umweltreize/Desensibilisierungsaufgaben

Mehr dazu:
„FN-Merkblatt zum Thema Bodenarbeit für die Bereiche Abzeichen sowie Abzeichen Bodenarbeit"

Deutsche Reiterliche Vereinigung e.V. (FN), Abteilung Ausbildung www.fnverlag.de

Pferdeführerscheine

Sicherheit – Verantwortung – Tierwohl

Wir lieben Pferde! Deshalb tun wir alles dafür, dass sie zu jeder Zeit gut aufgehoben sind. Die beiden Pferdeführerscheine Umgang und Reiten schaffen Standards in der Ausbildung, die bundesweit gültig sind. Sie belegen also klar und deutlich, dass jeder, der mit Pferde zu tun hat, auch über das nötige Wissen und Können verfügt. Das kommt nicht nur den Pferden selbst zugute, sondern trägt auch insgesamt zu mehr Sicherheit bei. Die Führerscheine sind damit ein transparenter Kompetenznachweis für alle Pferdefreunde. Sie bilden die Grundlage für sicheres und harmonisches Miteinander von Mensch und Pferd.

Pferdeführerschein Umgang mit dem Pferd

Aus dem Inhalt:

- Pferdeverhalten und fachgerechter Umgang
- Pferdepflege und Anlegen von Ausrüstung
- Körperbau, Rassen, Zucht
- Haltung und Bewegungsangebote
- Fütterung
- Gesundheitsfürsorge, Krankheiten
- Sicheres Führen, Bewältigen von alltäglichen Situationen mit dem Pferd, Bodenarbeit
- Umgang im öffentlichen Raum und im Straßenverkehr, Verladen

ISBN 978-3-88542-816-9

Pferdeführerschein Reiten

Aus dem Inhalt

- Natürliches Pferdeverhalten im Gelände
- Grundkenntnisse der Reitlehre
  - → Sitz und Einwirkung
  - → Ausbildung und Training
- Planung und Durchführung eines Rittes (alleine oder in der Gruppe)
  - → sichere Ausrüstung für Pferd und Reiter
- Gesetzliche Regelungen für das Reiten im öffentlichen Raum und im Straßenverkehr
- Pferdegesundheit, Tierwohl, Erste Hilfe für Pferd und Reiter
- Verantwortung gegenüber Mitreitern und anderen Naturfreunden

ISBN: 978-3-88542-817-6